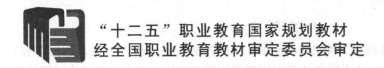

“十二五”职业教育国家规划教材
经全国职业教育教材审定委员会审定

高职高专计算机项目/任务驱动模式教材

Android手机游戏开发实战

谢晓勇 刘焯琛 编著

電子工業出版社
Publishing House of Electronics Industry
北京·BEIJING

内 容 简 介

本书详细介绍了Android框架、Android组件、用户界面开发、游戏开发、数据存储、多媒体开发和网络开发等Android手机游戏开发所需要的基础知识。本书基于工作过程的教学思想，按照学生可能所需要的就业技能，将“Android手机游戏开发”学习领域分为5个学习情境：Android游戏开发基础、Android OpenGL开发基础、Android OpenGL应用案例、Android游戏开发之综合案例、实现自己的游戏引擎。

本书实战性强，书中的每个知识点都有精心设计的示例，并且这些示例以迭代的方式重现。5个学习情境也重现了经典Android手机游戏开发的全过程，既可以以它们为范例进行实战演练，也可以将它们直接应用到实际开发中，兼顾了学习者的职业发展与深入学习。

本书面向的读者包括毫无Android开发经验的初学者，以及有一定Android开发经验但缺乏系统学习的开发人员。本书可作为高职高专教育“手机游戏开发”课程的教材，也可作为从事软件开发人员的参考用书。

图书在版编目（CIP）数据

Android手机游戏开发实战 / 谢晓勇, 刘焯琛编著. — 北京：电子工业出版社，2014.8

高职高专计算机项目/任务驱动模式教材

ISBN 978-7-121-23487-3

Ⅰ. ①A… Ⅱ. ①谢… ②刘… Ⅲ. ①移动电话机－游戏程序－程序设计－高等职业教育－教材 Ⅳ.①TN929.53②TP311.5

中国版本图书馆CIP数据核字（2014）第124474号

策划编辑：束传政
责任编辑：束传政
特约编辑：彭　瑛　赵海红
印　　刷：北京七彩京通数码快印有限公司
装　　订：北京七彩京通数码快印有限公司
出版发行：电子工业出版社
　　　　　北京市海淀区万寿路173信箱　　邮编：100036
开　　本：787×1092　1/16　印张：19.75　字数：505.6千字
版　　次：2014年8月第1版印刷
印　　次：2019年6月第3次印刷
定　　价：45.00元

凡所购买电子工业出版社图书有缺损问题，请向购买书店调换。若书店售缺，请与本社发行部联系，联系及邮购电话：（010）88254888。

质量投诉请发邮件至zlts@phei.com.cn，盗版侵权举报请发邮件至dbqq@phei.com.cn。

服务热线：（010）88258888。

前言

Preface

Android 操作系统是 Google 最具“杀伤力”的武器之一。苹果以其天才的创新，使得 iPhone 在全球迅速拥有了数百万忠实的“粉丝”；而 Android 作为第一个完整、开放、免费的手机平台，使开发者在为其开发程序时拥有更大的自由，Android 操作系统免费向开发人员提供，这样可节省近三成的成本，得到了众多厂商与开发者的拥护。

从技术角度而言，Android 与 iPhone 相似，采用 WebKit 浏览器引擎，具有触摸屏、高级图形显示和上网功能，用户能够在手机上查收电子邮件、搜索网址和观看视频节目等。Android 手机比 iPhone 等其他手机更强调搜索功能，界面更强大，可以说是一种融入了全部 Web 应用的平台。随着版本的更新，从最初的触屏到现在的多点触摸，从普通的联系人到现在的数据同步，从简单的 GoogleMap 到现在的导航系统，从基本的网页浏览到现在的 HTML 5，这都说明 Android 已经逐渐稳定，而且功能越来越强大。此外，Android 平台不仅支持 Java、C、C++ 等主流编程语言，还支持 Ruby、Python 等脚本语言，甚至 Google 专为 Android 的应用开发推出了 Simple 语言，这使得 Android 有着非常广泛的开发群体。

众所周知，无论是产品还是技术，商业应用是它最大的发展动力。Android 如此受厂商与开发者的青睐，它的前景一片光明。伴随着装有 Android 操作系统的移动设备的增加，基于 Android 的应用需求势必也会增加，并且原来手机移动便携的实用优势也在慢慢弱化，而其娱乐性愈显重要。很多人使用手机，目的是玩游戏、看电影、听音乐和拍照。手机性能的不断提升，也让手机从通信设备逐步“进化”为集游戏、影音于一身的娱乐设备。

本书在内容的安排上遵循深入浅出、步步为营的原则，语言严谨但浅显易懂，力求能做到简单的问题简单讲，复杂的问题详细讲。本书内容全面，详细介绍了 Android 框架、Android 组件、用户界面开发、游戏开发、数据存储、多媒体开发和网络开发等 Android 手机游戏开发所需要的基础知识。本书编写采用基于工作过程的教学思想，将“Android 手机游戏开发”学习领域以学生可能所需要的就业技能为载体，分为 5 个学习情境：Android 游戏开发基础、Android OpenGL 开发基础、Android OpenGL 应用案例、Android 游戏开发之综合案例、实现自己的游戏引擎。

本书实战性强，书中的每个知识点都有精心设计的示例，并且这些示例以迭代的方式重现。5 个学习情境也重现了经典 Android 手机游戏开发的全过程，既可以以它们为范例进行实战演练，也可以将它们直接应用到实际开发中，兼顾了学习者的职业发展与深入学习。因此，本书在每章后面的习题中，并没有沿用传统的习题方式，重复教材中讲述的概念、方法等知识，而是分为两个方面，一方面是知识的拓展与学习，另一方面是能力的拓展与训练，强调技能的综合与灵活应用等。

本书为“十二五”职业教育国家规划教材，也是广东省高职教育信息技术类专业教学指导委员会教研项目《基于“双核”能力培养的高职游戏软件专业“工学融合”人才培养模式创新与实践研究》的建设成果之一。本书由谢晓勇负责编写大纲与统稿，并编写第 7 ～ 11 章，刘焯琛编写第 1~6 章。在此要感谢深圳信息职业技术学院的领导与有关老师、电子工业出版社的老师，以及有关参考书籍作者、网站对本书的完成给予的支持与帮助。本书相关资源请登录华信教育资源网（www.hxedu.com.cn）下载。

本书中所介绍的各教学情境中的案例，部分选自下列著作，并在此基础上进行了修改、改编。它们是：李刚著的《疯狂 Android 讲义》，郭少豪著的《Android3D 游戏开发与应用案例详解》，杨丰盛著的《Android 应用开发揭秘》等，在此表示衷心感谢。

由于编者水平有限，疏漏之处在所难免，恳请广大读者及使用本书的师生批评指正。作者的电子邮箱：yxrj_1@126.com。

编者

2014 年 6 月

Contents

目录

第1章

Android简介与开发平台搭建

本章目标

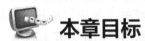

- 认识Android
- 了解Android的体系结构
- 了解Android SDK的结构和升级管理

项目实操

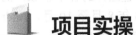

- 搭建Android开发环境
- 创建并启动Android虚拟设备（AVD）升级和管理Android SDK的各类资源和工具

1.1 掀起Android的盖头来

1.1.1 Android的来龙去脉

Android 是基于 Linux 平台的开源手机操作系统，该平台由操作系统、中间件、用户界面和应用程序组成。简单来说，Android 是基于 Java 语言并运行在 Linux 内核上的轻量级操作系统。虽然是轻量级的，但其功能却很全面，Google 公司将打电话、发短信等软件内置其中。Android 为开发者提供了便捷易用的开发工具集，使得开发者可以快速开发出各类手机应用软件。

Android 一词的本义是“机器人”，最早是由安德鲁·罗宾（Andrew E. Rubin）创办的。安德鲁的名字是 Andrew，再加上他对机器人很着迷，所以新公司就取名为 Android，这就是 Android 的来历。2005 年，Android 公司被 Google 公司收购。

2007 年 11 月 5 号，Google 宣布与其他 33 家手机厂商（包括摩托罗拉、华为、宏达电、三星、LG 等）、手机芯片供货商、软硬件供货商、移动运营商联合组成开放手机联盟（Open Handset Alliance，OHA），并正式发布了名为 Android 的开放手机软件平台。Android 的推出让全球的程序员团结起来，加入到了手机应用程序开发的行列。

2008 年 8 月，Android Market 上线，软件分发和下载的便捷性使得 Android 迅速积累了大量的应用。

2008 年 9 月 23 日，第一款基于 Android 操作系统的 Google 手机 T-Mobile G1 在美国纽约上市。同日，Android 1.0 SDK 发布，标志着 Android 系统趋于稳定和成熟。

2008 年 10 月，Google 宣布开放 Android 源代码。

可见，在短短的一年间，Android 的发展速度是惊人的，同时它也带动了上下游厂商的发展，如硬件设备、软件 Market、移动运营商等。越来越多的开发者加入到 Android 开发阵营中。

1.1.2 选择Android的理由

目前，移动互联网是继计算机网络后的又一次技术浪潮，已经大大加速了全球信息化进程，正在改变着世界的各个领域。而在移动互联网领域，Android 的市场地位正在不断加强。据调研，2013 年 8 月至 10 月，Android 在我国市场中所占的份额较上年同期增长了 8.4%，达到 78.1%。截至 2013 年底，Android 平台在我国市场的日均活跃用户已经突破 2.7 亿。

Android 以其便捷性和开放性深受用户和开发者的青睐。2013 年 Android 力压群雄，App 开发者的大多数新的应用项目都建立在 Android 平台上，如图 1-1 所示。

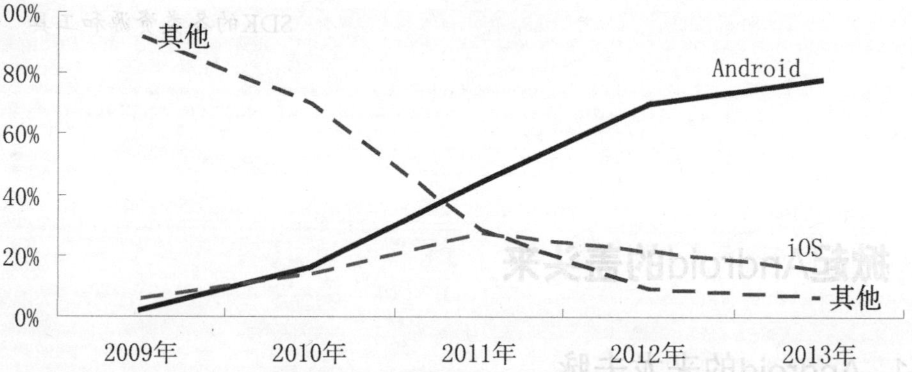

图1-1 2009年～2013年我国智能终端操作系统市场份额

1.1.3 Android的体系结构

从软件分层的角度来看，Android 平台由应用程序、应用程序框架、Android 运行时、系统库及 Linux 内核 5 部分组成。Android 平台的体系结构如图 1-2 所示。

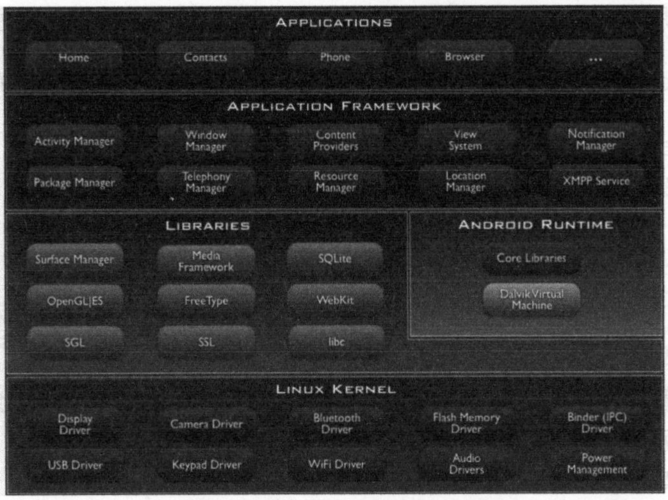

图1-2 Android平台的体系结构

底层以 Linux 内核工作为基础，提供底层功能；中间层包括函数库和 Dalvik 虚拟机；应用程序框架为应用程序的开发提供了直接的支持，包括短信程序、通话程序等；应用程序则是各个公司自行开发的成果。这种软件叠层（Software Stack）的结构使得层与层之间相互分离，松散耦合，以明确各自的分工。

1. 应用程序（Applications）

Android 平台内含一系列的基础应用，包括电子邮件、短信、日历、地图、浏览器、联系人等，这些程序都是用 Java 来编写的，当然读者可以用自己编写的软件来替代 Android 提供的程序。

2. 应用程序框架（Application Framework）

Android 应用程序框架是开发人员进行开发的基础，它包括十大部分。

（1）活动管理器（Activity Manager）：管理应用程序生命周期，并提供导航回退功能。

（2）内容提供器（Content Provider）：提供了程序之间数据的共享机制，例如，可以在某个应用程序中调用本地数据库中的音频文件。

（3）窗口管理器（Window Manager）：管理所有的窗口程序。通过 Window Manager 提供的接口可以从窗口中添加 View，当然也可以从窗口中删除 View。

（4）视图系统（View System）：用来构建应用程序的基本组件，包括按钮、文本框、列表等，甚至可以是内嵌的网页浏览器。

（5）通知管理器（Notification Manager）：使所有的程序能够在状态栏显示自定义的警告。

（6）电话管理器（Telephone Manager）：管理所有的移动通话设备。

（7）资源管理器：（Resource Manager）：提供各类资源让应用程序来访问，如图片、音频文件、布局文件等非代码资源。

（8）包管理器（Package Manager）：主要用于系统内的程序管理。

（9）位置管理器（Location Manager）：用来提供位置服务。其中包括 GPS 定位技术和网络定位技术。

（10）XMPP 服务（XMPP Service）：提供以 XML 为基础的开放式实时通信服务。

提示：在Android开发平台中，编程人员可以访问应用程序框架所使用的API，方便地访问位置信息、设置闹钟、运行后台服务、向状态栏添加通知等。同时，正如Java组件的重用原理一样，Android平台在设计时也考虑到了组件的可重用性，用户可以方便地替换应用程序框架本身所提供的默认组件。

3. 系统库（Libraries）

Android 定义了一套 C/C++ 编写的系统库供上层的应用程序框架组件使用，应用程序层不能直接使用这些库。

（1）Surface 管理器：在同时执行多个应用程序时，Surface Manager 会负责管理显示与存取操作之间的互动，并且为应用程序提供 2D 和 3D 图层的无缝融合。

（2）媒体框架（Media Framework）：基于 Packet Video Open CORE；该库支持录放，并且可以录制许多流行的音频视频格式，还有静态影像文件，包括 MPEG4、MP3、AAC、AMR、JPG 和 PNG。

（3）SQLite：是一个轻量级的关系型数据库引擎。

（4）Free Type：提供位图和矢量字体的描绘显示。

（5）WebKit：一个 Web 浏览器引擎。WebKit 是一个开源的项目，许多浏览器也都是用 WebKit 引擎所开发成的，如诺基亚 S60 手机内的浏览器。

（6）SGL：Android 的 2D 绘图引擎。

（7）SSL：媒体框架，提供了对各种音频、视频的支持。Android 支持多种音频、视频、静态图像格式等，如 MPEG4、AMR、JPG、PNG、GIF 等。

（8）Lib C：一个从 BSD 继承来的标准 C 系统函数库（libc），专门为基于嵌入式 Linux 的设备定制。

（9）OpenGL ES：该库可以使用硬件 3D 加速或者使用高度优化的 3D 软件加速。

4. Android 运行时（Android Runtime）

Android虽然采用Java语言来编写应用程序，但是它其实并不使用J2ME来执行Java程序，而是采用Android自用的Android运行时。Android运行时包括核心库和Dalvik虚拟机两部分。

5. Linux 内核

Android 平台中的操作系统采用了 Linux 的内核，包括显示驱动、摄像头驱动、Flash 内存驱动、Binder（IPC）驱动、键盘驱动、Wi-Fi 驱动、Audio 驱动及电源管理部分。它作为硬件和软件应用之间的硬件抽象层，使得应用程序开发人员无须关心硬件细节。但是对于硬件开发商而言，如果想要 Android 平台运行到自己的硬件平台上，就必须对 Linux 内核进行修改，为自己的硬件编写驱动程序。

1.2 Android开发平台搭建

搭建 Android 开发平台必须安装 Java JDK 和 Android SDK。另外，还需要强大的集成开发工具来辅助开发，以提高开发效率。Eclipse 是基于 Java 的、免费开源的、可扩展的集成开发环境，是很不错的选择。在 Eclipse 上安装 Android 开发所需的 ADT 插件，即可开始 Android 应用的开发工作。

⚠注意：现在Google已经将Eclipse和ADT插件捆绑集成为ADT（Android Developer Tools）集成开发工具，不需要分别下载Eclipse版本和ADT插件。

Android 开发平台搭建流程与主要步骤如图 1-3 所示。

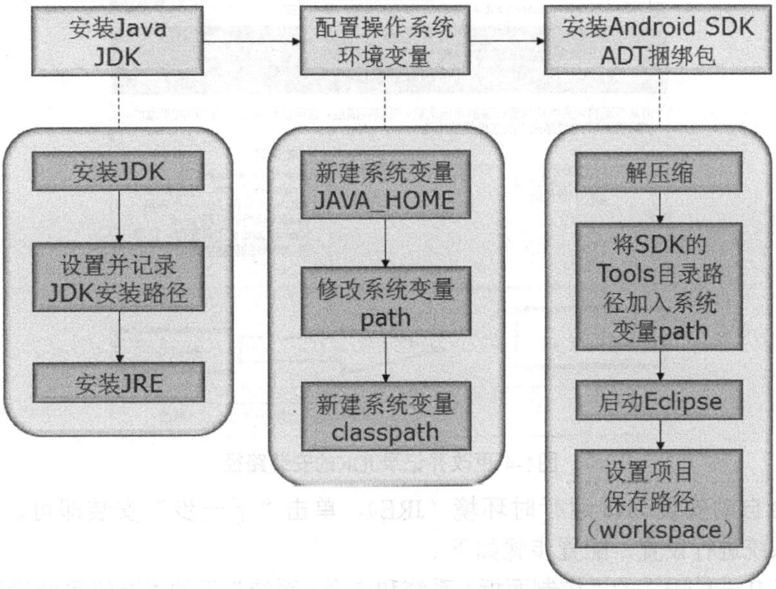

图1-3 Android开发平台搭建流程与主要步骤

开发平台搭建工具的下载地址及其功能介绍如表 1-1 所示。

表1-1 开发平台搭建工具

名 称		下载地址	功 能
Java JDK（Java开发工具集）		http://www.oracle.com/technetwork/java/javase/downloads/index.html	包含JRE和开发资源。Android是基于Java的
Android Developer Tools 集成开发工具（IDE）	Eclipse	http://developer.Android.com/sdk/index.html	免费开源的集成开发工具，快速、高效开发的工具
	Android SDK		Android开发工具包，包含各类Android开发资源和类库
	ADT插件		在Eclipse上进行Android开发的扩展插件

注：本书中所有示例的开发环境为Java JDK 1.7 + Android Developer Tools v22.3（捆绑Eclipse 4.2、Android 4.4版本），操作系统为Windows 7。

1.2.1 安装JDK和配置Java系统环境

Android是基于Java语言的，需要安装JDK（Java Development Kit）。JDK不仅包括JRE（Java Runtime Environment，Java运行时环境），而且还包括了开发Java程序所需要的开发资源。在下载JDK时，选择Java标准版（Java SE）和对应的计算机操作系统版本即可，如为Windows 64位操作系统则下载jdk-7u45-windows-x64.exe，下载前须选中“Accept License Agreement”，同意Oracle的许可证协议。

在Windows上安装JDK比较简单，下载JDK的安装文件后单击安装应用程序(.exe文件)，按照提示，连续单击“下一步”按钮完成安装。这里注意，要将JDK的安装目录记录下来，后面配置将会用到，如图1-4所示，将安装路径更改为“E:\Java\jdk1.7.0_45\”。

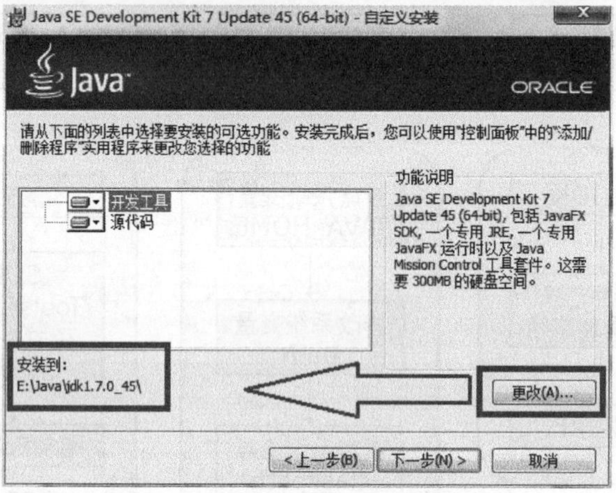

图1-4 更改并记录JDK的安装路径

随后，会自动安装Java运行时环境（JRE），单击“下一步”安装即可。安装完成后，需要对操作系统进行设置，配置步骤如下：

（1）打开Windows 7的“控制面板\系统和安全\系统”下的“高级系统设置”，单击“系统属性”对话框“高级”选项卡中的“环境变量”按钮，如图1-5所示。

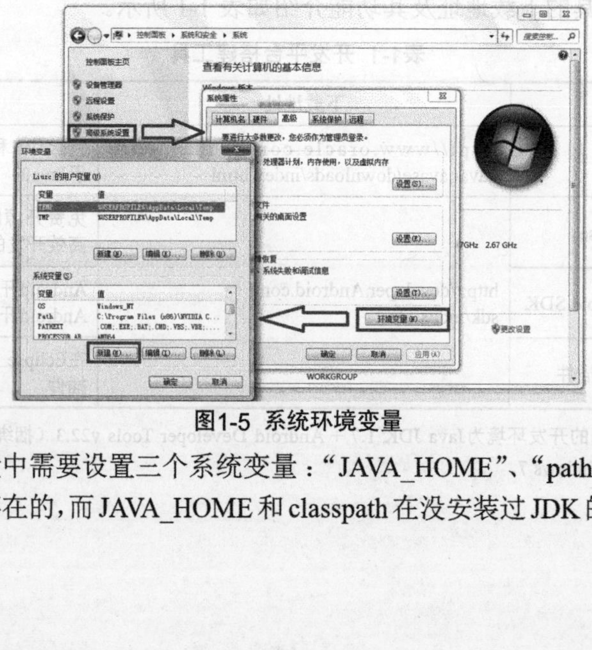

图1-5 系统环境变量

（2）在环境变量中需要设置三个系统变量：“JAVA_HOME”、“path”和“classpath”。其中path属性是已经存在的，而JAVA_HOME和classpath在没安装过JDK的情况下是不存在的，需要分别创建。

（3）接下来就要配置各个系统变量。在没有配置过 JDK 的情况下，首先单击“新建”按钮，新建名为 JAVA_HOME 的系统变量，变量值为刚才 JDK 的安装路径，由于笔者安装的路径为：“E:\Java\jdk1.7.0_45\”，所以 JAVA_HOME 的配置结果如图 1-6 所示。

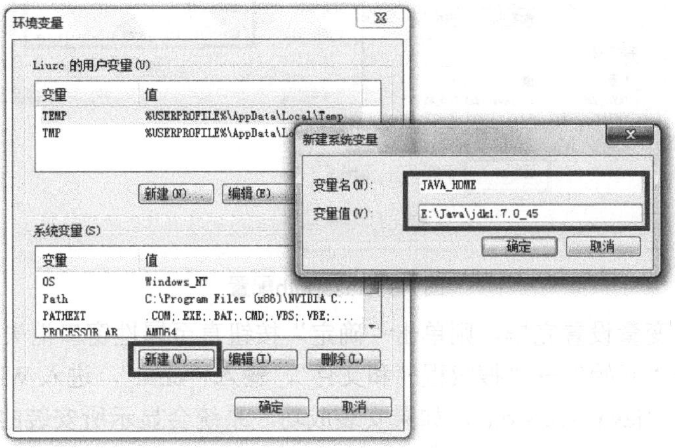

图1-6 JAVA_HOME配置

（4）配置完“JAVA_HOME”之后，下面来配置系统变量“path”。path 变量的含义就是系统在任何路径下都可以识别 Java 命令，其变量值须设置为“%JAVA_HOME%\bin”（其中“%JAVA_HOME%”即代表刚才设置 JAVA_HOME 的常量值）。

⚠注意：在配置path时，只需要将变量值直接加到原来的变量值后面，并在添加时在%JAVA_HOME%\bin之前添加一个分号，即“;%JAVA_HOME%\bin”，如图1-7所示。

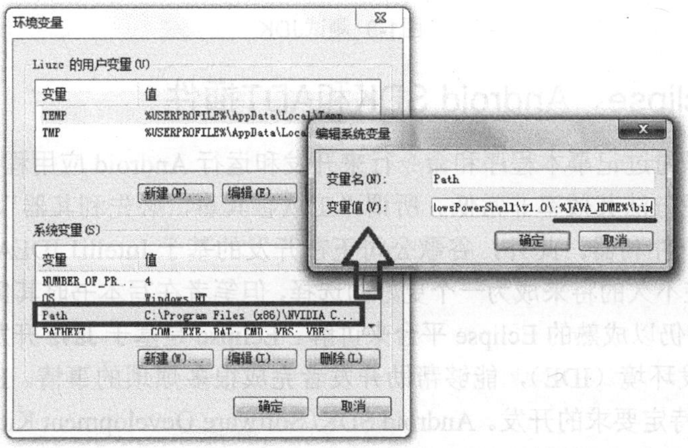

图1-7 Path配置

（5）最后来配置“classpath”变量。同样首先单击“新建”按钮，然后在变量名上写 classpath，该变量的含义是为 Java 加载类的路径，只有类在 classpath 中，Java 命令才能识别。其值为“.;%JAVA_HOME%\lib;%JAVA_HOME%\lib\tools.jar”。

⚠注意：在变量值前面要加“.”表示当前路径，classpath配置如图1-8所示。

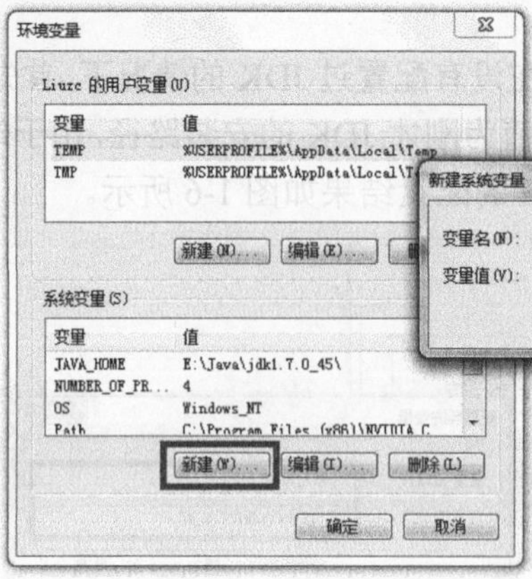

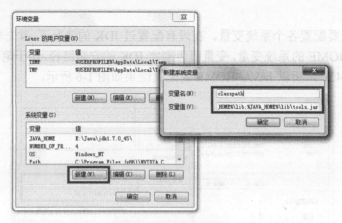

图1-8 classpath配置

（6）以上三个变量设置完毕，则单击“确定”按钮直至属性窗口消失，接下来验证安装是否成功。先打开“开始”→“搜索程序和文件”，输入“cmd”，进入 Windows 命令处理程序界面。然后输入“java -version”，如果安装成功，系统会显示所安装的 JDK 的版本信息，如图 1-9 所示。

图1-9 测试JDK

1.2.2 安装Eclipse、Android SDK和ADT插件

虽然确实可以通过记事本程序和命令行来开发和运行 Android 应用程序，但这种缺乏配套工具支持的开发方法其效率非常低。所谓“工欲善其事，必先利其器”，Eclipse 就是现在开发应用程序的一件利器。此外，谷歌公司正在开发的基于 IntelliJ IDEA 的 Android Studio 开发环境应该会在不久的将来成为一个更好的选择，但笔者在写本书时其仍未推出正式的 1.0 版本，因此，本书仍以成熟的 Eclipse 平台来讲解。Eclipse 是基于 Java 开发的、免费开源的、可扩展的集成开发环境（IDE），能够帮助开发者完成很多烦琐的事情。Eclipse 中可以集成各类插件，以完成特定要求的开发。Android SDK（Software Development Kit，软件开发工具包）提供了 Android API 库和所需的开发、调试工具。ADT 插件是 Eclipse 的扩展插件，它使得 Eclipse 具备开发 Android 应用程序的功能。

如果读者刚接触 Android 编程开发，建议直接从 Android 官方网站下载 SDK、Eclipse 和 ADT 插件的捆绑安装包（ADT Bundle），网址为 http://developer.Android.com/sdk/，单击“Download the SDK ADT Bundle for Windows”进行下载，安装该捆绑包将一次性完成 Eclipse、Android SDK 和 ADT 插件的安装，大大简化了工具安装配置工作。

这个捆绑包囊括了要用到的所有基本工具，包括：

- Eclipse + ADT 插件。
- Android SDK 工具。
- Android 平台工具集。
- 最新的Android平台。
- 最新的Android系统模拟器外观。

⚠注意：上述的工具，包含Eclipse IDE已经被整合到Android Developer Tools中，简称ADT，因此ADT也可以理解为专门用于开发Android应用程序的Eclipse专用版。在本书后续章节，若无特殊指定，我们所指的“ADT”和“Eclipse”都是指用于开发Android应用程序的Eclipse专用版。

下载的压缩文件包名称是以 adt-bundle-< 操作系统代码 >-< 发布日期 >.zip 来命名的，如对于 64 位的 Windows 系统，下载文件名可能为 adt-bundle-windows-x86_64-20131030.zip，直接将下载的捆绑压缩包解压到一个指定的文件夹下即可，如 D:\Android\。解压后将出现 Eclipse 和 SDK 两个文件夹，以及一个“SDK Manager.exe”文件。Eclipse 和 Android SDK 都不需要执行安装程序。

接下来，将其 SDK 文件夹下 Tools 目录的绝对路径添加到系统环境变量的 path 中，如图 1-10 所示（详细方法参见 1.2.1 安装 JDK 和配置 Java 系统环境中 path 的设置）。

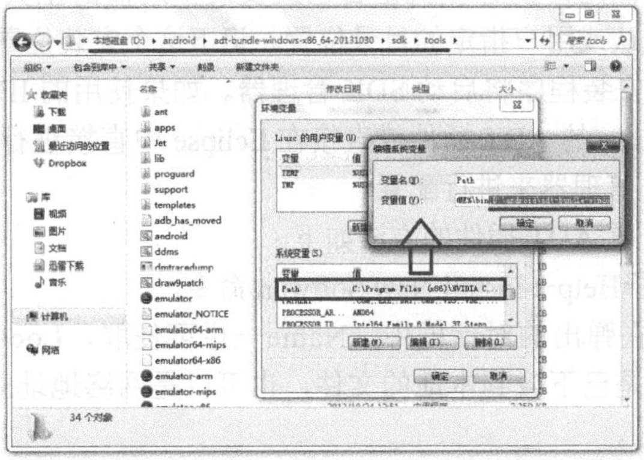

图1-10 将SDK文件夹下Tools目录的绝对路径添加到系统变量的path中

最后打开一个 CMD 窗口，输入 android –h，如果显示如图 1-11 所示的信息，则表示 SDK 安装成功。

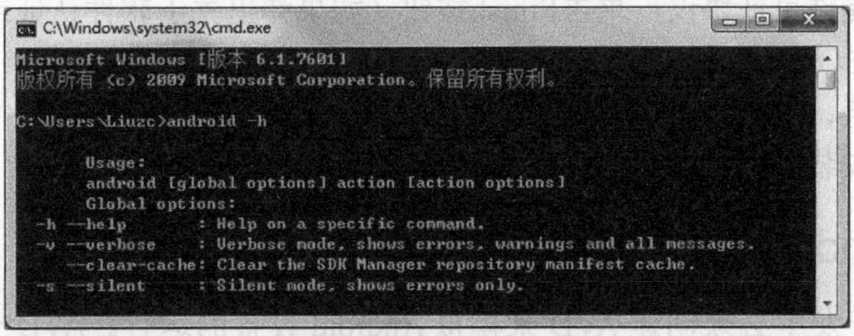

图1-11 测试SDK的安装

现在打开 Eclipse 文件夹，双击 eclipse.exe 文件，将显示“Android Android Developer Tools”的欢迎界面，可见，这是专门为 Android 开发者定制的 Eclipse 版本。第一次启动时，系统会要求用户确定项目默认的工作空间位置，如本书采用 d:\Android\workspace 文件夹。至此，如图 1-12 所示，安装工作完毕，现在启动你的“Android”之旅吧！

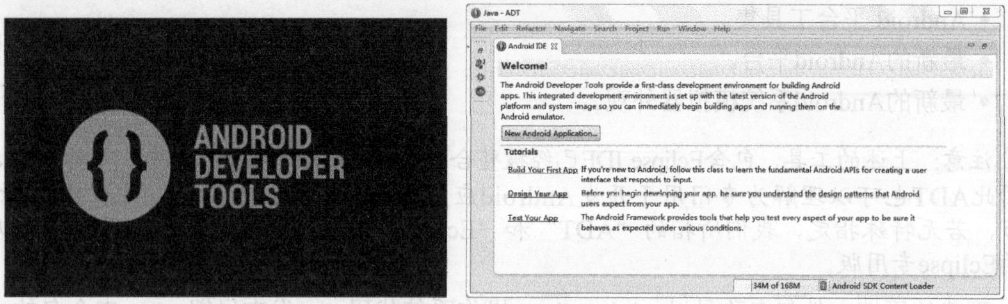

图1-12 Eclipse的Android开发专用版（ADT）启动界面

如果已经安装了 Eclipse 或其他 IDE 工具，而现在只是想独立安装 Android SDK，则需要单独下载 SDK 包和其他所需的工具（如最新的 Android 平台、SDK 平台工具集等），并进行配置，这个安装步骤会麻烦些。安装步骤大致如下：

（1）单独下载的 Android SDK 包是一个可执行（.exe）文件，双击这个可执行文件，开始安装程序。

（2）安装程序将检测用户的计算机是否已经安装了所需的工具，随后，安装程序会将 SDK 工具保存到一个默认或用户指定的目录位置。记下这个安装位置，后续的配置将会用到。

（3）安装完毕后，安装程序将启动 SDK 管理器。如果使用的 IDE 是 Eclipse，不要启动 SDK 管理器，下载 Eclipse 的 ADT 插件或直接在 Eclipse 中直接进行配置。如果使用的是其他的 IDE，则启动 SDK 管理器来进行配置。

（4）在 Eclipse 中配置 ADT 插件的方法如下：

- 启动Eclipse，选择Help→Install New Software命令。
- 单击Add按钮，在弹出的对话框中，Name一栏可任取，Location一栏则选择ADT插件的位置（可以是已下载到本地的文件，也可以是网络地址https://dl-ssl.google.com/Android/eclipse/）。
- 单击“确定”按钮（若在通过网络URL获取ADT插件时遇到麻烦，可尝试用“http”代替“https”）。
- 在“Available Software”视图中勾选需要安装的“Developer Tools”项，单击Next按钮。
- 阅读和接受许可证协议，单击Finish按钮（如果弹出关于软件认证或验证失败的安全提示，单击OK按钮）。
- 完成安装后，重启Eclipse。重启后，在Eclipse的菜单栏中多出两个按钮 Packa，表明ADT插件安装成功。

1.2.3 创建Android虚拟设备（AVD）

在 Android 开发中必须创建 AVD 来模拟 Android 设备的运行。AVD 全称为 Android 虚拟设备（Android Virtual Device）。在 Android SDK1.5 之后的版本支持多个平台和外观显示，开发者可以创建不同的 AVD 来模拟和测试不同的平台环境。建立 AVD 的步骤如下：

调出 Android IDE 界面的工具栏，在 Eclipse 菜单中选择 Window → Show Toolbar 命令，

在工具栏中单击 Android 虚拟设备管理器的图标。单击“New”按钮新建一个 AVD，填写 AVD 的名称及相关虚拟设备参数。单击“OK”按钮后，在 AVD 窗口将出现新增的 AVD 列表，选中新增的 AVD，单击“Start”按钮，稍等片刻，可看到指定 AVD 模拟器的启动界面，如图 1-13 所示。

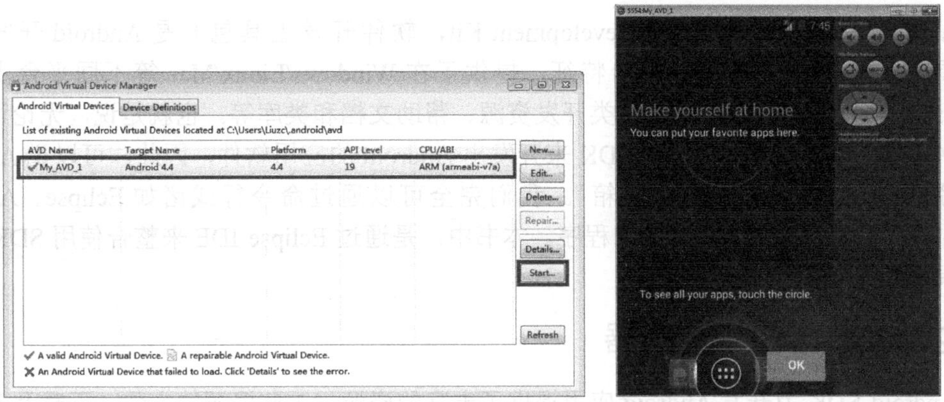

图1-13 启动AVD模拟器

注意：若模拟器的RAM设置大于768MB，将可能导致虚拟设备无法启动，并在Console控制台提示“Failed to allocate memory: 8”的错误。若无法启动AVD，可尝试调小AVD的RAM值（如512MB）。

当要运行调试一个应用时，在“运行设置”（接下来 Run Configuration）中的 Target 标签中选取指定的 AVD，即可在模拟器中运行程序。接下来就可以建立和运行自己的 Android 应用程序。在后续章节，将通过示例项目逐步讲解应用程序结构和代码调试方法。

提示：模拟器的一次性启动技巧。
因为模拟器的启动需要较长的时间，在平常的编程学习中可以先启动模拟器，在调试运行时选择Run As→Android Application命令，就可以将应用装载到模拟器中，没有必要每次运行程序时都重启模拟器。这样就可以大大省去等待模拟器启动的时间。

小贴士

启动模拟器后，无法加载修改后的应用程序，怎么办？
若AVD中无法加载修改后的应用程序，应该是ADB服务出错。解决办法：在任务管理器中结束adb.exe的进程，然后在Windows系统中打开一个CMD命令行窗口，在“Android安装目录/platform-tools”下运行“adb.exe start-server”。这样在Eclipse中修改程序后，只需选择Run As→Android Application命令，就可以重新将应用装载到模拟器中。

至此，Android 的开发环境搭建完成，下面将讲解 Android 开发的“百宝箱”——Android SDK。

1.3 Android SDK介绍

1.3.1 Android SDK基础

Android SDK（即 Software Development Kit，软件开发工具包）是 Android 开发的必备工具包，它基于 Java 的跨平台特征，提供了在 Windows/Linux/Mac 等不同平台上开发 Android 应用程序的开发组件、各类开发资源、帮助文档和类库等。也就是说，无论读者使用何种平台都可以通过 Android SDK 来开发出 Android 的应用软件，因此，可以说 Android SDK 就是 Android 开发的“百宝箱”。我们完全可以通过命令行或诸如 Eclipse、Android Studio 等 IDE 来开发 Android 应用程序。本书中，是通过 Eclipse IDE 来整合使用 SDK 的各类工具资源的。

1.3.2 Android SDK管理器

Android SDK 为开发 Android 应用提供了丰富的资源，这些资源的安装、下载及升级管理工作就由 Android SDK 管理器（Android SDK Manager）来负责，因此，它具有非常重要的作用。下面来了解一下它的使用情况。

单击 Eclipse 菜单栏中的 Android SDK 管理器图标（或选择 Windows 菜单下的 Android SDK Manager 命令）来启动；也可以在 ADT 的安装目录下，双击“SDK Manager.exe”来启动。在 SDK 管理器中需要正确设置 SDK 的路径，如 D:\Android\adt-bundle-windows-x86_64-20131030\sdk，这样管理器才能找到 SDK 的所有资源。SDK 管理器列出了所有 SDK 的可用资源及其状态（是否安装、可否升级），选择安装和升级的资源，SDK 管理器可从网上下载更新。读者可经常使用 SDK 管理器下载更新各类的资源，以保持最新的可用版本。

为了后续讲解示例代码和程序调试，需要下载对应最新 SDK 版本的 Samples 示范项目、SDK 文档和 Android SDK 的源代码，并且更新一些资源，如图 1-14 和图 1-15 所示。

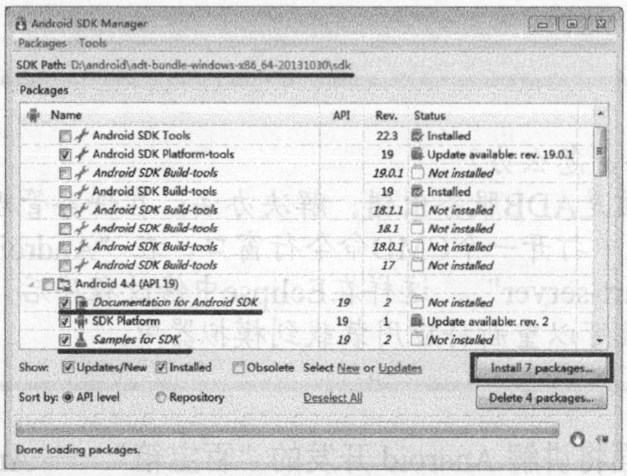

图1-14 更新和下载SDK资源

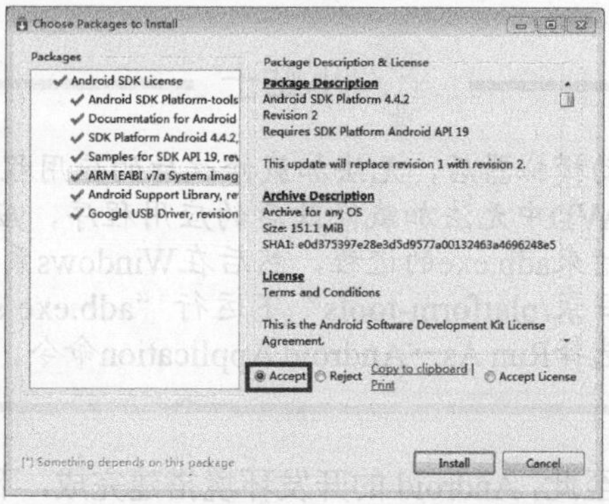

图1-15 同意许可协议并安装SDK资源

对于下载更新的每一个资源，都需要选中“Accept”单选按钮同意许可协议，最后单击“Install”按钮进行下载安装，相关的资源将会自动下载到 SDK 的目录中。下面将讲解 SDK 资源目录的结构及其功能。

1.3.3 Android SDK资源目录结构

查看 Android SDK 的安装目录，各文件目录的功能如表 1-2 所示。

表1-2 Android SDK文件目录的结构功能

文件夹名称	功 能
add-ons	存放开发需要的第三方文件
build-tools	存放编译Android应用的组件
docs	存放Android的文档。包括开发指南、API文档等
extra	存放额外的插件
platforms	存放包含的Android版本
platform-tools	存放adb服务等Android平台工具
samples	存放一些示例程序
sources	存放Android的源代码文件
system-images	存放系统图片
temp	存放临时缓存文件
tools	存放Android开发、调试的工具

docs 目录存放了 Android 的文档，包括开发指南、API 文档等，也可以访问网站 http://developer.android.com/guide/components/index.html 来搜索最新的文档。学会查阅开发文档是编程者极其重要的一项基本功。

Android 开发者网站分为三个维度：UI 设计（Design）、编程开发（Develop）和营销发布（Distribute），如图 1-16 所示。

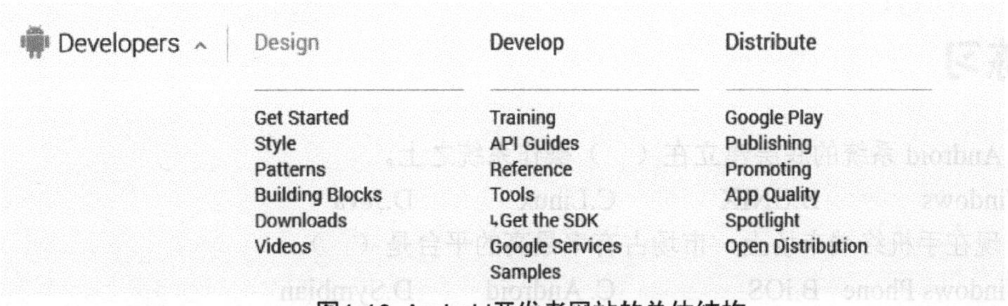

图1-16 Android开发者网站的总体结构

提示：编程开发（Develop）栏目包含的训练课程（Training）以任务驱动和示范程序来讲解Android的各类重要功能的使用；API指南（Guide）详细介绍了各类程序组件的功能和使用要领；API参考手册（Reference）是编程实践中必须用到的API工具书，这些都是Android编程开发中最常用的官方资料，读者可以根据自己的需要来查阅。

另外，platforms 目录下的 android.jar 文件是 Android 标准压缩包，包含了编译后的 Android 全部的 API（应用程序接口）。所有的 Android 应用程序都需要和这些 API 打交道。通过解压缩 android.jar 文件，可以大致了解到 Android 内部 API 的包结构和组织方式，如图 1-17 和图 1-18 所示。

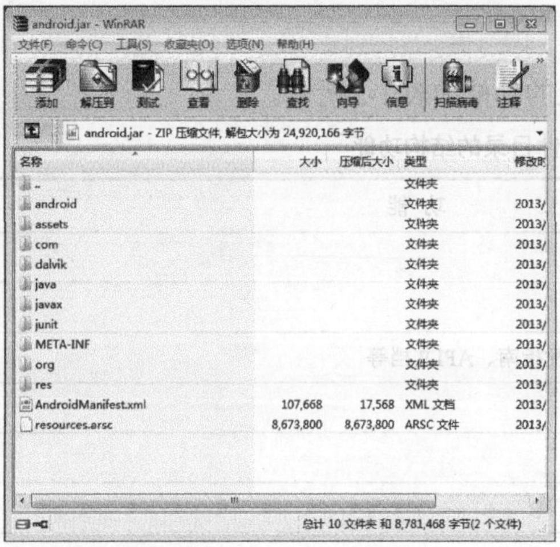

图1-17 android.jar内部结构

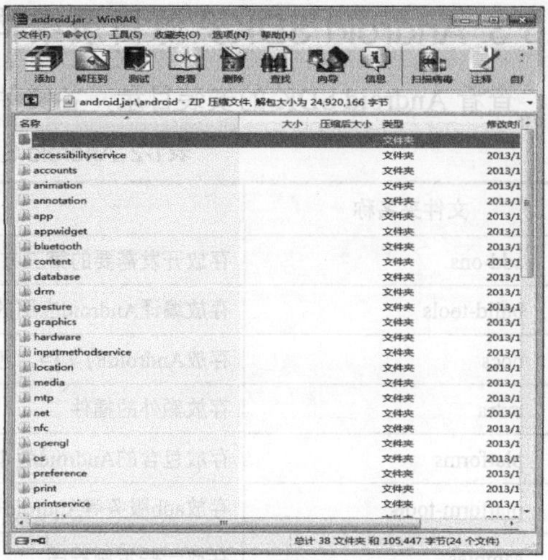

图1-18 android.jar包含的Android组件

从图 1-17 和图 1-18 中可以了解到 Android API 的包结构，如 animation、app、content、graphic、hardware、media、net、database、opengl、view 等，了解 Android API 的包结构将有助于以后的编程和查找帮助文档，在遇到问题时知道在哪里可以查找到即可。

本章小结

通过本章的讲解，了解了 Android 的体系结构，安装了 Java 运行环境 JDK，搭建好了 Android 的开发环境，创建了一个 Android 虚拟设备，了解了 Android 开发的“百宝箱”——Android SDK，以及如何利用 SDK 管理器来下载、更新管理 Android SDK 的资源。

课后练习

（1）Android 系统的底层建立在（　）操作系统之上。

A.Windows　B.UNIX　C.Linux　D.Java

（2）现在手机终端市场上，市场占有率最高的平台是（　）。

A.Windows Phone　B.iOS　C. Android　D.Symbian

（3）下面哪一种工具不能用来开发 Android 应用程序（　）。

A.Eclipse　B. 记事本程序和命令行

C.Android Studio　D.PowerPoint

（4）通过（　）可以模拟 Android 手机的运行。

A.adb　B.AVD　C. android　D.apk

（5）搭建 Android 开发环境必需的工具是（　）。

A.Java JDK 和 Android SDK　B. Android SDK 和 apk

C. JRE 和 Android API　D. Java JDK 和 apk

（6）简述 Android 平台的优势。

第 2 章

Android编程开发基础

本章目标

- 学会运行并分析Android应用程序
- 学会导入已有的demo示范应用程序
- 学会调试程序

项目实操

- 新建Helloworld应用程序
- 运行并分析Android SDK附带的例子
- 使用LogCat和设置断点来调试程序

2.1 第一个Android应用

在完成前面所介绍的平台搭建后，读者肯定跃跃欲试想看一下 Android 程序到底是什么样子的。下面我们一步步来创建第一个 Android 项目：Helloworld。它非常简单，运行该程序将在手机（模拟器）上显示“Helloworld！”提示。该示例虽然简单，却是“麻雀虽小，五脏俱全”。下面将通过修改和分析程序代码来窥探 Android 应用程序的结构和运行过程。

2.1.1 新建Android项目

（1）打开 Eclipse，选择 New → Android Application Project 命令，如图 2-1 所示。

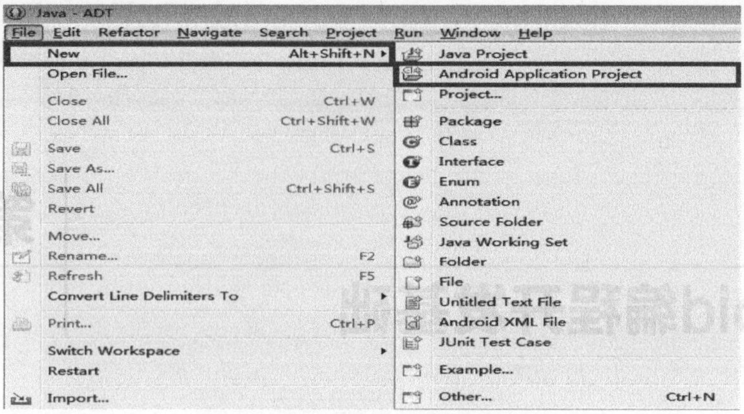

图2-1 新建Android应用项目菜单

（2）在 New Android Application 对话框中填写项目选项，如图 2-2 所示。

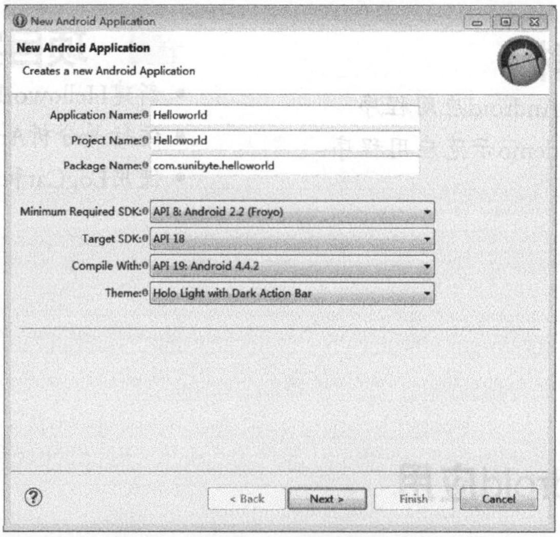

图2-2 新建Android应用项目属性

图中，各选项含义如下。

- Application Name 表示应用程序的名称，将显示在应用程序上的标题栏中。
- Project Name 表示项目的名称。
- Package Name 为包的名称，Java中采用包路径来区分类的结构。
- Mininum Required SDK这个选项指明了应用程序所要求的最低SDK版本。如果设备上系统映像的API版本低于这个要求，那么应用程序将无法安装运行。在这里选择默认的选项：API 8，对应Android 2.2（Froyo）版本。

其他选项选择默认选项，单击 Next 按钮，将出现项目的配置对话框，如图 2-3 所示。

选中“Create custom launcher icon”可自定义应用程序的图标，勾选“Create activity”复选框可创建一个默认的 Activity 子类。Activity 类是一个用来进行界面控制程序的类，一般有用户界面的程序都需要创建 Activity 子类。

（3）单击 Next 按钮进入下一步操作，如果选中了默认的选项，将需要分别设置应用程序图标和 Activity 类的用户界面（UI）属性，这里不再赘述。

（4）最后单击 Finish 按钮，至此第一个 Android 应用程序已经创建好了。这个新建的 Android 项目即使没有书写任何一行代码，现在就已经可以运行。

需要注意的是，运行这个项目需要在 Android 模拟器（Emulator）上来运行。在 1.2.3 节中已经讲解了如何创建并启动一个 Android Virtual Device。下面只需要在已启动的模拟器上运行刚才所创建的“Helloworld”项目即可。方法如下：在 Package Explorer 窗口中，选中刚创建的项目文件夹，在项目上单击鼠标右键，在快捷菜单中选择 Run AS → Android Application 命令，如图 2-4 所示。

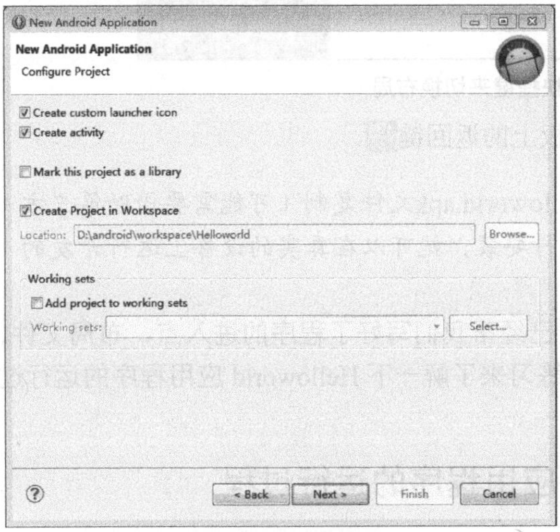

图2-3 项目类型配置

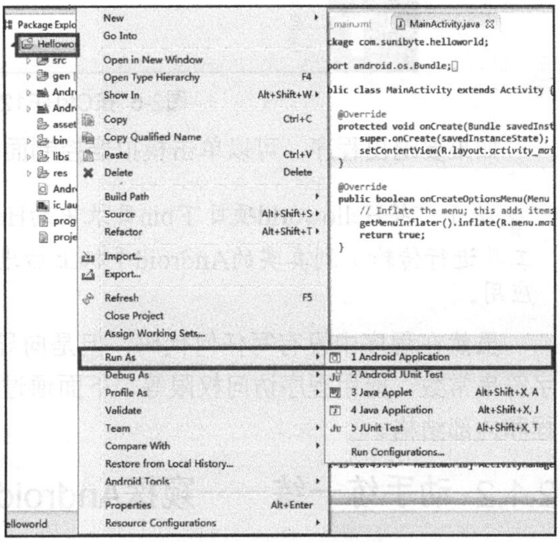

图2-4 运行Helloworld

这样即可运行新建的项目，运行画面也如同真实的手机一样，程序显示结果如图 2-5 所示。

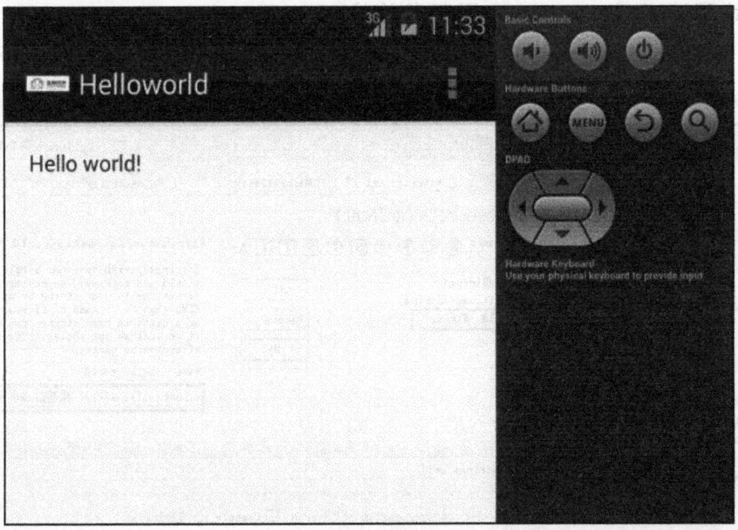

图2-5 运行效果

还可以按 Ctrl+F12 快捷键来切换布局，切换后运行结果如图 2-6 所示。

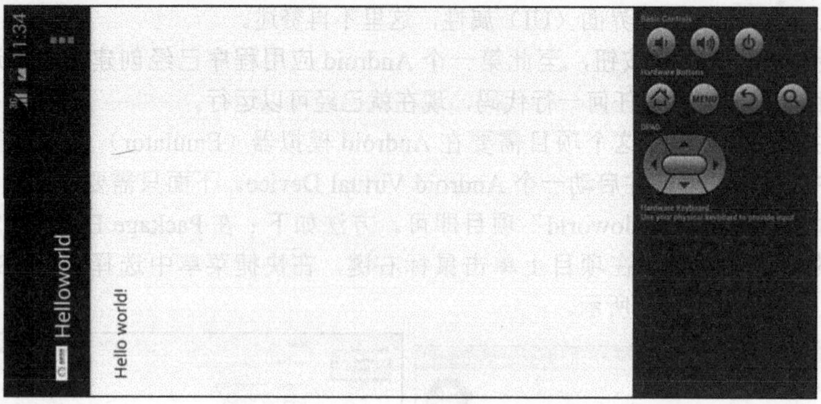

图2-6 按Ctrl+F12快捷键来切换布局

如果要退出程序，可以单击模拟器控制面板上的返回键。

提示：将Helloworld项目下bin目录中的Helloworld.apk文件复制（可能需要借助第三方工具进行传输）到真实的Android手机上后进行安装，就可以在真实的设备上运行开发的应用。

虽然在程序中没有写任何代码，但是向导已经帮我们写好了程序的进入点、布局文件、字符串常数、应用程序访问权限等。下面通过练习来了解一下 Helloworld 应用程序的运行过程和内部结构。

2.1.2 动手练一练——窥探Android应用程序的运行过程

为了更加直观地让读者了解 Android 应用程序的运行过程，下面在 2.1.1 节的基础上，通过修改 Helloworld 来显示读者的名字，使读者从中初步体会 Android 应用程序的运行过程；同时，还能够增强读者对 Android 应用开发的信心。

在左侧的 Package Explorer 窗口中，单击项目文件夹，打开资源文件夹下的字符串常量文件 res/values/strings.xml，修改 hello_world（String）的 value 为读者的名字，如图 2-7 所示。

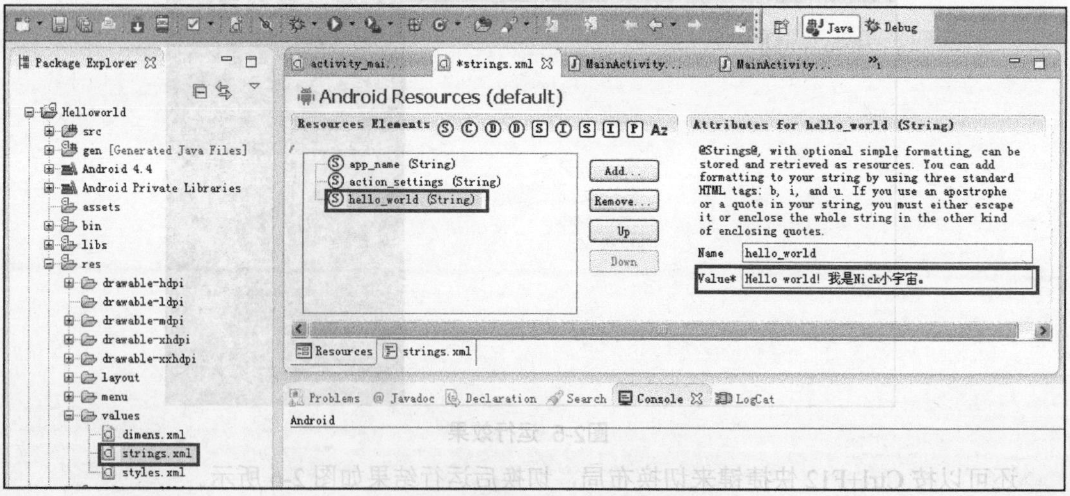

图2-7 修改Helloworld显示的内容

然后保存文件并运行应用，试试看！

刚才只是修改了一个 xml 文件的字符串值，就让 Helloworld 应用的显示发生了改变，这是如何做到的呢？实际上，刚才修改的 string.xml 文件是应用程序的字符串常量定义文件。这个文件需要被应用程序的布局文件 res/layout/activity_main.xml 获取：

```
<TextView
    Android:layout_width="wrap_content"
    Android:layout_height="wrap_content"
    Android:text="@string/hello_world" />
```

TextView 是 Android 应用程序的一个文本显示框控件。通过简单的一句“@string/hello_world”，就将 strings.xml 中的 hellow_world 字符常量的值取出。可见，helloworld 应用显示的字符串不是直接赋值的，而是通过 xml 来定义的，这便于显示字符串的集中管理（体现了数据与业务逻辑分离的思想），非常适合在诸如需要定义多个国际化版本的场合。现在，我们知道在 Helloworld 应用程序中，是使用 xml 布局文件（res/layout/activity_main.xml）来描述界面布局的。

那么，这个布局文件是在什么地方被载入的呢？原来 activity_main.xml 是在 MainActivity.java 的 onCreate() 方法中被获取的。

```
protected void onCreate(Bundle savedInstanceState) {
super.onCreate(savedInstanceState);
setContentView(R.layout.activity_main);
}
```

读者可能会疑惑，在 Java 代码中，R.layout.activity_main 怎么会直接指向 activity_main.xml 这个布局 xml 文件了？这涉及 Android 对资源文件的统一调用机制。Android 会自动为资源目录 res 中的所有资源文件生成索引，并存储在一个叫 R 类的对象中，通过 R 类就可以实现直接对资源的引用。

该 MainActivity.java 的 onCreate() 方法就是程序的进入点。而该 MainActivity.java 文件则是在 Android 项目配置清单文件 AndroidManifest.xml 中被载入的。

代码清单 2-1：chapter02\Hello world\AndroidManifest.xml

```
<?xml version="1.0" encoding="utf-8"?>
<manifest xmlns:Android="http://schemas.Android.com/apk/res/Android"
    package="com.sunibyte.helloworld"
    Android:versionCode="1"
    Android:versionName="1.0" >

    <application
        Android:allowBackup="true"
        Android:icon="@drawable/ic_launcher"
        Android:label="@string/app_name"
        Android:theme="@style/AppTheme" >
        <activity
            Android:name="com.suniybte.helloworld.MainActivity"
            Android:label="@string/app_name" >
```

```
……
        </activity>
    </application>

</manifest>
```

AndroidManifest.xml 是 Android 应用程序的全局配置文件，包括程序的图标、应用程序名称等属性都会在这里进行设置。应用程序启动时，它将告诉系统要创建怎样的一个应用程序，包括要创建一个叫 MainActivity 的 Activity 对象，它就是 Helloworld 的界面对象。

至此，读者可对 Helloworld 应用程序的轮廓有了初步直观的认识。这一小节只是引导读者对 Android 应用程序的运行结构有一个直观的了解。下面将详细系统地讲解项目工程文件的构成，然后，再回过头来审视上述 Helloworld 的运行过程，读者将对 Android 应用程序的运行机制有更深的理解。

2.1.3 Android项目工程文件的构成

要系统地了解 Android 应用程序的构成，可以先从分析 Android 项目呈现的文件目录结构开始。创建一个 Android 项目（如前述的 Helloworld），可在 Eclipse（ADT）左侧的 Package Explorer 视图中看见如下目录结构，如图 2-8 所示。

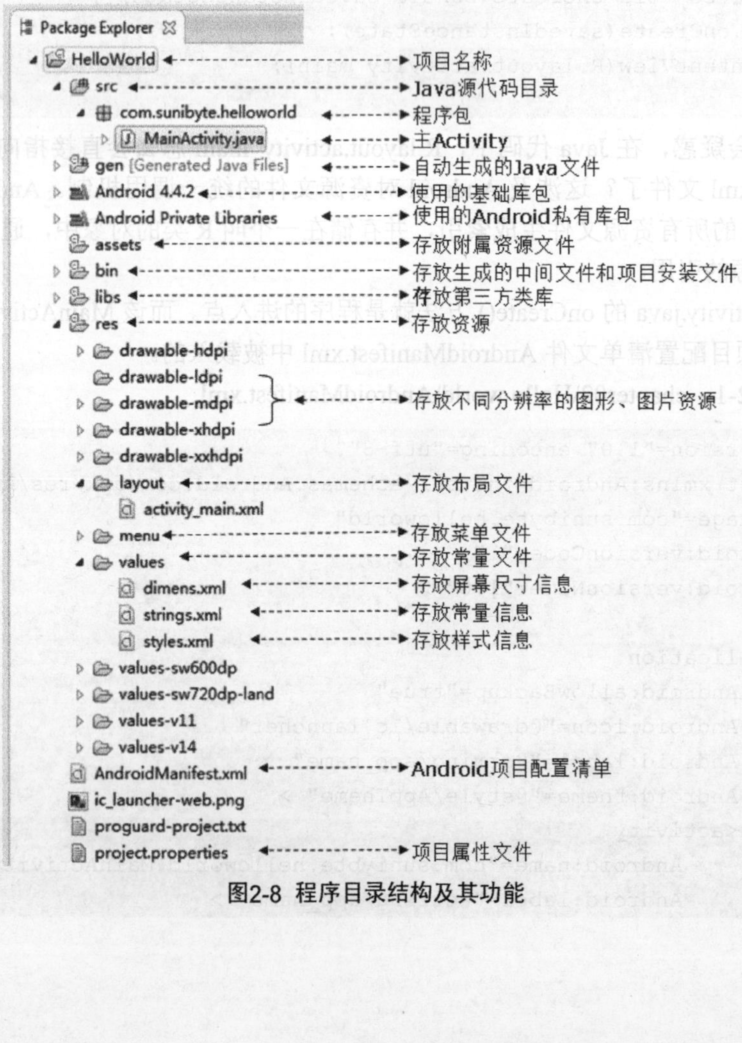

图2-8 程序目录结构及其功能

这些目录结构的功能如下。

（1）src 目录：Java 源代码目录。包含了 Android 应用程序中所需要的全部的源代码文件。这些源文件位于对应的包的目录下。在 Helloworld 程序中只有一个主 Activity 文件“MainActivity.java”。

（2）gen 目录：由 Eclipse（ADT）自动生成的目录，开发者不需要去修改里面的内容。其下面的 R.java 定义了一个 R 类，这个 R 类包含了程序需要使用的用户界面、图形 / 图像、字符串等各种资源及其相应的资源编号。Android 应用程序中通过 R 类来实现对资源的引用。对于下面介绍的 res 资源文件夹中的任何变化，R.java 都会重新编译。

（3）Android 类库：目录中显示的 Android 4.4 和 Android Private Libraries 分别是要用到的基础类库和 Android 私有的扩展类库。它们构成了 Android 开发的基石。

（4）assets 目录：主要存放一些附属的资源文件，如多媒体、游戏数据文件等。这里存放的资源文件不能被映射到 R.java 中，访问时需要通过 AssetManager 类来引用。

（5）bin 目录存放生成的中间文件和最后的 apk 安装文件。将 apk 复制到 Android 设备后直接安装，就可以在设备上运行开发的应用。

（6）res 资源目录存放各种资源文件。Android 会自动地为 res 目录中的所有资源文件生成一个 ID，这个 ID 会被存储在 R 类当中，通过 R 类可以实现直接对资源的引用。因此，这个目录下的资源文件可以很方便地被 Android 的类和方法访问到。在 res 目录下又包含了多个子目录：

- drawable目录用来存放.png、jpg等位图文件，xxdpi、xdpi、hdpi、ldpi、mdpi分别存放由高到低的不同分辨率的图片资源，用于适应不同大小的设备屏幕。开发者可以通过Resource.getDrawable(id) 来获得该资源。
- layout目录存放程序的布局文件。在Android应用程序中可以使用xml布局文件来描述界面布局，这样的好处是简单、结构清晰、维护容易，但是缺点是不能动态地更改程序的界面。也可以在程序中直接通过Java来创建用户界面。
- menu目录存放菜单界面资源的描述文件。
- values目录用来存放所有使用XML文件描述的各类资源文件，如屏幕尺寸dimens.xml、字符串常量string.xml、样式style.xml、颜色color.xml（需自行添加）、数组arrays.xml（需自行添加）等。
- anim目录（需自行添加）存放XML动画文件。
- xml目录（需自行添加）存放任意的XML文件。
- raw目录（需自行添加）存放直接复制到设备中的原生文件，这里的文件会原封不动地存储到设备中，不会被编译为二进制形式，与assets目录存放资源的不同之处是，raw目录的资源是通过R类来访问的。

（7）AndroidManifest.xml 是项目的配置清单文件，它是每个应用程序所必需的文件，描述了程序包的全局变量，包括应用程序组件和每个组件的实现类。它的作用就是告诉系统如何处理我们创建的所有 Android 顶层组件（Activity、Service、Broadcast Receiver 和 Content Provider）。这四大基本组件将在第 3 章中进行详细讲解。

2.1.4 Android应用程序运行过程

现在，结合 1.3.2 节对 Helloworld 应用程序的分析，读者可以更深地理解 Android 应用程序的运行过程。首先，系统先读取 AndroidManifest.xml 项目配置清单文件，在该 xml 文件中配置了一个 Activity 类——MainActivity，系统自动创建该对象实例，并运行 MainActivity 的 onCreate() 方法，该方法中使用 setContentView(R.layout.activity_main）来设定所要显示的布局文件，它是通过对 R 类的引用来获取的，实际上就是 res/layout/activity_main.xml 文件。该文件包含一个文本框控件，该控件显示的信息是字符串资源文件 string.xml 中定义的 hello_world 常量所对应的字符串值。上述 Helloworld 程序的运行过程如图 2-9 所示。

图2-9 Helloworld程序显示内容的传递过程

因此，要解构一个 Android 应用程序项目时，应当先看界面设计，即 layout 文件夹中的文档（如 activity_main.xml），然后再看界面上各组件之间的业务逻辑（在 src 文件夹的源程序中）。

2.1.5 Android应用程序框架核心文件解析

1. AndroidManifest.xml

在 Eclipse 中双击 AndroidManifest.xml，然后选择 AndroidManifest.xml 选项卡，如图 2-10 所示。

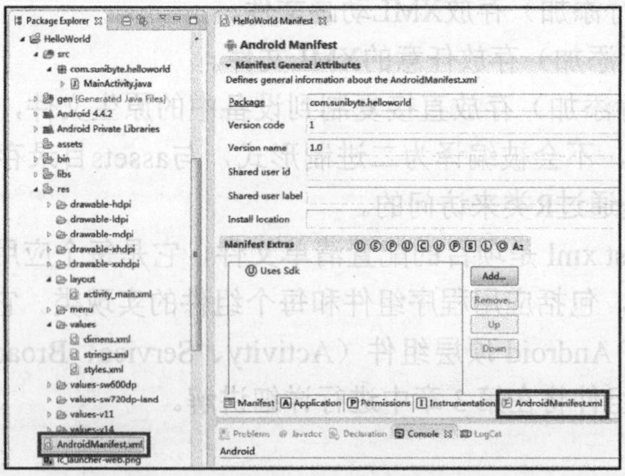

图2-10 打开AndroidManifest.xml

可看到如代码清单 2-2 所示的代码。

代码清单 2-2：chapter02\Hello world\AndroidManifest.xml

```
<manifest xmlns:android="http://schemas.android.com/apk/res/android"
   package="com.sunibyte.helloworld"
   android:versionCode="1"
  android:versionName="1.0">
   <application android:icon="@drawable/icon" android:label="@string/app_
name">
        <activity android:name=".HelloWorld"
                 android:label="@string/app_name">
         <intent-filter>
            <action android:name="android.intent.action.MAIN" />
            <category android:name="android.intent.category.LAUNCHER" />
            </intent-filter>
        </activity>
    </application>
    <uses-sdk android:minSdkVersion="8" />
</manifest>
```

在代码清单 2-2 中，intent-filters 描述了 Activity 启动的位置和时机，每当一个 Activity 要执行一个操作时，它将创建出一个 Intent 对象，这个 Intent 对象能够描述开发者想要做什么，想处理什么数据，数据的类型及其他的信息。Android 将 Intent 对象中的信息与所有公开的 IntentFilter 比较，找到一个最能恰当处理请求者要求的数据和动作的 Activity。Intent 相关知识将在后面的 3.2 节中进行详细讲解。AndroidManifest.xml 中其他标签的作用如表 2-1 所示。

表2-1 AndroidManifest.xml分析

节点（元素）	说 明
manifest	根节点
xmlns:android	命名空间的声明使得android中各种标准属性能在文件中使用，提供了大部分元素中的数据
package	声明应用程序包名
versionCode	版本号
versionName	版本名
uses-sdk	应用程序所使用的sdk版本
android:minSDK	要求的最低SDK版本
android:targetSDK	目标SDK版本
application	该应用程序的全局和默认的属性，如标签、icon、主题、必要的权限等
android:icon	应用程序图标
android:label	应用程序名字（标签）
activity	用来与用户交互的主要组件。一个Activity组件对应一个用户界面（页面），一个应用程序由一个或多个Activity实现。注意：每一个<activity>标记对应一个Activity组件实例。另外，可以包含一个或多个<intent-filter>元素来描述activity所支持的操作

续 表

节点（元素）	说　明
android:name	Activity对应的类名
android:label	Activity的标签名（窗体显示的标题）
intent-filter	该Activity响应Intent启动的过滤条件。 声明了指定一组组件支持的Intent值，从而形成了IntentFilter。除了能在此元素下指定不同类型的值
action	说明Intent动作。其中，"action.MAIN"表示该Activity是主程序的入口
Category	说明Intent类别。其中，"category.LAUNCHER"表示该Activity最先被执行的

⚠注意：在代码清单 2-2 中的 <application android:icon="@drawable/icon"> 这里的 "@drawable/icon" 表示对 res/drawable 目录下 icon.png 图标文件的引用，其余以此类推。

2．Strings.xml

打开位于 res/values 目录下的 strings.xml，在文件中定义了程序中所用到的一些常量。如代码清单 2-3 所示。

代码清单 2-3：chapter02\HelloWorld\res\values\strings.xml

```
<?xml version="1.0" encoding="utf-8"?>
<resources>
    <string name="hello">Hello World, HelloWorld!</string>
    <string name="app_name">HelloWorld</string>
</resources>
```

这个文件很简单，只有两个标签，定义了字符串 "hello" 的值为 "Hello World, HelloWorld!"，定义了字符串 "app_name" 的值为“HelloWorld”。这些资源的应用将会在后面的章节中详细讲到。

3．布局文件 activity_main.xml

打开位于 res/layout 下的 activity_main.xml，可看到如代码清单 2-4 所示的源代码。

代码清单 2-4：chapter02\Hello world\res\layout\activity_main.xml

```
<?xml version="1.0" encoding="utf-8"?>
<LinearLayout xmlns:android="http://schemas.android.com/apk/res/android"
    android:orientation="vertical"
    android:layout_width="fill_parent"
    android:layout_height="fill_parent"
    >
<TextView
    android:layout_width="fill_parent"
    android:layout_height="wrap_content"
    android:text="@string/hello_world"
    />
</LinearLayout>
```

下面来分析代码清单 2-4 中所包含的内容（在 4.1.4 节布局管理中将详细介绍相关内容）。

- <LinearLayout>：线性布局格式，在此标签中，所有的组件都是线性排列组成的。在后面的章节中会详细介绍Android中内置的几种布局。
- android:orientation：用来确定LinearLayout的方向，值可以为vertical或horizontal。其中vertical表示从上到下垂直布局，horizontal表示从左到右水平布局。
- android:layout_width和android:layout_height：用来指明在父控件中当前控件的宽和高，可以设定其值，但是更常用的是“fill_parent”和“wrap_content”。其中fill_parent表示填满父控件，wrap_content表示大小刚好足够显示当前控件中的内容。
- <TextView>标签定义了一个用来显示文本的控件，其属性的值layout_width为填满整个屏幕，layout_height则可以根据文字的大小进行更改。Android:text定义了在文本框中所要显示的文字内容，这里引用了strings.xml中的hello_world 所定义的字符串资源，即“HelloWorld!”，也就是我们在程序运行时看到的字符串。

4．R.java

打开位于 gen 目录下的 R.java，可以看到如代码清单 2-5 所示的源代码。

代码清单 2-5：chapter02\Hello world\gen\R.java

```
package com.example.helloworld;
public final class R {
    public static final class attr {
    }
    public static final class drawable {
        public static final int icon=0x7f020000;
    }
    public static final class layout {
        public static final int main=0x7f030000;
    }
    public static final class string {
        public static final int app_name=0x7f040001;
        public static final int hello=0x7f040000;
    }
}
```

在代码清单 2-5 中可以看到这里定义了很多常量，而且它们的名字都与 res 文件夹下的文件名相同，这再次证明了 R.java 文件中所存储的是该项目所有资源的索引。有了这个文件，程序便可以很快地找到要使用的资源。由于这个文件是只读的，不能手动编辑，所以当项目中加入了新的资源时，只要刷新一下项目（选中项目后按 F5 键），R.java 文件便自动生成了所有 res 资源的索引。

5．MainActivity.java

打开 src 下的 MainActivity.java，源代码如代码清单 2-6 所示。

代码清单 2-6：chapter02\HelloWorld\src\com\sunibyte\helloworld\MainActivity.java

```
package com.sunibyte.helloworld;
import android.app.Activity;
import android.os.Bundle;

public class MainActivity extends Activity {
    /** Called when the activity is first created. */
    @Override
    public void onCreate(Bundle savedInstanceState) {
        super.onCreate(savedInstanceState);
        setContentView(R.layout.activity_main);
    }
}
```

最后分析主程序中的内容。第1行定义了程序的包名。

⚠注意：一个包名定义了一个应用程序，声明相同包名的代码文件说明是隶属于同一个应用程序。也就是说，一个应用程序的所有Java代码文件的包名必须相同，否则会报错。

第2行和第3行导入了程序中用到的Android Java包。接下来就是对Hello world Activity的定义。主程序Hello world类继承自Activity类。重写了void onCreate()方法，onCreate()函数在Activity创建时就将被调用，也就是说程序启动时onCreate()就会被执行。在onCreate()中只有两行代码，其中第一句是对基类onCreate()函数的调用，用来获取Activity的状态，第二句用setContentView(R.layout.activity_main)来设定Activity所要显示的布局文件。它是通过对R类的引用来实现的，实际上就是位于res/layout/activity_main.xml文件。

2.2 学习编程的捷径——站在“巨人”的肩膀上

在了解了一个Android应用程序的构成和运行过程以后，我们就应该“站在巨人的肩膀上”，去找一些现有的、真实的项目代码来进行学习和分析，这一方法是学习编程的“捷径”。因此，这一节，将讲解如何导入已有项目并进行调试运行。

先从Android官方自带的示范应用程序（demos）入手。首先，使用Android SDK Manager下载官方的示范程序包。

2.2.1 下载示范应用程序包

先选择Eclipse（ADT）的Windows → Android SDK Manager命令（或单击按钮），在打开的Packages Tools窗口，选中Samples for SDK，如图2-11所示。

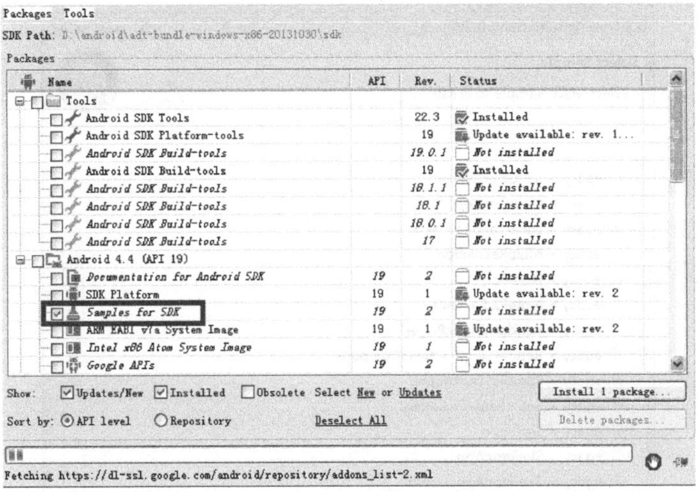

图2-11 Android SDK Manager下载示范应用程序包

选中 Accept License，然后单击 Install 1 package.. 按钮，系统将自动下载 Android SDK 的应用程序示例。

成功下载的 SDK Demos 示例程序将存放在“SDK 安装路径 \sdk\samples”中，下面就可以在 Eclipse 中导入这些 demo 程序。

2.2.2 导入已有的demo应用程序

Samples for SDK 中有丰富的代码资源，如果读者能够潜心研究，一定能成为编程的高手！

下面来导入这些示范应用程序。在 Eclipse 中选择 File → New → Project 命令，新建一个工程项目，如图 2-12 和图 2-13 所示。

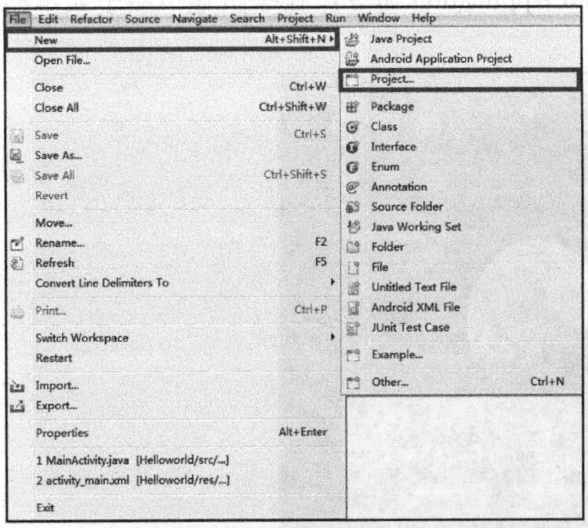

图2-12 新建工程项目

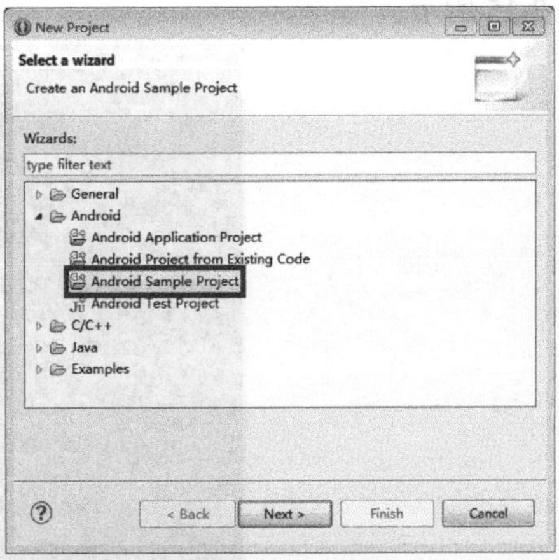

图2-13 导入示例工程项目

随后需要选择示例程序导入的 SDK 版本，这里实际上对应的是“SDK 安装路径 \sdk\samples”目录下的 Android 目标版本。单击 Next 按钮，随后将看到已经下载的所有示例程序，如图 2-14 所示。

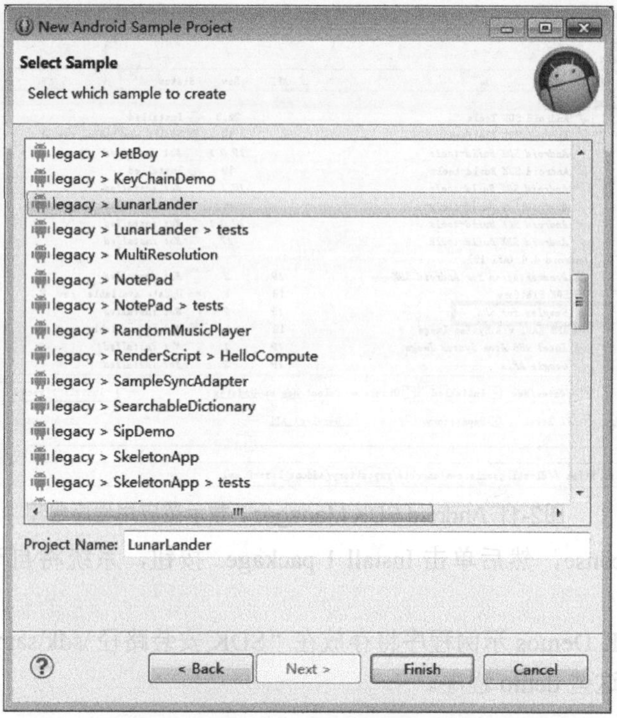

图2-14 选择示例工程项目LunarLander

根据项目的分类和名称，可以预测示范项目的大概内容。现在来导入其中一个有趣的小游戏项目，选中“legacy > LunarLander”，单击 Finish 按钮，可以看到在 Package Explorer 窗口中已经导入了项目 LunarLander。现在先运行这个小游戏。在 LunarLander 项目上单击鼠标右键，在快捷菜单中选择 Run AS → Android Application 命令，在手机模拟器中显示的内容如图 2-15 所示。

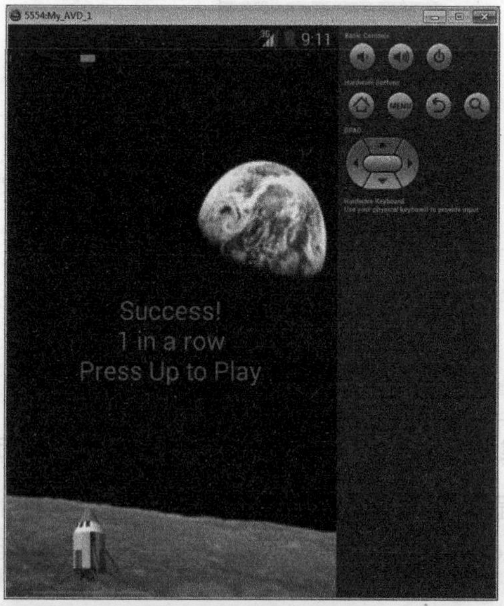

图2-15 模拟登月飞船游戏示例项目LunarLander

小贴士

如何启用模拟器的键盘按钮？

若需启用模拟器的上、下、左、右按钮来测试应用程序，可在Android Virtual Device Manager中选中Device Definition标签，选中并克隆或修改某个要用的AVD，勾选Input项的Keyboard以启用模拟键盘，然后选择Dpad激活方向键，再将Botton项改为Hardware以便支持键盘的home、menu、back键，最后重新启动这个修改后的AVD，如图2-16所示。

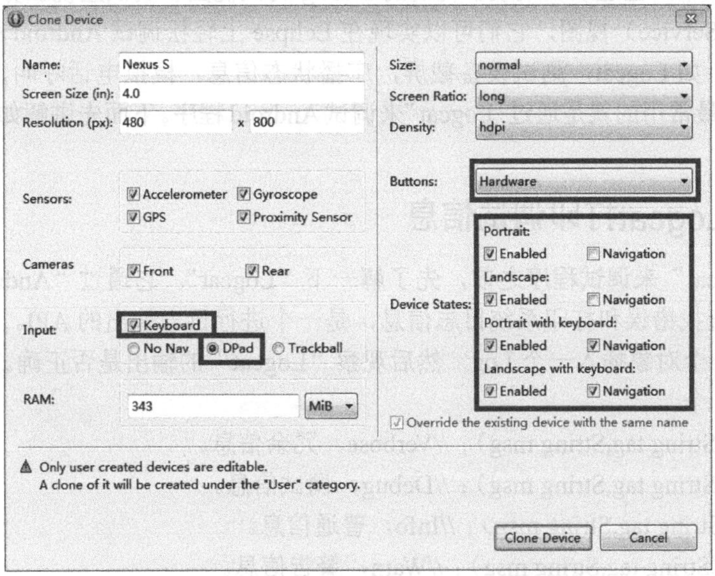

图2-16 克隆并设置AVD以启动手机模拟器的键盘

这个示例演示了火箭登月的小游戏。通过方向键和空格键控制点火时机来控制飞船，使它平稳着陆。读者还可以导入SDK示例程序的另外两个小游戏：Snake贪吃蛇、飞行射击游戏JetBoy（支持背景和情景音乐）。

这些小游戏挺有趣，需要读者从这些现成的demo示例项目中学习他人的编程经验，从而不断提高自己的能力。下面来练习编程开发的基本功——调试程序。

提示1：将已有代码文件夹导入到一个项目中的方法

直接将代码文件夹复制到项目中，然后在新加入的类文件夹上单击鼠标右键，选择Build Path→Use as Source Folder命令。

提示2：将已有的代码包（jar文件）导入到一个项目中的方法

直接复制到项目所在的目录下，然后单击鼠标右键执行Properties→Java Build Path→Libraries命令。

提示3：导入的项目出错？

可以尝试：（1）单击鼠标右键，执行Source→Clean up命令；（2）单击鼠标右键，选择Refresh命令（或选中项目后按F5键）；（3）单击鼠标右键，执行Android Tools→Fix Project Properties命令。若还是不行，注意是不是漏了库包、Android Manifest.xml中定义的版本不匹配等问题，可以根据Console和LogCat标签栏的信息进行调试。有一种情况，导入程序的某些方法或类如果被标注为deprecated，则表示该类在新版本中已经废弃，由其他方法或类代替，最好查阅SDK文档进行代码重构。

2.3 程序是调出来的——程序的调试

任何一名程序员都不可能保证一次性编写出来的程序都是正确的，因此，我们常说“计算机程序不是编出来的，而是调试出来的。”作为一名程序员，经常遇到的问题就是调试程序。一个刚刚接触 Android 的开发者在调试 Android 程序时如果经常不能快速地找到程序的错误所在，那么这对编写程序的信心将是一种打击。在 Eclipse 中调试程序的方法很多。在 Android IDE v22 中，已经默认集成了传统的 Debug 调试视图和调试监视服务 DDMS（Dalvik Debug Monitor Service）视图，它们可以实现在 Eclipse 上轻松调试 Android 程序。DDMS 提供了许多功能，如 Logcat，测试设备截屏，广播状态信息，模拟电话呼叫，接收 SMS，虚拟地理坐标等。最常用的就是通过“Logcat”来调试 Android 程序。下面先讲解如何使用“Logcat”来调试程序。

2.3.1 使用Logcat打印调试信息

在用“Logcat”来调试程序之前，先了解一下“Logcat”。它通过“Android.util.Log”类的静态方法来查找错误和打印系统日志信息，是一个进行日志输出的 API。在 Android 程序中可以随时为一个对象插入一个 Log，然后观察“Logcat”的输出是否正确。android.util.Log 常用的方法有 5 个。

（1）Log.v(String tag,String msg)；//Verbose，冗余信息。

（2）Log.d(String tag,String msg)；//Debug，调试信息。

（3）Log.i(String tag,String msg)；//Info，普通信息。

（4）Log.w(String tag,String msg)；//Warn，警告信息。

（5）Log.e(String tag,String msg)；//Error,，错误信息。

可以在程序中设置日志信息，然后运行程序，来查看 Logcat 中输出的信息。新版本的 ADT IDE 已经将 Logcat 默认放置在界面的右下方。若没有启用，则可以在 Java Perspective 界面下选择 Window → Show Views → Other 命令，如图 2-17 所示。

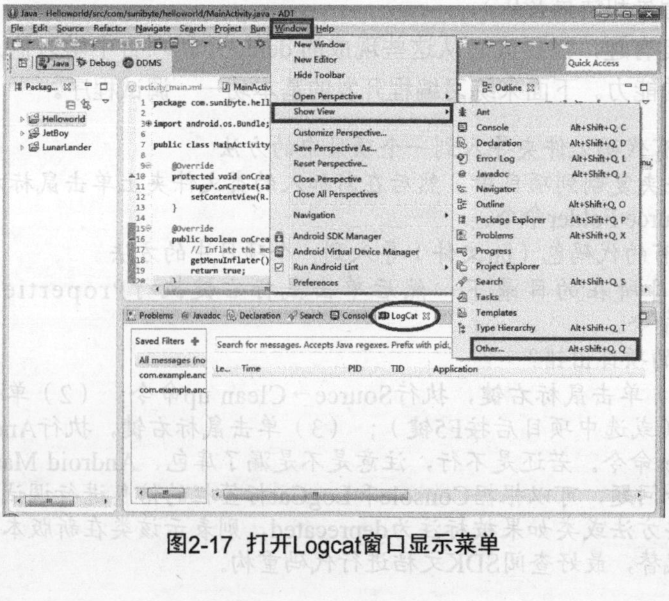

图2-17 打开Logcat窗口显示菜单

在弹出的 Show View 对话框中选择 Android 目录下的 Logcat，然后单击 OK 按钮，就可以在 Java 工作界面的下方看到 Logcat 选项。这样就可以方便地看到日志的输出信息。

提示：在调试程序时，需要通过Console（控制台）、Logcat 和Problems（问题）视图显示的提示来发现程序问题。

现在，修改 Helloworld 的 MainActivity.java 程序，来加入调试信息的显示，如代码清单 2-7 所示。

代码清单 2-7：chapter02\Hello world\src\com\sunibyte\helloworld\MainActivity.java

```
package com.sunibyte.helloworld;

import android.os.Bundle;
import android.app.Activity;
import android.view.Menu;

import android.util.Log;//加入Log工具包的引用

public class MainActivity extends Activity {

   @Override
   protected void onCreate(Bundle savedInstanceState) {
super.onCreate(savedInstanceState);
setContentView(R.layout.activity_main);
Log.i("调试信息","**主Layout的ID: "+R.layout.activity_main);//输出调试信息
   }

   @Override
   public boolean onCreateOptionsMenu(Menu menu) {
// Inflate the menu; this adds items to the action bar if it is present.
getMenuInflater().inflate(R.menu.main, menu);
return true;
   }
}
```

运行或调试程序，在 ADT 的 Logcat 选项中可看到输出的结果，如图 2-18 所示。

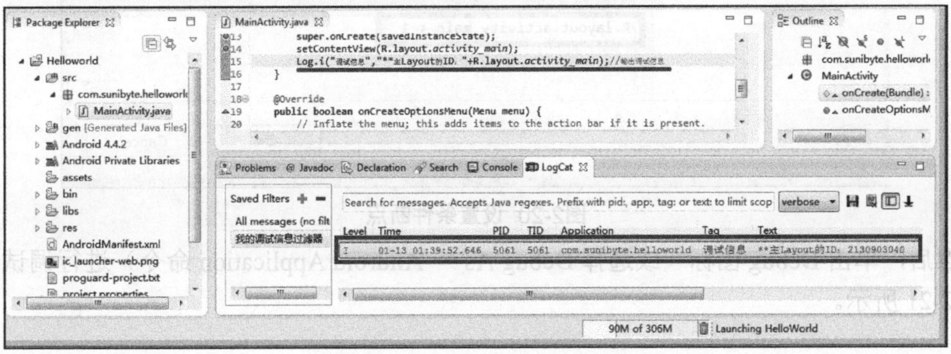

图2-18 LogCat显示调试信息

提示：如果显示的调试信息太多，可以单击左侧的“+”来自定义信息过滤器（Filter）。

2.3.2 设置断点

可以通过设置断点的方式来调试Android程序。在Java视图中打开要设置断点的源文件，在需要标记断点的代码前面的标记栏双击，就可以设置断点，如图2-19所示。

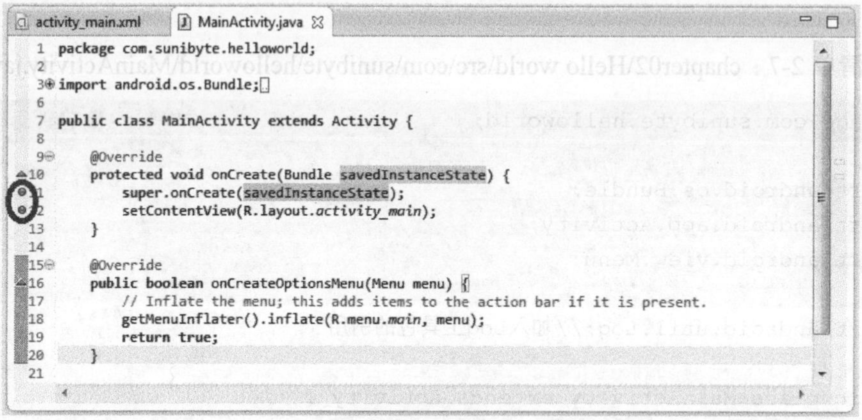
activity_main.xml
MainActivity.java
package com.sunibyte.helloworld;
import android.os.Bundle;
public class MainActivity extends Activity {
@Override
protected void onCreate(Bundle savedInstanceState) {
super.onCreate(savedInstanceState);
setContentView(R.layout.activity_main);
}
@Override
public boolean onCreateOptionsMenu(Menu menu) {
// Inflate the menu; this adds items to the action bar if it is present.
getMenuInflater().inflate(R.menu.main, menu);
return true;
}

图2-19 设置断点

注意：最好不要将多条语句放到同一行上，这不便于程序的调试。

还可以设置条件断点，断点在满足某个条件时或变量值发生变化时触发。在某个断点单击鼠标右键（或在某个断点上按Ctrl+鼠标双击），如图2-20所示，设置条件“R.layout.activity_main<1”，当满足条件时，程序就会挂起。

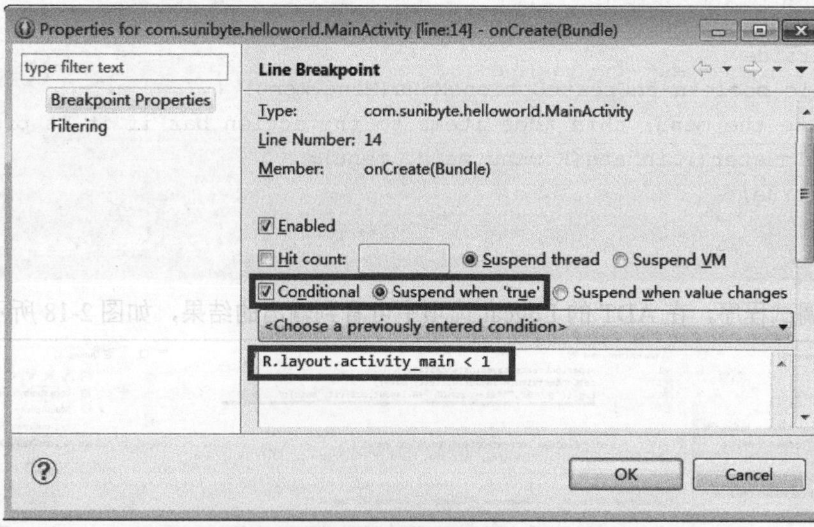
Properties for com.sunibyte.helloworld.MainActivity [line:14] - onCreate(Bundle)
type filter text
Breakpoint Properties
Filtering
Line Breakpoint
Type: com.sunibyte.helloworld.MainActivity
Line Number: 14
Member: onCreate(Bundle)
Enabled
Hit count:
Suspend thread
Suspend VM
Conditional
Suspend when 'true'
Suspend when value changes
<Choose a previously entered condition>
R.layout.activity_main < 1
OK
Cancel

图2-20 设置条件断点

然后，单击Debug图标（或选择Debug As → Android Application命令）进行调试程序，如图2-21所示。

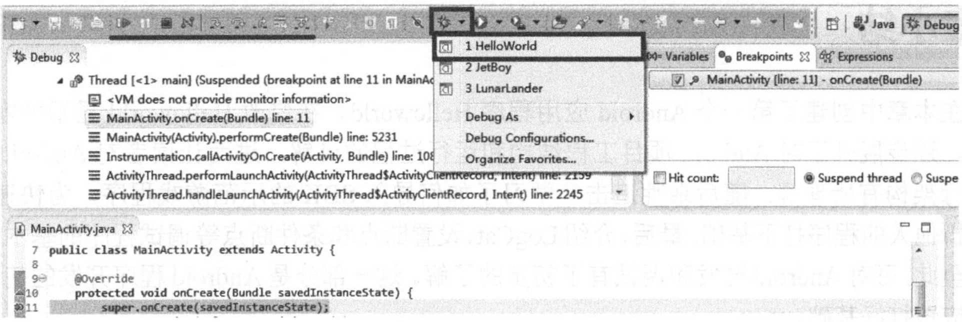

图2-21 启动Debug调试程序

通过调试程序的按钮，可以通过单步执行的方式在函数堆栈中进行跳转来查找程序出错的位置。

当然还有很多调试方法，上面的内容只是抛砖引玉，读者可以根据自己的需要选择不同的调试方法，能够快速准确地找到程序的错误所在。

提示：在Android设备上显示提示的简便方法。可以通过如下代码将自定义的提示信息显示出来：Toast.makeText(this, "提示信息…", Toast.LENGTH_SHORT).show();详细的使用方法可参见Toast的帮助文档。

2.3.3 关联源代码文档

在阅读源代码或调试程序时，经常需要追踪到某个Android的底层类中，这时如果没有源代码就会出现"Source not found"，如图2-22所示。

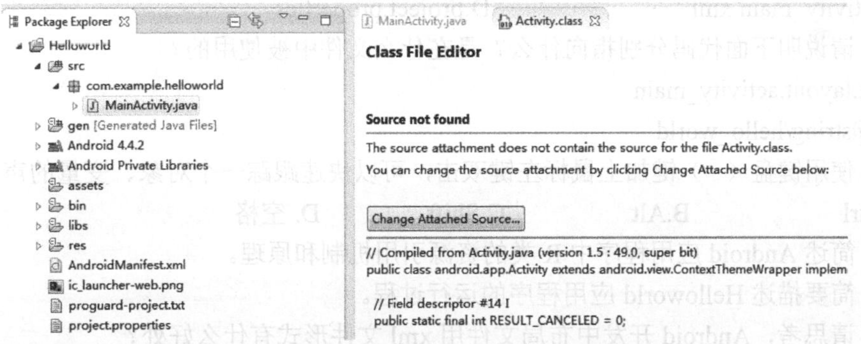

图2-22 提示无法找到Activity基础类的源代码

这时，无法进入到底层类的内部去发现问题。因此，为便于发现和解决问题，最好下载Android的源代码（详细过程见1.3.2节中Android SDK管理器），然后把它与项目关联起来。方法：单击"Change Attached Source…"按钮，选择关联到文件夹，并设置为SDK下的Sources对应的版本文件夹，如android安装路径\sdk\sources\android-19\，关联源代码以后，就可以跟踪调试到底层的类代码中去发现问题。

重要提示：巧用Ctrl键跟踪代码对象。
在代码编辑器中，将鼠标放置在某个类对象、变量上面，就可以跟踪到这个对象的代码或声明。甚至可以不断追溯某个类的上级父类直到其"祖先"类。这是程序员必须掌握的技巧。

本章小结

在本章中创建了第一个 Android 应用程序 Helloworld。在修改 Helloworld 显示内容的过程中，逐步展开了对 Android 项目工程结构和运行过程的讲解，进而让读者对 Android 的项目运行架构有所理解。随后乘胜追击，学习了如何导入 SDK 的示范游戏程序，为快速学习和分析他人的程序打下基础。最后，介绍 LogCat、设置断点和条件断点等调试程序的基本方法。

至此，可对 Android 开发和调试有了初步的了解。这一部分是 Android 程序开发的基本功，读者应该打好基础。

课后练习

（1）Android 项目工程下的 assets 目录的作用是（ ）。

A. 主要放置一些文件资源，这些资源会被原封不动打包到 apk 中

B. 放置字符串、颜色、数组等常量数据

C. 放置用到的图片资源

D. 放置一些 XML 文件

（2）Android 手机上安装的应用软件格式是（ ）。

A.jar　　B.apk　　C.exe　　D.java

（3）当创建一个 Android 项目时，该项目的图标是在（ ）中设置的。

A.AndroidManifest.xml　　B.string.xml

C.activity_main.xml　　D.project.properties

（4）请说明下面代码分别指向什么？是在什么文件中被使用的？

① R.layout.activity_main

② @string/hello_world

（5）使用键盘（ ）键加上鼠标左键双击，可以快速跟踪一个对象、变量的声明。

A.Ctrl　　B.Alt　　C.Shift　　D. 空格

（6）简述 Android 应用程序中 R 类的资源引用机制和原理。

（7）简要描述 Helloworld 应用程序的运行过程。

（8）请思考，Android 开发中布局文件用 xml 文件形式有什么好处？

第3章

Android基本组件及其通信

本章目标

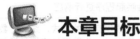

- 了解Android的四大基本组件
- 了解Activity的生命周期
- 了解组件之间进行通信的机制

项目实操

- 调试和分析Activity的生命周期
- 综合示例程序——有序广播的使用
- 综合示例程序——音乐播放器的创建

Android 平台的应用程序与许多传统计算机应用程序不同，它没有唯一的入口（如 C 语言中的 main() 方法入口）。Android 应用程序通常由一个或多个组件组成，Android 中主要包含四大组件：Activity、Service、Broadcast Receiver、Content Provider。其中 Activity 是最基础也是最常见的组件，是负责与用户交互的组件，它为 Android 应用提供了可视化的用户界面，通过 setContentView() 方法来指定界面上的控件。如果该 Android 应用需要多个用户界面，那么这个 Android 应用将会包含多个 Activity，多个 Activity 组成 Activity 栈，当前活动的 Activity 位于栈顶。本章将详细讲解 Android 四大组件的相关知识，以及 Activity 的生命周期。

一个实用的应用程序往往需要由多个 Activity 或其他组件组成，那么 Activity 之间及各组件之间是如何交互或通信的呢？Android 中是通过 Intent 对象来完成这一功能的。本章还将在 Android 四大组件的基础上，讲解 Intent 对象是如何封装组件间的交互的，并讲解 Intent 对象的各种属性及 Intent 的过滤机制。

3.1 Android四大基本组件

下面简要介绍 Android 这四大基本组件，如表 3-1 所示。

表3-1 Android四大顶层组件概要

组件名称	作 用	应用场景	备 注
Activity	Android应用程序与用户交互的组件。一个Activity就是一个窗口（图形界面）	如Helloworld显示的窗口。在Activity对象中可以添加文本框TextView、按钮元素、Checkbox等视图控件	最基础、常用的组件。一个应用程序通常需要在多个用户界面中跳转，多个Activity组成了Activity栈，当前活动的Activity位于栈顶
Service	没有用户界面的程序组件	后台运行的服务，一般不与用户交互。如后台运行的音乐播放程序、监控系统状态的后台程序	运行较长的时间，拥有独立的生命周期
Broadcast Receiver	广播消息接收器。监听并对外部组件发出的事件作出响应	当外部特定事件发生时，如电话呼入时，BroadcastReceiver对象可以进行响应处理	可以在AndroidManifest.xml中注册，也可在程序中使用Content.registerReceiver()进行注册。当特定事件发生时，即使程序没有启动，系统也会唤起程序进行响应
Content Provider	用于对外共享数据，对外部程序进行数据交换的标准组件	对ContentProvider中的数据进行查询、增加、更新、删除操作	隐藏了数据存储的方式，统一了数据的访问方式，为数据访问提供了统一的抽象接口标准

3.1.1 活动（Activity）组件

Activity 是最基本的模块，称为“活动”，在 Helloworld 项目中已经用过。它是应用程序的表示层，独立于程序的业务逻辑和数据存储层。它是通过继承和扩展基类 Activity(android.app.Activity）来实现的。在应用程序中，一个 Activity 通常就是一个单独的屏幕界面，它通过 View 对象来实现应用程序的 GUI（Graphical User Interface，图形用户界面）从而实现用户与应用程序的交互。大多数的应用程序都由多个 Activity 显示组成，例如，一个照片管理器（相册）应用程序，第一个屏幕用来显示所有图片的缩略图列表，第二个屏幕用来显示单个图片。这两个屏幕分别是两个不同的 Activity，但是它们都是继承自基类 Activity。

一个 Android 应用一般需要由多个不同 Activity 组成，但是到底需要多少个 Activity？每个 Activity 的用户界面如何定义？这些都要根据具体的需求而定。但是有个原则，程序启动后显示的第一个界面应该是应用程序的第一个 Activity，以后根据应用程序的需要可以从一个 Activity 激活另一个 Activity。界面窗口一般情况下会占满整个屏幕。改变默认属性，界面窗口也可以悬浮于其他界面窗口之上。当一个新的界面打开后，前一个界面将会暂停，并保存在历史栈中。可以选择返回到历史栈中的前一个界面，当界面不用时，应该将它从栈中删除。

在 3.3 节中，将重点讲解 Activity 的生命周期，并讲解如何在 AndroidManifest.xml 中声明多个 Activty 的方法，以及在程序中如何启动一个新的 Activity。

3.1.2 服务（Service）组件

Service 即“服务”的意思，Service 是一个生命周期长且没有用户界面的程序。它的优先级比较高，它比处于前台的应用优先级低，但是比后台的其他应用优先级高，这就决定了当系统因为缺少内存而销毁某些没被利用的资源时，它被销毁的概率很小。

一个关于服务的例子，最典型的就是音乐播放器。这个播放器程序或许有一个或多个

Activity 来允许用户选择音乐和播放它们。然而，播放音乐本身不应该使用 Activity 来处理，因为当用户希望他们离开播放器界面窗口去做其他的事情时，如看电子书时，音乐仍然能够播放。为了让音乐能够继续播放，媒体播放器的 Activity 可以启动一个在后台运行的服务。系统应该保证音乐服务运行，即使播放器的 Activity 窗口已经不再显示在屏幕上。可以通过 startService(Intent Service) 来启动一个 Service，通过 Content.bindService() 来绑定一个 Service。

1. 启动 Service 的两种方式

在 Android 系统中，启动一个 Service 有如下两种方式。

（1）启动服务——Context.startService(Intent service,Bundle b)

通过 startService() 启动 Service 后，该 Service 将一直在后台执行，即使调用 startService() 的进程结束了，Service 仍然还会存在，直到有进程调用 stopService() 或者 stopSelf()，进程才会结束。这种情况下，访问者与 Service 之间并没有建立关联，无法进行通信或数据交换。这往往用于执行单一操作，并且没有返回结果的场景，如通过网络上传或下载文件，直到文件传输工作完成后服务才会被销毁。

（2）绑定服务——Context.bindService(Intent service,ServiceConnection c,int flag)

通过 bindService() 绑定 Service，绑定后的服务就和调用 bindService() 的组件"同生共死了"，也就是说当调用 bindService() 的组件销毁了，那么它绑定的 Service 也要跟着结束，当然期间也可以调用 unbindservice() 让 Service 提前结束。

⚠注意：一个服务可以和多个组件绑定，只有当所有的组件都与之解绑以后，该服务才会被销毁。绑定服务可以获得远程对象的句柄并调用其已定义的方法。因为每个Android应用程序都在自己的进程中运行，所以使用已绑定的Service可以在不同进程之间传递数据。

以上两种方式也可以混合使用，也就是说，一个 Service 既可以被启动也可以被绑定，只需同时实现 onStartCommand() 和 onBind() 方法即可，这种情况下，当且仅当完成 stopService() 和 unbindservice() 方法调用后，该 Service 才会被销毁。

⚠注意：如果建立的服务需要做一些消耗系统资源或者输入/输出等容易造成阻塞的操作，建议在服务中创建一个新的线程来处理。这样，可以降低出现程序没有响应（Application No Response）的风险，应用程序的主线程仍然可以保持与用户的有效交互。在Android 2.3以后的版本，已经禁止主线程直接进行网络访问、磁盘访问等耗时的操作，以提高用户体验。

2. Service 的生命周期

Android Service 的生命周期并不像 Activity 那么复杂，它只继承了 onCreate()、onStartCommand() 和 onDestroy() 三个方法。当第一次启动 Service 时，先后调用了 onCreate()、onStartCommand() 这两个方法；当停止 Service 时，则执行 onDestroy() 方法。这里需要注意的是，如果 Service 已经启动了，当再次启动 Service 时，不会再执行 onCreate() 方法，而是直接执行 onStartCommand() 方法。启动服务和绑定服务的生命周期如图 3-1 所示。

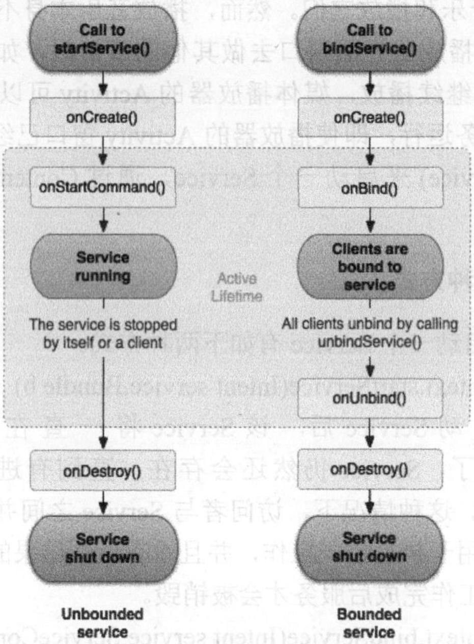

图3-1 启动服务和绑定服务的生命周期

（1）启动服务的生命周期

如果一个 Service 被 Context.startService() 方法启动，那么无论是否有任何 Activity 绑定到该 Service，该 Service 都在后台运行。在这种情况下，该 Service 的 onCreate() 方法将被调用，然后是 onStartCommand() 方法。如果一个 Service 被启动不止一次，则 onStartCommand () 方法将被多次调用，但是不会创建该 Service 的其他实例。

该 Service 会一直在后台运行，直到被 Context.stopService() 方法或其自己的 stopSelf() 方法显式地停止该服务为止。

（2）绑定服务的生命周期

如果一个 Service 被某个 Activity 调用 Context.bindService() 方法绑定，则只要该连接建立，该服务将一直运行。Activity 可以使用 Context 建立到服务的连接，同时也要负责关闭该连接。

当 Service 只是以这种方式被绑定而未被启动时，其 onCreate() 方法被调用，但是 onStartCommand() 方法不被调用。在这种情况下，当绑定被解除时，平台可以停止和清除该 Service。

3.1.3 广播接收器（Broadcast Receiver）组件

前面讲解了 Service，我们可以将一些比较耗时的操作放在 Service 中执行，通过调用相应的方法来获取 Service 中数据的状态，如果需要得到某一特定的数据状态，那么需要每隔一段时间调用一次该方法然后判断是否达到我们想要的状态，非常不方便。如果 Service 中能够在数据状态满足一定条件时，就主动通知我们，那就非常人性化了。在 Android 中就提供了这样的一个组件，它就是广播接收器（Broadcast Receiver）。

1. 广播的概念

Broadcast Receiver 是用户接受广播通知的组件。首先要理解这里所说的“广播”（Broadcast）的概念：广播是一种同时通知多个对象的事件通知机制。Android 中的广播通知来自于系统，或者来自于普通的应用程序。很多事件都有可能导致系统广播，最典型的应用场景就是低电量报警，当移动设备电量低于某一设定值时，则发出广播通知信息。当然也有可能是来自应用程序。例如，一个需要取得用户当前地理位置的应用程序通知其他地图应用程序进行响应。

Broadcast Receiver 组件是一种全局的监听器，用于监听所有程序所发出的广播消息，一旦收到特定广播消息则触发相应的方法进行响应处理。它响应系统程序或用户应用程序所发出的广播 Intent（注意：它只能响应 Broadcast 广播类型的 Intent，不能接到其他诸如 sendActivity() 发出的 Intent），非常方便地实现了系统中不同组件之间的通信。Broadcast Receiver 也是系统级的监听器，它与程序级的监听器（一般以 OnXxxListener 命名）不同，程序级的监听器运行在指定程序所在的进程中，当该应用程序退出时，它的监听器也随之关闭。而 Broadcast Receiver 则属于系统级的监听器，它拥有自己独立的进程，只要有 Broadcast Intent 被发出来，它总会接收到并进行响应处理。

Broadcast Receiver 自身并不实现图形用户界面，但是当它接收到某个广播 Intent 消息后，可以启动 Activity、Service 作为响应或者通过 Notification Manager 提醒用户。

2. 广播的发送和接收

各种应用可以通过使用 Context.sendBroadcast() 将它们自己的 Intent 广播给其他应用程序。Broadcast Receiver 用于接收广播 Intent，广播 Intent 的发送是通过调用 Context.sendBroadcast()、Context.sendOrderedBroadcast() 等方法来实现的。通常一个广播 Intent 可以被订阅了该 Intent 的多个广播接收器所接收，正如现实生活中的一个广播电台，可以被许多听众收音机收听一样。

创建广播的发送和接收过程的示意图如图 3-2 所示。

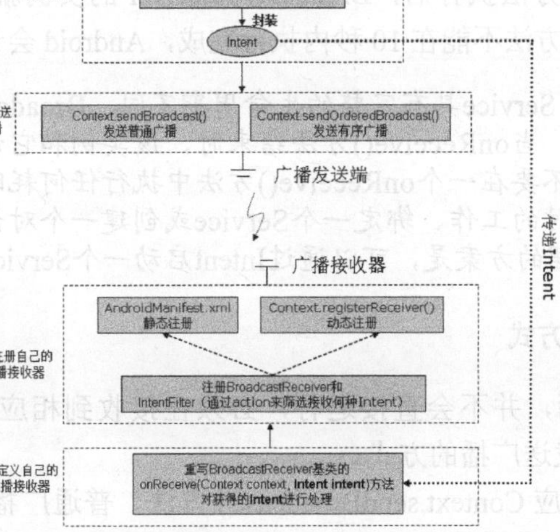

图3-2 创建广播的发送和接收过程的示意图

在广播消息的发送端，首先把要发送的信息和用于过滤的信息（如 Action、Category）装入一个 Intent 对象，然后通过调用 Context.sendBroadcast() 发送普通广播，或者通过 sendOrderedBroadcast() 发送有序广播，把 Inent 对象以广播的形式发送出去。当应用程序发出一个广播 Intent 之后，注册过的 Broadcast Receiver 会检查注册时的 IntentFilter 是否与发送的 Intent 匹配，若匹配则调用 onReceive() 方法。所以我们在定义 Broadcast Receiver 时需要实现我们自己的 onReceive() 方法。所有匹配该 Intent 的 Broadcast Receiver 都可能被激活。另外，若在 sendBroadcast() 的方法中指定了接收权限，则只有在 AndroidManifest.xml 中声明了拥有此权限的 Broascast Receiver 才会有可能接收到发送来的广播。同样，若在注册 Broadcast Receiver 时指定了可接收的广播的权限，则只有在 AndroidManifest.xml 中声明了拥有此权限的 Context 对象所发送的广播才能被这个 Broadcast Receiver 所接收。

3. Broadcast Receiver 的注册

开发一个自己的 Broadcast Receiver 组件，与开发其他组件类似，只需继承 Android 中的 BroadcastReceiver 基类，然后重写其 onReceive(Context context,Intent intent）方法。在这个 onReceive() 方法中，可接收到一个 Intent 参数，通过它可以获取广播的数据。创建完自己的广播接收器以后，还必须为它进行注册，这就像我们有了收音机以后，还需要选择调频来收听哪个频道。IntentFilter 将负责指定筛选 Intent 的规则。

BroadcastReceiver 的注册有两种方式：

（1）在 AndroidManifest.xml 文件中静态注册。在 AndroidManifest.xml 文件中，添加一个 <receiver> 标签来注册 Broadcast Receiver。XML 方法通常更容易实现而且更常用。

（2）在程序中动态注册。在程序中可以先定义并设置好一个 IntentFilter 对象，然后在需要注册的地方调用 Context.register Receiver(BroadcastReceiver receiver，IntentFilter filter）来注册一个 Broadcast Receiver。如果要取消注册就调用 Context.unregister Receiver() 方法。如果用动态方式注册的 Context 对象被销毁，Broadcast Receiver 也就自动取消注册。

注册完成后，就可以接收相应的广播消息。当特定广播事件发生后，系统就会创建对应的 Broadcast Receiver 实例，并自动触发它的 onReceive() 方法，来对这个广播事件进行响应处理。onReceive() 方法执行后，Broadcast Receiver 的实例就会被销毁。如果 Broadcast Receiver 的 onReceive() 方法不能在 10 秒内执行完成，Android 会认为该程序无响应。

⚠注意：与Activity、Service具有完整的生命周期不同，BroadcastReceiver类的实例具有非常短暂的生命周期。当onReceive()方法结束时，该实例和它调用的进程将失效并可能被系统结束。因此，不要在一个onReceive()方法中执行任何耗时的或者异步的操作（如启动子线程去完成耗时的工作、绑定一个Service或创建一个对话框）。若确实需要执行耗时的操作，一个合理的方案是，可以通过Intent启动一个Service，并使其在后台运行。

4. 发送广播的两种方式

广播接收器注册后，并不会直接运行，必须在接收到相应的广播后才会被调用。在 Android 中提供了两种发送广播的方式。

（1）普通广播：对应 Context.sendBroadcast() 方法。普通广播通信完全是异步的，可以在同一时刻（逻辑上）被所有接收器接收到，消息传递的效率比较高，但其缺点是接收器不能将处理结果传递给下一个接收器，并且无法终止 Broadcast Intent 的传播。

（2）有序广播：对应 Context.sendOrderedBroadcast() 方法。接收器将按预先声明的优先级依次接收广播。例如，A 的级别高于 B、B 的级别高于 C，那么，Broadcast 先传给 A，再传给 B，最后传给 C。另外，如 A 得到广播后，可以往它的结果对象中存入数据，创建一个 Bundle 对象并存入数据，然后将 bundle 放入结果中，示例代码如下：

```
Bundle bundle = new Bundle();
bundle.putString("firstReceiver", "第一个广播接收器A加入的信息");
BroadcastReceiver.setResultExtras(bundle);
```

当 Broadcast 传给 B 时，B 可以从 A 的结果对象中得到 A 存入的数据，示例代码如下：

```
Bundle bundle = getResultExtras(true);
//解析前一个BroadcastReceiver所存入的key为firstReceiver的消息
String firstString = bundle.getString("firstReceiver");
```

如果想阻止用户收到短信，可以通过设置优先级，让自定义的 Broadcast Receiver 先获取 Broadcast，然后终止 Broadcast。

在本章后面的综合示例解析中，将讲解一个有序广播在多个接收器中传递信息的示例，以及一个以 Broadcast Receiver 作为中介实现的音乐播放器的示例程序。

3.1.4 内容提供者（Content Provider）组件

随着移动终端应用的不断丰富，往往在不同的应用程序之间需要调用和共享数据。比如在手机上要实现一个短信群发的应用程序（假设它是独立于通讯录应用程序的），当用户需要输入所有收件人号码时，不可能要求用户一个个将号码输入，这样做太不人性化了。为了获得好的用户体验，就需要获取通讯录应用程序的数据，然后从中选择收件人即可。针对这种应用程序之间共享数据的情况，Android 提供了 Content Provider 来统一数据访问方式，为不同应用程序之间进行数据交换提供了标准的 API，为存储和读取数据提供了统一的接口。

Android 内置的许多应用都使用 Content Provider 向外提供数据，供开发者调用（如视频、音频、图片、通讯录等），其中最典型的应用就是上面介绍过的手机通讯录。

Content Provider 能将应用程序特定的数据提供给另一个应用程序使用。数据的存储方式可以是 Android 文件系统，也可以是 SQLite 数据库，或者其他的方式。

Content Provider 以某种 URI 的形式对外暴露数据，数据以类似数据库中二维表的方式来展示，并允许其他应用访问或修改，其他应用程序使用 Content Resolver 根据 URI 去访问操作指定的数据。URI 是通用资源标识符，即每个 Content Provider 都有一个唯一标识的 URI，其他应用程序的 Content Resolver 根据 URI 就知道具体解析的是哪个 Content Provider，然后调用相应的操作方法，而 Content Resolver 的方法内部实际上是调用该 Content Provider 的对应方法，而 Content Provider 方法内部是如何实现的，其他应用程序并不知道具体细节。这就达到了统一接口的目的。对于不同数据的存储方式，该方法内部的实现是不同的，而外部访问方法都一致。

因此，应用程序可以通过唯一的 Content Resolver 界面来操作各种具体的数据源，它提供的标准方法有：query()、insert()、update() 等。使用这些标准的数据访问方法，可以方便地、透明地操作后台的各类数据源，而不需要理会实现数据访问的具体细节。

3.2 In2t Filter

在 Activity 生命周期的示范例子中，当启动第二个 Activity，以及在两个 Activity 之间传值时，都需要传递一个 Intent 对象作为参数；当 Android 四大组件中的 Activity、Service、Broadcast Receiver 之间要进行通信时，也需要使用 Intent 对象作为参数。其实，Intent 是 Android 中组件与组件进行通信沟通的主要桥梁和纽带，它可以实现界面之间的切换，可以指示执行的动作和相应的数据。本章先从 Intent 的基本概念、Intent 的讲解来学习 Intent，随后将会讲解 Intent Filter 的基本知识。

3.2.1 Intent的基本概念

"Intent"的中文意思是"意图"，用来在不同的组件之间传递消息，将一个组件请求意图传递给另一个组件。它是对一次即将运行的操作的抽象描述，包括操作的动作、动作所涉及的数据等。严格说，Intent 并不是 Android 应用的组件，它是 Android 应用内不同组件之间通信的载体。前面讲到的 Activity、Service 和 Broadcast Receiver 组件，它们都是通过 Intent 机制来激活的，而不同类型的组件有传递 Intent 的不同形式。Intent 一旦发出，Android 系统都会准确地找到一个或多个 Activity、Service 或 Broadcast Receiver 作为响应。Intent 起着媒介的作用，专门传递组件相互调用的相关信息，它实现了调用者和被调用者之间的解耦。

例如，有一个图片浏览软件，可以通过选择图片列表来浏览某一幅图片，在单击某图片的名称（或缩略图）后，用户希望能浏览它的原图片。为了实现这个"意图"，图片列表显示的 Activity 需要构造一个 Intent，这个 Intent 告诉系统，用户需要"浏览原图片"动作，此动作对应的参数是"具体的某幅图片"，随后 Activity 调用 sendBoardcast (Intent intent)，将这个 Intent 传入，系统将根据这个 Intent 的描述，到 AndroidManifest.xml 文件中找出满足该 Intent 要求的图片解析 Service。该 Service 则会根据 Intent 的要求，执行相应的图片显示操作。

3.2.2 Intent的详解

前面讲过 Intent 的基本知识，它是沟通 Android 系统中不同消息传递的纽带与桥梁。在很多方面，Android 平台的架构与规模更大的 SOA（面向服务的架构）类似，每个 Activity 调用一种 Intent 以完成某些任务，而无须知道该 Intent 的接收器是哪个组件。

Intent 是一种运行时绑定（Runtime Binding）机制，它能在程序运行时动态地连接两个不同的组件。用户的程序可以通过 Intent 来对 Android 系统提出请求，Android 则会根据请求的内容来选择合适的组件来完成用户的请求。例如，用户需要知道"我在什么地方"，则平台会指定能够完成该任务的另一个地图定位组件处理该请求并返回结果。利用这种机制用户可以将单个的组件分离出来进行修改和维护，而不需要更庞大更复杂的应用程序或者系统。

在一个 Android 系统中有三个基本组件，即前面讲过的 Activity、Service 和 Broadcast Receiver，它们之间都是通过 Intent 来进行沟通的，但是不同的组件之间沟通的 Intent 是不一样的。

（1）Activity：要启动一个新的 Activity 或让一个现有的 Activity 执行新操作，可以调用 Context.startActivity() 或 Activity.startActivityForResult() 方法。根据 Intent 参数（Activity Action Intent，活动行为意图）来启动不同的 Activity。

（2）Service：要启动一个新的 Service 或向已有服务发送新的指令，调用 Context.startService() 方法或调用 Context.bindService() 方法将调用此方法的上下文与 Service 进行绑定。

（3）Broadcast Receiver：通过 Context.sendBroadcast()、Context.sendOrderBroadcast() 和 Context.sendStickBroadcast() 三个方法来发送广播 Intent。注册以后，与广播 Intent 的 IntentFilter 相匹配的 BroadcastReceiver 就会被激活。

Intent 包含三个主要元素——动作（Action）、类别（Category）和数据（Data），以及一个额外扩展的元素集合（Extras）。动作和类别都是一个字符串（String），数据是以 Uri 对象的形式定义的。Uri 是通用的 URI，包括方案（Scheme）、授权（Authority）和可选路径。如表 3-2 所示为一个 Intent 对象包含的所有组件。

表3-2 一个Intent对象包含的所有组件

Intent元素	说 明
component	组件名称，可处理这个Intent的组件名称。组件名称是可选的，如果填写，Intent对象会发送给指定组件名称的组件（显式Intent），否则，也可以通过其他Intent信息定位到适合的组件（隐式Intent），详见3.2.3 节中显式和隐式Intent。组件名称是一个Component Name类型的对象，该对象又包括： （1）目标组件完整的类名，比如com.sunibyte.project.app.MyActivity； （2）组件的包名和ActivityManifest.xml中定义的包名可以不匹配
action	动作名称字符串，用于执行动作，或者，在广播的情况下，表示发生的或者要报告的动作。Intent类定义了一组action常量，见API的Intent.ACTION_CALL。这些是Intent类预制的一些通用action，还有一些action定义在Android其他API中。用户可以定义自己的action字符串常量，用于激活自己的应用组件。这需要把应用的包名作为该字串的前缀，比如，com.example.project.SHOW_COLOR。action名称很像Java调用的方法名
category	包含处理Intent组件种类的附加信息。对一个Intent可以设置任意多个category描述，和action类似，Intent类预制了一些category常量
data	起到表示数据和数据MIME类型的作用。不同的action是和不同的data类型配套的。比如，action是ACTION_EDIT，那么data要包含要编辑的文档URI。如果action是ACTION_CALL，data可能是tel:前缀后面跟电话号码，又如action是ACTION_VIEW，data是http:开头的URI，则应该是显示或者下载该uri的内容。在匹配Intent到能处理该组件的过程中，data（MIME类型）类型是很重要的。比如，一个组件可以显示图片数据而不能播放声音文件。很多情况下，data类型可在URI中找到，比如content:开头的URI，表明数据在设备上，而且由content provider控制，但是有些类型只能显式地设置。setData()方法只能设置data的uri，setType()可设置MIME类型，setDataAndType()既可设置URI也可设置MIME类型
flag	用于多种情况，在Intent增加flag，比如，可以指示Android如何启动一个activity，比如是否属于或者不属于当前task，以及处理完毕后activity的归属。这些flag都定义在Intent类的常量中
Extras	为处理Intent组件提供一些附加的信息，这些附加信息通过“键-值”对（可以看作一个Map）来存储。可以通过各种putExtra()方法来存储附加数据信息。也可以创建一个Bundle对象来存储所有附加数据，然后通过putExtras()和getExtras()方法存取

表 3-2 对 Intent 的组成进行了说明，表 3-3 ～表 3-6 将对各个组成中所包含的常量进行说明。

Action 描述 Intent 所触发动作名称的字符串，对于广播 Intent 来说，Action 指被广播出去的动作。理论上 Action 可以为任何字符串，而与 Android 系统有关的 Action 字符串以静态字符串常量的形式定义在 Intent 类中。常见的 Activity Intent Action 常量及对应

AndroidManifest.xml 中的配置名称如表 3-3 所示。

表3-3 常见的Activity Intent Action常量

Activity Intent Action常量	AndroidManifest.xml配置名称	说 明
ACTION_MAIN	android.intent.action.MAIN	主程序入口，不接收数据，结束后也不返回数据
ACTION_CALL	android.intent.action.CALL	拨打Data中指定的电话号码
ACTION_EDIT	android.intent.action.EDIT	打开编辑Data中指定数据相对应的应用程序
ACTION_SYNC	android.intent.action.SYNC	与服务器进行数据同步
ACTION_VIEW	android.intent.action.VIEW	根据Data的不同类型打开相对应的应用程序以显示数据
ACTION_DIAL	android.intent.action.DIAL	启动拨号程序，并显示Data中指定的电话号码
ACTION_SENDTO	android.intent.action.SENDTO	向Data中所描述的目标地址发送数据
ACTION_WEB_SERACH	android.intent.action.WEB_SEARCH	若Data中的Uri是以http或者https开头，那么会打开浏览器直接浏览，若是其他文本则会用Google搜索

如表 3-4 所示为常见的广播 Intent Action 常量及对应 AndroidManifest.xml 中的配置名称。

表3-4 常见的广播Intent Action常量及对应AndroidManifest.xml中的配置名称

Broadcast Intent Action 常量	AndroidManifest.xml配置名称	说 明
ACTION_TIME_TICK	android.intent.action.TIME_TICK	系统时间每过一分钟发出的广播
ACTION_TIME_CHANGED	android.intent.action.TIME_CHANGED	系统时间通过设置发生改变
ACTION_TIMEZONE_CHANGED	android.intent.action.TIMEZONE_CHANGED	时区改变
ACTION_BOOT_COMPLETED	android.intent.action.BOOT_COMPLETED	系统启动完毕
ACTION_PACKAGE_ADDED	android.intent.action.PACKAGE_ADDED	新的应用程序apk包安装完毕
ACTION_PACKAGE_CHANGED	android.intent.action.PACKAGE_CHANGED	现有应用程序apk包改变
ACTION_PACKAGE_REMOVED	android.intent.action.PACKAGE_REMOVED	现有应用程序apk包被删除
ACTION_UID_REMOVED	android.intent.action.UID_REMOVED	用户ID被删除

Category 是对被请求组件的附加描述信息。Android 也在 Intent 类中定义了一组静态字符串常量表示 Intent 不同的类别，表 3-5 所示为常见的 Category 常量及对应 AndroidManifest.xml 中的配置名称。

表3-5 常见的Category常量及对应AndroidManifest.xml中的配置名称

Category常量	AndroidManifest.xml 配置名称	说 明
CATEGORY_LAUNCHER	android.intent.category.LAUNCHER	表示目标Activity是应用程序中最优秀先被执行的Activity
CATEGORY_HOME	android.intent.category.HOME	目标Activity是Home Activity
CATEGORY_BROWSABLE	android.intent.category.BROWSABLE	目标Activity能通过在网页浏览器中点击链接而被激活

续 表

Category常量	AndroidManifest.xml 配置名称	说 明
CATEGORY_GADGET	android.intent.category.GADGET	表示目标Activity可以被内嵌到其他Activity当中
CATEGORY_PREFERENCE	android.intent.category.PREFERENCE	表示目标Activity是一个偏好设置的Activity

在表 3 -2 中我们已经描述了 Extra 的作用，当我们使用 Intent 时，需要在 Intent 中添加附加的信息来启动所要的 Activity。Extra 用键值对结构保存在 Intent 对象中，Intent 对象通过调用方法 putExtras() 和 getExtras() 来存储和获取 Extra。表 3-6 所示为常见的 Extra 键值及对应 AndroidManifest.xml 中的配置名称。

表3-6 常见的Extra键值及对应AndroidManifest.xml中的配置名称

Extra键值字符串常量	AndroidManifest.xml配置名称	说 明
EXTRA_BCC	android.intent.extra.BCC	装有邮件密送地址的字符串数组
EXTRA_CC	android.intent.extra.CC	装有邮件抄送地址的字符串数组
EXTRA_EMAIL	android.intent.extra.EMAIL	装有邮件发送地址的字符串数组
EXTRA_INTENT	android.intent.extra.INTENT	装有Intent的键
EXTRA_SUBJECT	android.intent.extra.SUBJECT	描述信息主题的键
EXTRA_TEXT	android.intent.extra.TEXT	描述文本信息的键，为CharSequence
EXTRA_UID	android.intent.extra.UID	描述用户ID的键，为int型

3.2.3 显式和隐式Intent

一个组件通过 Intent 向另一个组件发出启动或交互的“意图”，这个意图可分为如下两类。

（1）显式 Intent：明确指定需要启动或者交互的组件的完整类名。但是由于开发者往往并不清楚其他应用程序组件的完整名称，因此，显式 Intent 主要用于在应用程序内部传递消息。显式 Intent 通过在代码中调用 setComponent（ComponentName）或 setClass（Context, Class)，通过指定具体的组件类，通知系统启动对应的组件。

（2）隐式 Intent：仅仅指定需要启动或者交互的组件应满足怎样的条件，在调用过程中再由 Android 系统决定使用哪个组件来处理该 Intent。

对于显式 Intent，Android 系统无须对该 Intent 做任何解析，系统直接找到指定的目标组件，启动或触发它即可。对于隐式 Intent，Android 系统需要对该 Intent 进行解析，解析出它的条件，然后再去系统中查找与之匹配的目标组件。如果找到符合条件的组件，就启动或触发它们。例如，如果用户想在地图上显示其所在的位置，可以使用隐式 Intent 来请求另一个能够完成该任务的地图定位软件，而无须指定具体是哪一个地图软件。那么如何判断被调用的组件是否符合隐式 Intent 呢？这就需要靠 IntentFilter 来做判断。IntentFilter 中包含系统所有可能的待选组件。如果 IntentFilter 中某一个组件匹配隐式 Intent 请求的内容，那么 Android 就会选择该组件作为该隐式 Intent 的目标组件。被调用组件通过 IntentFilter 来声明自己所满足的条件——也就是声明自己到底能处理哪些隐式 Intent。

因此，为了能够让 Android 知道使用哪些组件来处理某种类型的 Intent 请求，用户需要在 AndroidManifest.xml 中声明自己所含组件的过滤器。一个没有声明 IntentFilter 的组件只能响应指明自己名字的显式 Intent 调用，不能响应隐式 Intent 调用。

3.2.4 IntentFilter

在显式 Intent 和隐式 Intent 的讲解中，我们已经知道了 IntentFilter 的作用。现在需要在 AndroidManifest.xml 中添加 <intent-filter> 标签以对 IntentFilter 进行声明。

每个 <intent-filter> 元素将被解析成一个 IntentFilter 对象。当将一个 apk 的包安装到 Android 系统中时，其中的组件就会向平台注册。Android 系统会建立一个 IntentFilter 的注册表项，系统就会知道如何把收到的 Intent 请求映射到已注册的哪一个组件。

在通过和 IntentFilter 比较来解析隐式 Intent 请求时，Android 以 Action、Data 和 Category 作为标准（而 Extra 和 Flag 此时并不起作用），通过已经注册的 IntentFilter 开始解析过程。Intent 和 IntentFilter 匹配的原则如下：

（1）Action 必须匹配。

（2）如果指定 Data 类型，则数据类型必须匹配，或者数据方案、授权和路径的组合必须匹配。

（3）Category 必须匹配。

一个隐式 Intent 请求要想到达目标组件，就必须通过这三个方面的匹配检查，如果不匹配，那么系统将不会将该隐式 Intent 传递给目标组件。下面将分析 Action、Category 和 Data 三个方面。

1. Action

Action 代表该 Intent 所要完成的一个抽象动作。它由一个字符串来表示。如果没有在 IntentFilter 中指定动作，则表示 IntentFilter 与 Intent 中的任何动作匹配。Action 的声明需要在 <intent-filter> 标签中使用子元素 <action>。

```
<intent-filter>
  <action android:name="android.intent.action.EDIT" />
  <action android:name="android.intent.action.VIEW" />

  ...</intent-filter>
```

需要注意的是，如果 <intent-filter> 元素标签没有列出任何的 action，那么就不会有 Intent 会获得匹配；另一方面，若是 Intent 没有指明 action 条件，则 Intent 会匹配所有的（声明了至少一个 action 的）<intent-filter>。

Intent 类中定义了一系列的 Action 常量（表 3-3 和表 3-4 已列出常见的常量），详细可查阅 Android SDK 中的 Android.content.intent 类，通过这些常量能够调用系统程序的功能。例如，在后面的发送邮件的示例程序中，将使用 android.content.Intent.ACTION_SEND 来调用系统的邮件程序来完成邮件发送的工作。

2. Category

Category 与 Action 的匹配方式不相同。一个 Intent 对象只能包括一个 Action 属性，但一个 Intent 对象可以包括多个 Category 属性。一个 Intent 中的 Category 必须匹配 <intent-filter>

中的一个 category。此时，IntentFilter 是 Intent 的一个超集，除了 Intent 指定要匹配的类别外，在 <intent-filter> 中可能还包括其他 Category。另外需要注意的是，如果在 <intent-filter> 中不指定 category，则它只能与不指定 category 的 Intent 相匹配。

Category 的声明与 Action 相似，需要在 <intent-filter> 标签中使用子元素 <Category>。

```
<intent-filter>
 <category android:name="android.intent.category.DEFAULT" />
 <category android:name="android.intent.category.BROWSABLE" />
   ...
</intent-filter>
```

常见的 Category 常量及对应 AndroidManifest.xml 中的配置名称可参见表 3-5。

3. Data

Data 的声明与前面的类似，需要在 <intent-filter> 中声明子元素 <data>。

```
<intent-filter>
         <data android:type="video/mpeg"android:scheme="http"… />
 </intent-filter>
```

<data> 中指定用户希望接收的 Intent 请求的数据 URI 和数据类型。它可以是一个 MIME 类型或者是 scheme、authority 和 path 的组合。但是无论哪种数据形式，都可以从 URI 对象中导出。

上面我们对 Intent 的解析做了简单的介绍。下面通过一个实例来学习 Intent 在具体的程序中的使用。在这个实例中模拟一个邮件发往客户端，进行邮件的发送。若模拟器中正确设置 mail 应用程序并连接网络，邮件发送后将调出系统的 mail 应用程序并进行发送，效果如图 3-3 所示。

首先看一下实例的用户界面，如图 3-4 所示。

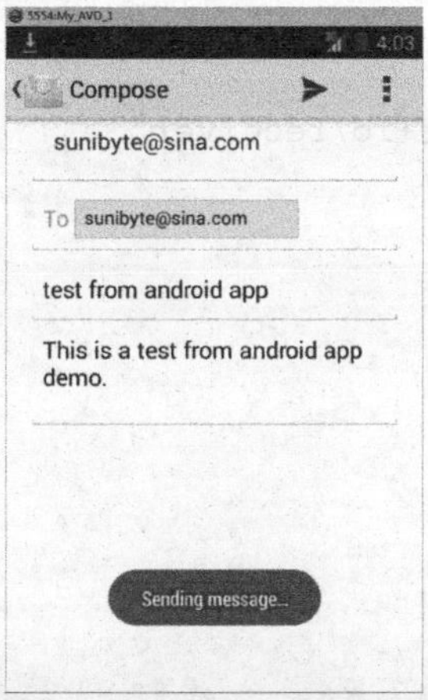

图3-3 模拟器将调出系统的mail应用程序并进行邮件发送

图3-4 用户界面

图 3-4 所示的用户界面所对应的布局文件如代码清单 3-1 所示。

代码清单 3-1：chapter03\Example03_01\res\layout\activity_main.xml

```
<?xml version="1.0" encoding="utf-8"?>
<AbsoluteLayout
  android:layout_width="fill_parent"
  android:layout_height="fill_parent"
<RelativeLayout xmlns:android="http://schemas.android.com/apk/res/android"
    android:layout_width="fill_parent"
android:layout_height="fill_parent" >

    <TextView
        android:id="@+id/textView1"
        ……
        android:text="@string/str_receive"
        …… />

    <EditText
        android:id="@+id/receiver"
        ……
        android:inputType="textEmailAddress" >
        <requestFocus />
    </EditText>

    <TextView
        android:id="@+id/textView2"
        ……
        android:text="@string/str_cc"
        …… />

    <EditText
        android:id="@+id/cc"
        ……
        android:layout_alignLeft="@+id/receiver"
        …… />

    <EditText
        android:id="@+id/subject"
    ……
/>

    <TextView
        android:id="@+id/textView3"
        ……
        android:text="@string/str_subject"
       …… />

    <EditText
        android:id="@+id/content"
```

```
    ......
    android:inputType="textMultiLine" />
<TextView
    android:id="@+id/textView4"
    ......
    android:text="@string/contentview"
    ...... />

<Button
    android:id="@+id/send"
    ......
    android:text="@string/str_button" />

</RelativeLayout>
```

主程序的实现过程如代码清单 3-2 所示。

代码清单 3-2：chapter03\Example03_01\src\com\sunibyte\Example03_01\MainActivity.java

```
public class MainActivity extends Activity {
  //声明对象
  private EditText receiver;
  private EditText cc;
  private EditText subject;
  private EditText content;
  private String[] strReceiver;//声明收件人对象
  private String strSubject;//主题
  private String[] strCC;//抄送
  private String strContent;//信件主体
  private Button btnSend;
   /** Called when the activity is first created. */
   @Override
   public void onCreate(Bundle savedInstanceState) {
       super.onCreate(savedInstanceState);
       setContentView(R.layout.main);
       //获得各个对象
       btnSend=(Button)findViewById(R.id.send);
       receiver=(EditText)findViewById(R.id.receiver);
       cc=(EditText)findViewById(R.id.cc);
       subject=(EditText)findViewById(R.id.subject);
       content=(EditText)findViewById(R.id.content);
       //设置按钮的监听事件
       btnSend.setOnClickListener(new Button.OnClickListener(){
@Override
  public void onClick(View v) {
  // TODO Auto-generated method stub
  //定义intent对象
  Intent intent=new Intent(android.content.Intent.ACTION_SEND);
```

```
        intent.setType("plain/text");//设置邮件格式
        //通过获取EditText中的内容作为收件人、抄送、主题、主体的值
        strReceiver=new String[]{receiver.getText().toString()};
        strCC=new String[]{cc.getText().toString()};
        strSubject=subject.getText().toString();
        strContent=content.getText().toString();
        //将获得的值通过Intent的putExtra方法将取得的值放到Intent中
        intent.putExtra(android.content.Intent.EXTRA_EMAIL,strReceiver);
        intent.putExtra(android.content.Intent.EXTRA_CC, strCC);
        intent.putExtra(android.content.Intent.EXTRA_SUBJECT, strSubject);
        intent.putExtra(android.content.Intent.EXTRA_TEXT,strContent );
        //启动系统mail应用程序，并将获得的值传入其中
        startActivity(Intent.createChooser(intent, getResources().getString(R.
    string.str_message)));
        }
            });
        }
    }
```

声明一个 Intent 对象作为传送 Email 的 Activity 之用。通过 intent.setType() 来设置邮件的格式，再通过 intent.putExtra() 将获取的收件人等信息放到 Intent 中。最后通过设置 Intent 的 ACTION_SEND 常量来启动设备系统的 mail 程序，并将 Intent 传送过去。在 Android 中，android.content.Intent.EXTRA_EMAIL 表示邮件的收件人，EXTRA_CC 表示抄送，EXTRA_SUBJECT 表示邮件的主题，EXTRA_TEXT 表示邮件的内容。

3.3 Activity生命周期

现在的智能移动终端的操作系统都支持多线程、多任务。多任务使得系统可以同时运行多个应用程序，如一边听音乐一边浏览网页，这样的用户体验确实很棒。但是有一利必有一弊，由于移动终端的硬件资源有限，多运行一个应用程序就会多消耗一部分系统可用的资源，程序运行得越多资源消耗就越大，系统运行就越慢，因而导致用户体验越差。为了解决这个问题，Android 引入了一个全新的机制——应用程序生命周期。

从应用程序进程创建到结束的过程就是应用程序的生命周期。Android 应用程序的生命周期有一个非常重要的特征：应用程序进程的生命周期不是由进程自己控制的，而是由 Android 系统决定的。影响应用程序生命周期的主要因素包括两方面：该进程对于用户的重要性，以及当前系统中剩余内存的多少。也就是说，Android 系统如果觉得一个应用程序已经对用户不再重要，而且系统资源也不宽松，就可以结束掉这个应用程序的“生命”。按应用程序“对于用户的重要性”来决定它的生命周期，这正是用户体验至上的一种表现。那么，关注用户体验的具体表现在哪里呢？当然是体现在当前系统与用户交互的界面活动上了。因此，负责用户交互界面的 Activity 组件的状态，在很大程度上决定着应用程序进程的重要级别。

正确理解 Activity 的生命周期是非常重要的，只有正确理解 Activity 的生命周期，才能确保开发出来的应用程序能够根据用户体验提供相应的程序逻辑、才能恰当地调度应用程序的资源。

3.3.1 Activity栈

Android 系统中，所有 Activity 被保存在 Activity 栈中。当启动一个新的 Activity 时，这个 Activity 就被压入 Activity 栈顶部，如果用户通过“返回”键回到上一个 Activity 的画面，则栈顶的 Activity 就会被弹出，之前位于栈顶的第二个 Activity 就会变成新的栈顶 Activity，并呈现到屏幕上。如图 3-5 所示为 Activity 栈的结构图。

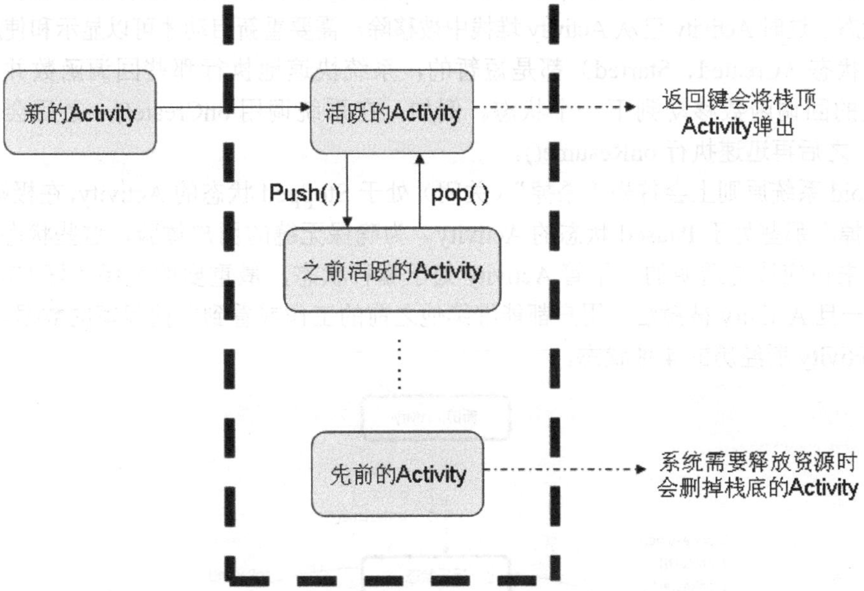

图3-5 Activity栈的结构图

之前讲过，Android 中应用程序的优先级是由其最高优先级的组件（一般就是 Activity）的状态决定的。因此当 Android 需要终止某些应用程序来释放系统资源时，就依据活动栈来决定应用程序优先级的高低，从而终止那些低优先级的应用程序。下面来分析 Activity 的状态，以及它是如何来影响应用程序的生命周期的。

3.3.2 Activity状态

一个 Activity 从创建到销毁，可能会经历如下 4 种状态。

（1）Resumed（Active 或 running）状态：运行状态，也可以称为活跃状态，在这个状态，Activity 是在最前端的，用户可以与它进行交互。Android 系统会尽量保证处在 Active 状态下的 Activity 正常运行，甚至可以终止 Activity 栈上其他的 Activity 来释放资源。当有其他 Activity 变成 Active 状态时，当前的 Activity 就会变成 Paused（暂停）状态。

（2）Paused 状态：又称为暂停状态，在这种情况下，一个 Activity 对用户来讲是可见的，但是并不具有输入的焦点且不会执行任何代码。例如，在应用程序前面有一个透明的、或非全屏显示的 Activity，处于暂停状态下的 Activity 用户界面位于这个透明的或非全屏显示的用户界面下面。一般情况下，Android 不会结束处于暂停状态的 Activity，除非系统资源十分匮乏。当一个处于暂停状态下的 Activity 变得彻底不可见时，它的状态就会变成 Stopped，即结束状态。

（3）Stopped 状态：又称为结束状态。当 Activity 是不可见的时，Activity 便处于 Stopped 状态。Activity 将继续保留在内存中，保持当前的所有状态和成员信息，当系统需要释放内存资源时，这时它是被回收对象的主要候选。一旦 Activity 退出或被强制关闭时，当前的数据和 UI 状态就丢失了。因此，当 Activity 转为 Stopped 状态时，一定要保存当前数据和当前的 UI 状态，以便当该 Activity 变为可见时，能迅速地切换。

（4）Inactive 状态（已被销毁或者未启动）：Activity 被关闭以后或者被启动以前，处于 Inactive 状态。这时 Activity 已从 Activity 堆栈中被移除，需要重新启动才可以显示和使用。

其他状态（Created、Started）都是短暂的，系统快速地执行那些回调函数并通过执行下一阶段的回调函数移动到下一个状态。例如，在系统调用 onCreate()，之后会随即调用 onStart()，之后再迅速执行 onResume()。

Android 系统原则上会首先“杀掉”（关闭）处于 Stopped 状态的 Activity，在极端情况下，也会“杀掉”那些处于 Paused 状态的 Activity。为确保无缝的用户体验，这些状态之间的过渡对用户来说应该是透明的。不管 Activity 处于哪种状态，最重要的是保留好 UI 状态和用户数据，一旦 Activity 被激活，用户都能继续他之前的工作或看到之前保留的数据。如图 3-6 所示为 Activity 所经历的 4 种状态。

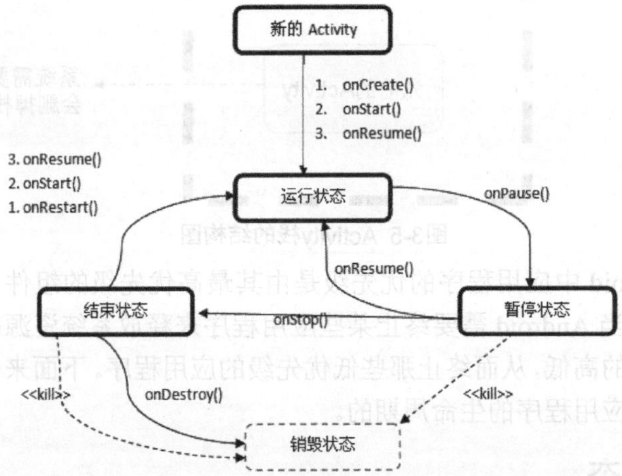

图3-6 Activity所经历的4种状态

3.3.3 Activity生命周期的回调方法

Activity 的生命周期是指一个 Activity 从创建到销毁的过程，在这个过程中可能经历多个状态的变化迁移，每次状态的转换触发相应的回调方法。利用这个特点，下面在程序中引入前面讲过的 android.util.log 类，在各个状态的变化点记录相应的日志来更好地了解 Activity 的状态转换。

先来看一下程序运行后的效果，如图 3-7 所示，程序启动后会有 Activity1 的界面，此时，单击“启动第 2 个 Activity”会进入另外一个 Activity 界面，将 Activity2 的背景设置成白色，如图 3-8 所示，在 Activity2 中单击回到 Activity1 按钮，就会回到第一个 Activity1 的界面。最后单击“Exit”按钮退出整个应用程序。

在这个例子中采用了两个 Activity 来完成，首先，在第一界面即 Activity1 中加入 Log 函数，来显示和输入 Log 信息。例子源程序详见本书的源代码：chapter03\Example03_02。下面来详细看一下 Activity 生命周期演示的源程序，如代码清单 3-3 所示。

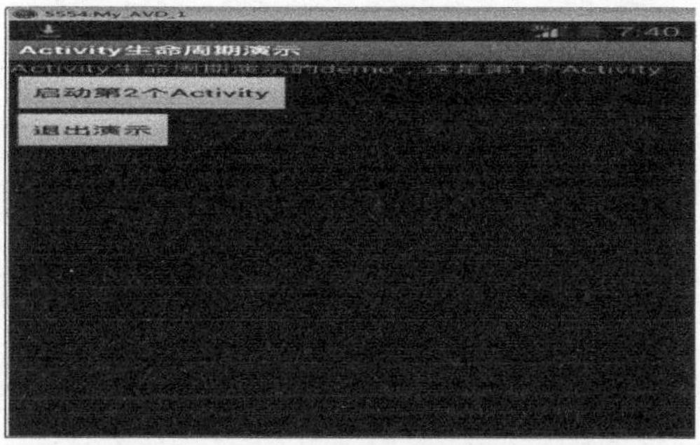

图3-7 Activity生命周期演示程序界面

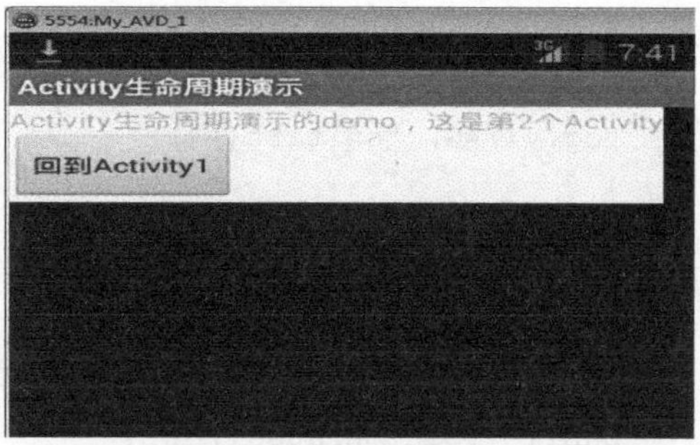

图3-8 Activity2的界面

代码清单 3-3：chapter03\Example03_02\src\com\Sunibyte\Example03_02\MainActivity.java

```
package com.sunibyte.Example03_02;
import android.app.Activity;
import android.content.Intent;
import android.os.Bundle;
import android.util.Log;
import android.view.View;
import android.widget.Button;
public class MainActivity extends Activity {
   private static final String TAG = "Activity1";
   /** Called when the activity is first created. */
   @Override
   public void onCreate(Bundle savedInstanceState) {
   super.onCreate(savedInstanceState);
   setContentView(R.layout.main);
   Log.v(TAG, "onCreate()");
   Button btnActivity = (Button) findViewById(R.id.btnActivity);
   /* 设置监听事件 */
   btnActivity.setOnClickListener(new Button.OnClickListener() {
   public void onClick(View v) {
   Intent intent = new Intent();
   intent.setClass(MainActivity.this, Activity2.class);
   startActivity(intent);
   // MainActivity.this.finish();
   }
   });
   /* 设置退出按钮的监听事件 */
   Button btnExit = (Button) findViewById(R.id.btnExit);
   btnExit.setOnClickListener(new Button.OnClickListener() {
          public void onClick(View v) {
   MainActivity.this.finish();
```

```
            }
        });
    }
    /* 为回调函数设置Log信息 */
    public void onStart() {
    super.onStart();
    Log.v(TAG, "onStart()");
    }
    public void onResume() {
    super.onResume();
    Log.v(TAG, "onResume()");
    }
    public void onPause() {
    super.onPause();
    Log.v(TAG, "O=onPause()");
    }
    public void onRestart() {
    super.onRestart();
    Log.v(TAG, "onRestart()");
    }
    public void onStop() {
    super.onStop();
    Log.v(TAG, "onStop()");
    }
    public void onDestroy() {
    super.onDestroy();
    Log.v(TAG, "onDestroy()");
    }
}
```

在上述代码中需要注意如下几行代码：

```
Intent intent = new Intent();
    intent.setClass(MainActivity.this, Activity2.class);
    startActivity(intent);
```

这个例子要启动第 2 个 Activity，上述代码就是用 Intent 来启动新的 Activity。首先新建一个 Intent 对象，然后通过 setClass() 方法来设置要启动的 Activity。最后启动一个新的 Activity。

第 2 个 Activity 的界面和上面的相似，只是要加入不同的 Log 信息予以区分。

⚠注意：在将两个Activity都写好之后，需要在AndroidManifest.xml中声明所使用的两个Activity，如代码清单3-4所示。

代码清单 3-4：chapter03\Example03_02\AndroidManifest.xml

```
<?xml version="1.0" encoding="utf-8"?>
```

```
<manifest xmlns:android="http://schemas.android.com/apk/res/android"
      package="com.sunibyte.Example03_02"
      android:versionCode="1"
      android:versionName="1.0">
    <application android:icon="@drawable/icon" android:label="@string/app_
name">
        <activity android:name=".MainActivity"
                  android:label="@string/app_name">
            <intent-filter>
              <action android:name="android.intent.action.MAIN" />
               <category android:name="android.intent.category.LAUNCHER" />
              </intent-filter>
        </activity>

   <activity android:name="Activity2"></activity>
     </application>
     <uses-sdk android:minSdkVersion="8" />
</manifest>
```

在设置完成后启动程序，当程序第一次启动时，在Logcat中打印的日志信息如图3-9所示。

PID	TID	Applic...	Tag	Text
1197	1197	com...	Activity1	onCreate()
1197	1197	com...	Activity1	onStart()
1197	1197	com...	Activity1	onResume()

图3-9 程序第一次启动时打印的日志信息

提示：为便于清晰地显示我们需要的Logcat信息，本示例的Log显示经过了条件筛选。通过两个信息筛选条件：（1）Log Tag: Activity*；（2）Application Name: com.sunibyte.example03_02。

可见，当第1个Activity启动时，需要经过onCreate()、onStart()和onResume()三个步骤。当从当前的Activity进入第2个Activity2时打印的日志信息如图3-10所示。

PID	TID	Applic...	Tag	Text
1197	1197	com...	Activity1	O=onPause()
1197	1197	com...	Activity2	onCreate()
1197	1197	com...	Activity2	onStart()
1197	1197	com...	Activity2	onResume()
1197	1197	com...	Activity1	onStop()

图3-10 进入Activity2时打印的日志信息

可以看到当进入Activity2时Activity1并没有立即停止，而是等Activity2启动后才变成Stopped状态，但它并没有销毁。如果将代码清单3-3中注释掉的代码MainActivity.this.

finish() 正常地运行会如何呢？读者可试一下。

从 Activity2 返回到 Activity1 时打印的日志信息如图 3-11 所示。

PID	TID	Applic...	Tag	Text
1197	1197	com...	Activity2	0=onPause()
1197	1197	com...	Activity1	onCreate()
1197	1197	com...	Activity1	onStart()
1197	1197	com...	Activity1	onResume()
1197	1197	com...	Activity2	onStop()
1197	1197	com...	Activity2	onDestroy()

图3-11 返回到Activity1时打印的日志信息

同样 Activity2 并不是直接被销毁，而是等 Activity1 启动后才会停止和销毁。当退出应用程序时打印的日志信息如图 3-12 所示。

PID	TID	Applic...	Tag	Text
1197	1197	com...	Activity1	0=onPause()
1197	1197	com...	Activity1	onStop()
1197	1197	com...	Activity1	onDestroy()

图3-12 退出应用程序时打印的日志信息

它也并不是直接将应用程序销毁，而是经过“暂停”、“停止”，最后才“销毁”。

通过上述例子可以得出 Android 应用程序中完整的 Activity 的生命周期及其回调方法，如图 3-13 所示。

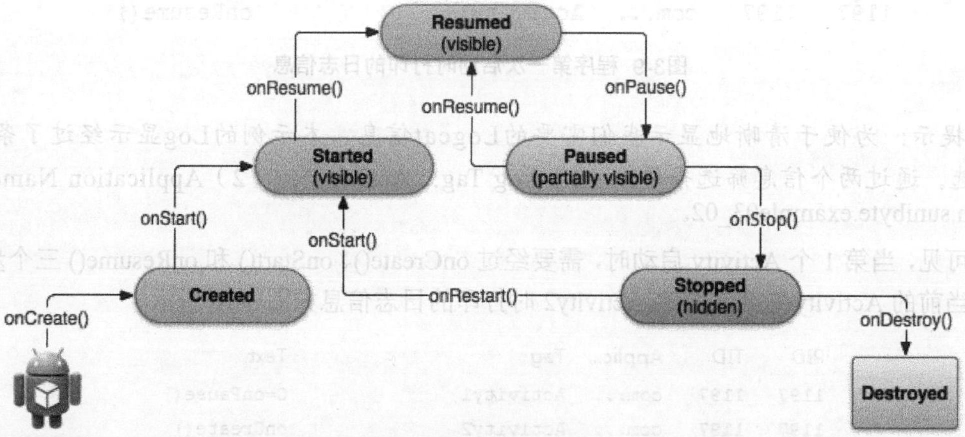

图3-13 完整的Activity的生命周期及其回调方法

完整的 Android 的生命周期是从调用 onCreate() 创建 Activity 到最终调用 onDestroy() 回收 Activity 的过程。在某些情况下，还有另外一种可能，即一个活动的进程被终止，却没有调用 onDestroy() 方法。

在一个 Activity 的生命周期中，系统会像金字塔模型一样去调用一系列的生命周期回调方法。Activity 生命周期的每一个阶段就像金字塔中的台阶。当系统调用 OnCreate() 创建了一个新的 Activity 实例，系统会依次回调 onStart()、onResume() 方法使该实例逐步移动到上一级状态台阶，完成创建和启动运行工作，到达金字塔顶端的 Resumed 状态。金字塔顶端意味着 Activity 是在最前端的并且用户可以与它进行交互。

当用户开始离开这个 Activity，为了卸载这个 Activity，系统会调用其他方法来向下一阶移动 Activity 状态。在某些情况下，Activity 会隐藏在金字塔下等待（例如，当用户切换到其他 app），此时 Activity 可以重新回到顶端（如果用户回到这个 Activity）并且恢复用户离开时的状态。

使用 OnCreate() 方法来初始化活动：扩展用户界面，分配对类变量的引用，将数据绑定到控件，并创建服务和线程。onCreate() 方法传递了一个包含 UI 状态的 Bundle 对象，该对象是最后一次调用 onSaveInstanceState() 时保存的。使用该 Bundle 对象可以将用户数据恢复为上一次（Activity 被系统强制回收）用户离开时的状态。

使用 onDestroy() 方法须清除 onCreate() 创建的所有资源，并保证所有的外部资源（如网络或者数据库链接）都已被关闭。

提示：为了能够写出高效的Android代码，建议最好避免创建短生命周期的对象。对象的快速创建和销毁会导致额外的垃圾收集过程，从而直接影响用户的体验。如果Activity是有规律地创建相同的对象集，那么可以考虑在onCreate()方法中来创建，因为它在Activity的生命周期中只会被调用一次。

在 Activity 完整的生命周期中，还可以分离出两个子生命周期，即可见 Activity 的生命周期和活跃 Activity 的生命周期。下面就来分析一下可见生命周期和活跃生命周期。

（1）可见生命周期（visible）

一个 Activity 的可见生命周期是指调用 onStart() 或者 onRestart() 到 onStop() 之间的这段时间（处于 Started、Resumed、Paused 三种状态）。在这段时间中 Activity 对用户是可见的，但是它可能不是用户所关注的活动，或者它可能被部分遮挡了。一个 Activity 在其生命周期中可能会经过多个可见生命周期，这是因为它们可能会反复地在前台和后台之间进行切换。当然在系统资源极度匮乏时可能会在 Activity 处于 paused 状态时把它销毁而不调用 onStop() 方法。

当程序运行到 onStop() 时，这时的 Activity 对用户来说便是不可见的了。onStop() 方法中应该暂停或者停止动画、线程、计时器、服务或者其他专门用于更新用户界面的进程。当 Activity 不可见时再更新用户界面是没有意义的，这样不但消耗了系统的资源而且没有起到任何的作用。当 UI 再次可见时，可以使用 onStart() 或 onRestart() 方法来恢复或者重启这些更新用户界面的进程。

onStart() 和 onStop() 也被用于注册、取消注册 Broadcast Receiver。当 Activity 变得不可见时，并不需要注销 Broadcast Receiver。

（2）活跃生命周期（Resumed 状态）

一个 Activity 的活跃生命周期是指调用 onResume() 及其对应的 onPause() 之间的这段时间（处于 Resumed 状态）。此时的 Activity 运行在前台，对用户来说不仅仅是可见的，而且具有输入的焦点。与可见生命周期相似，一个 Activity 在完整的生命周期中也同样可能经过多个活跃生命周期。因为当设备休眠、或者这个活动不再被关注、或者显示一个新的活动时，一个Activity的活跃生命周期就结束了。

⚠注意：要尽量让onPause()和onResume()方法中的代码执行迅速，以保证在前台和后台之间进行切换时程序能够保持响应。

在onPause()方法调用之前，是对onSaveInstanceState()的调用。这个方法能够把活动的UI状态保存在一个Bundle中，然后Bundle对象将会被传递给onCreate()和onRestoreInstanceState()方法。可以调用onSaveInstanceState()来保存UI状态从而保证当Activity变成活跃状态时，它能够呈现出与之前相同的UI。这里要保存的UI状态可以是复选框的状态、用户焦点和已经输入但是还没有提交的输入。

大部分的Activity实现都至少会重写onPause()方法来托管未保存的改动，因为它标记了一个点，这个点之后的Activity可能在没有警告的情况下被销毁。当Activity不在前台时，可以选择挂起线程、进程或者广播接收器。

3.4 综合示例解析一：有序广播

下面的示例将以讲解Ordered Broadcast（有序广播）的用法为主线，讲解Intent和广播的基本使用方法。

该示例程序中有三个广播接收器，它们都接收同一个广播，它们有不同的优先级。三个广播接收器的业务处理方法相似，即显示各自的提示信息。例如，A广播接收器的代码如下，B和C的类似，不再赘述。

```
public class ABroadcastReceiver extends BroadcastReceiver {
   public void onReceive(Context context, Intent intent) {
//提示广播接收器A被调用
     Toast.makeText(context, "A被调用!", Toast.LENGTH_SHORT).show();
   }
}
```

随后，需要在AndroidManifest.xml文件中注册广播接收器，注册时指定其优先级（priority），如代码清单3-5所示。

代码清单3-5：chapter03\Example03_03\AndroidManifest.xml

```
        <receiver android:name=".ABroadcastReceiver" >
       <intent-filter android:priority="80" >
             <action android:name="com.sunibyte.Example03_03.
OrderedBroadcastTest" >
                 </action>
                     </intent-filter>
          </receiver>
            <receiver android:name=".BBroadcastReceiver" >
            <intent-filter android:priority="10" >
        <action android:name=" com.sunibyte.Example03_03.
```

```
OrderedBroadcastTest" >
            </action>
          </intent-filter>
          </receiver>
          <receiver android:name=".CBroadcastReceiver" >
            <intent-filter android:priority="60" >
          <action android:name="com.sunibyte.Example03_03.
OrderedBroadcastTest" >
             </action>
                 </intent-filter>
            </receiver>
```

上述三个广播接收器都注册了 IntentFilter。在 <intent-filter> 中，它们指明了一个相同的 action 元素值，这表明它们都能接收同一个广播；同时，它们都通过 <intent-filter> 元素的 android:priority 属性来指定各自的优先级，取值范围为 -1000 ～ 1000，值越大优先级越高。可见，优先级的排序为 A>C>B。另外，优先级也可以在代码中通过调用 IntentFilter 对象的 setPriority() 方法进行动态设置。

最后，在 MainActivity 的按钮单击事件中加入发送广播，代码如下：

```
Intent intent=new Intent("com.sunibyte.Example03_03.
OrderedBroadcastTest");
sendOrderedBroadcast(intent,null);
```

可见，创建 Intent 时，我们指定的广播接收器满足的条件正是前面三个广播接收器注册时都指明的相同的 action 值。

单击按钮发送广播时，会先后显示 "A 被调用 !" → "C 被调用 !" → "B 被调用 !"。

如果在广播接收器 A 中的 onReceive() 方法中调用 abortBroadcast() 方法，则将结束有序广播的传播，B、C 将不能接收到该广播消息。

各个广播接收器接收到广播后，还可以向其中加入内容，例如，广播接收器 A 加入的代码如下。

```
public class ABroadcastReceiver extends BroadcastReceiver {
   public void onReceive(Context context, Intent intent) {
   Toast.makeText(context, "A被调用!", Toast.LENGTH_SHORT).show();
   Bundle bundle=new Bundle();
   bundle.putString("A", "A传递的信息");
   setResultExtras(bundle);
   }
}
```

在广播接收器 B 中，用 bundle.getString(“A”)将 A 加入的信息解析并显示出来，代码如下。

```
public class BBroadcastReceiver extends BroadcastReceiver {
   public void onReceive(Context context, Intent intent) {
   Bundle bundle=getResultExtras(true);
   Toast.makeText(context, "B被调用!"+"获得信息: "+bundle.getString("A"),
Toast.LENGTH_SHORT).show();
```

```
        }
}
```

程序运行后，单击发送广播按钮，将先后显示如下信息：

"A 被调用 !" → "C 被调用 !" → "B 被调用 ! 获得信息 : A 传递的信息 "

3.5 综合示例解析二：音乐播放器Demo

本示例程序将实现简单的音乐播放功能，并演示了 Activity 界面的创建、事件处理、Broadcast Receiver 广播接收器的应用、音乐播放，以及如何在 Activity、Service 之间进行双向交互，并使用 Intent 和 Broadcast Receiver 作为通信交互的中介。本示例程序能够播放、暂停和停止音乐，并且界面显示会根据用户操作进行相应更新，如果用户单击模拟器键盘的返回按钮，播放程序会转入后台继续播放。当单击播放按钮时，会显示正在播放的歌曲，并且播放按钮变为暂停按钮，界面如图 3-14 所示。当一首歌曲播放结束后，会自动播放下一首，当单击停止按钮后，音乐停止播放，并且暂停按钮会变为播放按钮。

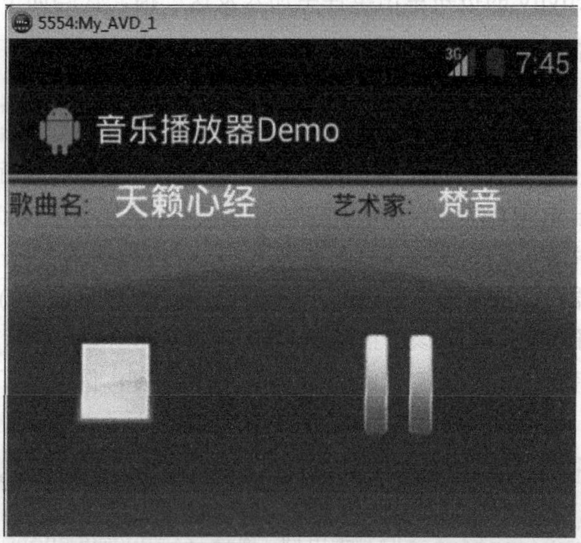

图3-14 音乐播放器Demo的播放界面

因为音乐播放是一个比较耗时的操作，并且用户往往在音乐播放时做其他的事情，例如，一边听音乐一边浏览网页，因此将音乐播放放在后台执行。这将带来一个问题，即后台服务如何获取用户的操作信息，如对单击按钮事件进行响应，以及前台界面如何实时更新以匹配后台执行的进度，这就需要通过发送广播来进行交互。但用户进行了某种操作后，就向后台服务发送广播，后台服务里的广播接收器接收到广播后，就可以做出相应的操作，如播放音乐或暂停音乐等，后台服务执行完某一操作后，即向前台发送一个广播，前台的广播接收器收到广播后，即可对界面进行实时更新，从而达到前后台一致的目的。音乐播放器程序组件及其通信如图 3-15 所示。

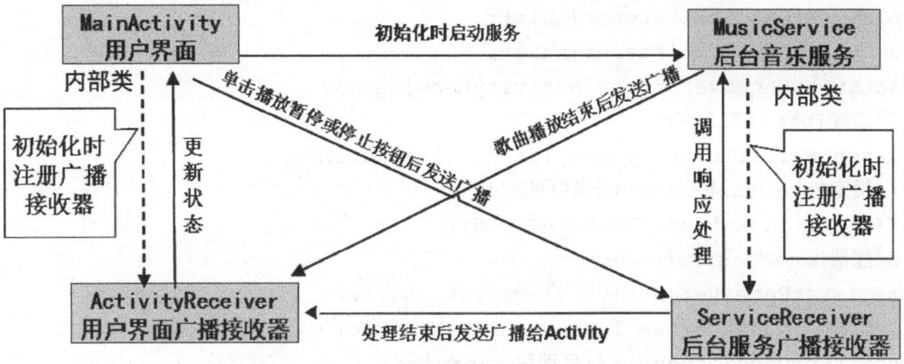

图3-15　音乐播放器程序组件及其通信

音乐播放器的界面布局将在4.1.4节布局管理中重点讲解，此处不再赘述。

下面详细分析程序的核心代码，查看MainActivity.java的定义，其初始化操作如代码清单3-6所示。

代码清单3-6：chapter03\Example03_04\src\com\sunibyte\ Example03_04\MainActivity.java

```
    public class MainActivity extends Activity implements OnClickListener {
       TextView title, author;     //获取界面中显示歌曲的标题、作者文本框
       ImageButton play, stop; //图片按钮：播放/暂停、停止
       ActivityReceiver activityReceiver;//界面广播接收器

       //恢复播放状态信息，需定义的key值
       static final String CURRENT_PLAY = "currentPlayArrayOffsetNumber";
       //控制播放、暂停
       public static final String CONTROL = " com.sunibyte.Example03_04.
control";
       //更新界面显示
       public static final String UPDATE = " com.sunibyte.Example03_04.update";
       // 定义音乐的播放状态，0x11代表没有播放；0x12代表正在播放；0x13代表暂停
       int status = 0x11;
       //歌曲名
       String[] titleStrs = new String[] { "天籁心经", "大地", "在路上" };
       //演唱者
       String[] authorStrs = new String[] { "梵音", "Beyond", "刘欢" };
       public void onCreate(Bundle savedInstanceState) {
       super.onCreate(savedInstanceState);
           //指定布局文件，对应res文件夹下的activity_main.xml文件
       setContentView(R.layout.activity_main);
       //获取程序界面中的两个按钮及两个文本显示框
       play = (ImageButton) this.findViewById(R.id.play);
       stop = (ImageButton) this.findViewById(R.id.stop);
           title = (TextView) findViewById(R.id.title);
           author = (TextView) findViewById(R.id.author);
              //为两个按钮的单击事件添加监听器
```

```
    play.setOnClickListener(this);
    stop.setOnClickListener(this);
    activityReceiver = new ActivityReceiver();
    //创建IntentFilter
    IntentFilter filter = new IntentFilter(UPDATE);
    //指定BroadcastReceiver监听的Action
    //filter.addAction(UPDATE_ACTION);
    //注册BroadcastReceiver
    registerReceiver(activityReceiver, filter);
    Intent intent = new Intent(this, MusicService.class);
    startService(intent);//启动后台Service
    }
     ......
}
```

初始化完成后，下面需要为按钮添加相应的事件处理器。首先是播放、暂停和停止按钮的事件处理，代码如下。

```
    public void onClick(View source) {
    //创建Intent
    Intent intent = new Intent(CONTROL);
    switch (source.getId()) {
    //按下播放/暂停按钮
    case R.id.play:
    intent.putExtra("control", 1);
    break;
    //按下停止按钮
    case R.id.stop:
          intent.putExtra("control", 2);
          break;
    }
    //发送广播 ，将被Service组件中的Broadcast Receiver接收到
    sendBroadcast(intent);
    }
```

（1）Music Service 的初始化

在 Main Activity 的初始化中，启动了后台 Music Service，对其进行初始化操作，该 Service 将负责音乐的播放服务，它的代码如清单 3-7 所示。

代码清单 3-7：chapter03\Example03_04\src\com\sunibyte\Example03_04\ MusicService.java

```
public class MusicService extends Service{
    ServiceReceiver serviceReceiver;
    AssetManager am;//资源管理器
    String[] musics = new String[]{

    "nature.mp3", "ground.mp3", "ontheway.mp3"     };//定义几首歌曲
    MediaPlayer mPlayer;
```

```
    //当前的状态,0x11代表没有播放 ; 0x12代表正在播放; 0x13代表暂停
    int status = 0x11;
    //记录当前正在播放的音乐
    int current = 0;
    public IBinder onBind(Intent intent){
    return null;
    }
    public void onCreate(){
    am = getAssets();//调用Context中的方法
    //创建Broadcast Receiver
    serviceReceiver = new Service Receiver();
    //创建Intent Filter
    IntentFilter filter = new Intent Filter(MainActivity.CONTROL);
    registerReceiver(serviceReceiver, filter);
    //创建Media Player
    mPlayer = new MediaPlayer();
    //为Media Player播放完成事件绑定监听器
    mPlayer.setOnCompletionListener(new OnCompletionListener(){
            ……
    });
  super.onCreate();
    }
  ……
  }
```

在上述 Music Service 的 onCreate() 初始化工作中，专门设置了一个播放完成事件绑定监听器，将实现功能：当某一首曲子播放结束后，自动播放下一首曲子；如果播放到最后一首，则下一首将从第一首开始播放，即循环播放的功能，其代码如下。

```
    //为Media Player播放完成事件绑定监听器
    mPlayer.setOnCompletionListener(new OnCompletionListener(){
    public void onCompletion(MediaPlayer mp){
    current++;
    if (current >= 3){
    current = 0;
    }
    /* 发送广播通知Activity更改文本框 */
    Intent sendIntent = new Intent(MainActivity.UPDATE);
    sendIntent.putExtra("current", current);
    //发送广播，将被Activity组件中的Broadcast Receiver接收到
    sendBroadcast(sendIntent);
    //准备、并播放音乐
    prepareAndPlay(musics[current]);
    }
  });
```

音乐播放服务最核心的功能是播放音乐，它是通过调用 Media Player 组件来播放音乐的，代码如下。

```
……
MediaPlayer mPlayer;//调用Media Player播放组件
   ……
private void prepareAndPlay(String music){
   try{
   //打开指定音乐文件
   AssetFileDescriptor afd = am.openFd(music);
   mPlayer.reset();
   //使用Media Player加载指定的声音文件。
   mPlayer.setDataSource(afd.getFileDescriptor()
   , afd.getStartOffset()
   , afd.getLength());
   mPlayer.prepare();//准备声音
   mPlayer.start();//播放
   }
   catch (IOException e){
   e.printStackTrace();
   }
   }
```

（2）广播接收器

下面再来分析一下 Activity 和 Service 组件的两个广播接收器的关键代码，看看广播接收器在接收到广播后是如何处理的。

首先，来看看 Activity 的广播接收器 Activity Receiver，它主要负责根据 Service 发来的广播指示，动态地对 Activity 界面进行更新。它可以接收两种广播，一种是更新按钮图片，另一种是更新正在播放的歌曲名称和艺术家名称，如代码清单 3-8 所示。

代码清单 3-8：chapter03\Example03_04\MainActivity.java

```
//自定义的Broadcast Receiver，负责监听从Service传回来的广播
public class ActivityReceiver extends BroadcastReceiver {
public void onReceive(Context context, Intent intent) {
//获取Intent中的update消息，update代表播放状态，默认为-1
int update = intent.getIntExtra("update", -1);
//获取Intent中的current消息，current代表当前正在播放的歌曲，默认为-1
int current = intent.getIntExtra("current", -1);
if (current >= 0) {
title.setText(titleStrs[current]);
author.setText(authorStrs[current]);
}
switch (update) {
case 0x11:
play.setImageResource(R.drawable.play);
status = 0x11;
```

```
break;
//控制系统进入播放状态
case 0x12:
//播放状态下设置使用暂停图标
play.setImageResource(R.drawable.pause);
//设置当前状态
status = 0x12;
break;
//控制系统进入暂停状态
case 0x13:
//暂停状态下设置使用播放图标
play.setImageResource(R.drawable.play);
//设置当前状态
status = 0x13;
break;
}
}
}
```

Service 的广播接收器，主要是根据用户操作对音乐的播放、暂停、停止做相应的处理，如代码清单 3-9 所示。

代码清单 3-9：chapter03\Example03_04\MusicService.java

```
public class ServiceReceiver extends BroadcastReceiver{
public void onReceive(final Context context, Intent intent){
int control = intent.getIntExtra("control", -1);
switch (control){
//播放或暂停
case 1:
//原来处于没有播放状态
if (status == 0x11){
//准备、并播放音乐
prepareAndPlay(musics[current]);
status = 0x12;
}
//原来处于播放状态
else if (status == 0x12){
mPlayer.pause();//暂停
status = 0x13;//改变为暂停状态
}
//原来处于暂停状态
else if (status == 0x13){
            mPlayer.start();//播放
status = 0x12;//改变状态
}
break;
```

```
//停止声音
case 2:
//如果原来正在播放或暂停
if (status == 0x12 || status == 0x13){
mPlayer.stop();//停止播放
status = 0x11;
}
        }
        /* 发送广播通知Activity更改图标、文本框 */
        Intent sendIntent = new Intent(MainActivity.UPDATE);
sendIntent.putExtra("update", status);
        sendIntent.putExtra("current", current);
//发送广播 ，将被Activity组件中的BroadcastReceiver接收到
        sendBroadcast(sendIntent);
}
}
```

此外，还要在AndroidManifest.xml文件中注册Music Service服务，如代码清单3-10所示。

代码清单3-10：chapter03\Example03_04\AndroidManifest.xml

```
<manifest ……>
    <application……>
        <service android:name="com.sunibyte.Example03_04.MusicService"></
service>
    </application>
</manifest>
```

3.6 扩展实践：多媒体开发

Android为多媒体开发提供了丰富的组件支持。android.media用于管理各种音频和视频，android.hardware包中则提供了用于访问照相机等硬件服务的工具类。上面的综合示例中，我们了解了简易音频播放器的开发，实际上，我们所使用的Media Player组件不仅可以播放音频也可以播放视频。但是，对于Media Player来说，它占用较多的资源、时间延迟较长、不支持多个音频同时播放，这些缺点决定了Media Player不太适合用于诸如游戏等对时间精准度要求较高的场合。

在游戏开发中使用的音频，可分为音乐和音效，较长的音乐可作为游戏的背景音乐，时间短促而且要求反应迅速的是情景音效（如发射子弹的声音等）。

对于背景音乐，可以考虑使用android.media.JetPlayer来播放；对于短促的音效，可以采用android.media.SoundPool实现，该类将声音文件加载到内存中，出于性能考虑，一般只将短于7秒且小于1M容量的声音文件用它播放。

如果需要深入了解更多多媒体音效的开发，可以参考Android SDK中的JETBOY游戏音频Demo（本书资源目录Chapter03目录下），该小游戏集成了SONiVox的audioINSIDE技术，该技术可以出色地播放背景音乐和情景音效。

本章小结

本章介绍了 Android 的四大基本组件：Activity、Service、Broadcast Receiver 和 Content Provider。并通过一个示例程序的调试，来使读者理解 Activity 的生命周期。随后，详细介绍了 Android 系统中不同组件间进行通信的纽带与桥梁 Intent 及其运行机制。

通过本章后面的两个综合示例的学习，读者应掌握 Activity、Service 和 Broadcast Receiver 的创建，以及在组件之间如何通过 Broadcast Receiver 进行交互通信。同时，读者也应能自主开发出简易的音乐播放器等多媒体应用程序。

课后练习

（1）若要实现一个可以在后台运行的文件下载程序，主线程最适合采用（ ）。

A.Activity 组件　B.Service 组件

C.Broadcast Receiver 组件　D.Content Provider 组件

（2）在 Activity 中一些重要资源与状态的保存最好放在生命周期的哪个函数中进行（ ）。

A. onCreate()　B. onStart()　C. onResume()　D. onPause()

（3）以下方法中，在 Activity 生命周期中不一定被调用的是（ ）。

A. onCreate()　B. onStart()　C. onPause()　D. onStop()

（4）优先级仅次于前台运行的 Activity 进程的进程类型是（ ）。

A.Stopped 状态的 Activity　B.Service

C. 前台 Service　D. 新的 Activity

（5）在 Android 系统中，下列描述不正确的是（ ）。

A. 在 Activity 处于可见生命周期时，系统有可能把它销毁而不调用 onStop() 方法

B. 一个 Activity 的进程被终止，系统有可能并没有调用它的 onDestroy() 方法

C. 可以创建大量的短期对象（快速地创建和销毁对象），不会影响用户体验

D. 对于大量对象的创建工作，应该尽量放在 Activity 的 onCreate() 方法中

（6）Android 系统中 Intent 的作用是（ ）。

A. 它是应用程序的表示层，独立于程序的业务逻辑和数据存储层

B. 是一个生命周期长且没有用户界面的程序

C. 能将应用程序特定的数据提供给另一个应用程序使用

D. 组件间进行沟通的纽带，它可以实现界面之间的切换，可以包含动作和动作数据

（7）一个没有声明 Intent Filter 的组件（ ）。

A. 不能被调用　B. 响应隐式 Intent 调用

C. 响应 Activity 调用　D. 响应指明自己名字的 Intent 调用

（8）IntentFilter 应该在（ ）文件中进行声明

A.AndroidManifest.xml　B.string.xml

C.activity_main.xml　D.project.properties

（9）下列关于有序广播的说法错误的是（ ）。

A. 发送有序广播时，符合要求的广播接收器是根据优先级来排序进行接收的

B. 优先级高的广播接收器可向优先级低的广播接收器传值

C. 优先接收到广播的接收器可以终止广播，优先级低的则无法接收

D. 优先级低的广播接收器只能得到它前一个广播接收器传递的值，而无法得到更前面的广播接收器传递的值

（10）简要阐述 Activity 的生命周期。

课后拓展实践

完善音乐播放器应用程序，使用 support v4 包里的 LocalBroadcastManager 类高效地实现 Service 和 Activity 组件之间的交互。

（提示：LocalBroadcastManager 用于进程内进行局部广播发送与注册，使用它可以避免使用 sendBroadcast 发送系统全局广播存在的隐私数据泄露风险，而且更加高效。它的使用方法和一般广播的发送注册方法类似。）

第 4 章

Android游戏开发之前台渲染

本章目标

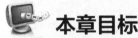

- 学会设计基本的界面布局
- 了解常用控件的使用
- 掌握事件处理的方法
- 掌握图形和动画的实现

项目实操

- 创建一个具有基本布局界面和事件处理的示范应用程序
- 图片载入的示范程序
- 构造简单的逐帧动画程序

毋庸置疑，应用程序能不能在现在激烈的市场竞争中获得成功，用户的体验是最关键的因素。而用户界面是和用户打交道的最直接的“窗口”，所以它的重要性不言而喻。现在，“用户界面接口（UI）设计”已经成为非常热门的技能。在 Android 官方网站上，还特别新增加了针对 UI 设计的专栏。Android 系统中提供了丰富的界面组件，开发者熟悉这些组件的功能和用法后，只需直接调用就可以设计出优秀的图形用户界面。对于游戏编程而言，在构造普通应用程序的用户界面之外，还需要构造自己的动画和各类场景、人物的绘图等个性化的图形造型。本章将详细讲解 Android 中的一些最基本的组件和简单的布局管理，以及基本的图形动画和多媒体的实现。

4.1 Android用户界面开发简介

4.1.1 在Eclipse中定制用户界面

在 Android 平台中，应用程序的用户界面是如何设计的呢？这需要先从已有的 Helloworld 程序讲起。

在项目文件夹下的res\layout文件夹放置的xml文件就是布局文件，可以在图形设计视图（Graphical Layout）和对应的xml文件之间进行切换，即可以使用“所见即所得”的图形设计视图来进行UI设计工作,可将左侧的控件直接拖到右边的窗口中进行编辑即可,如图4-1所示。

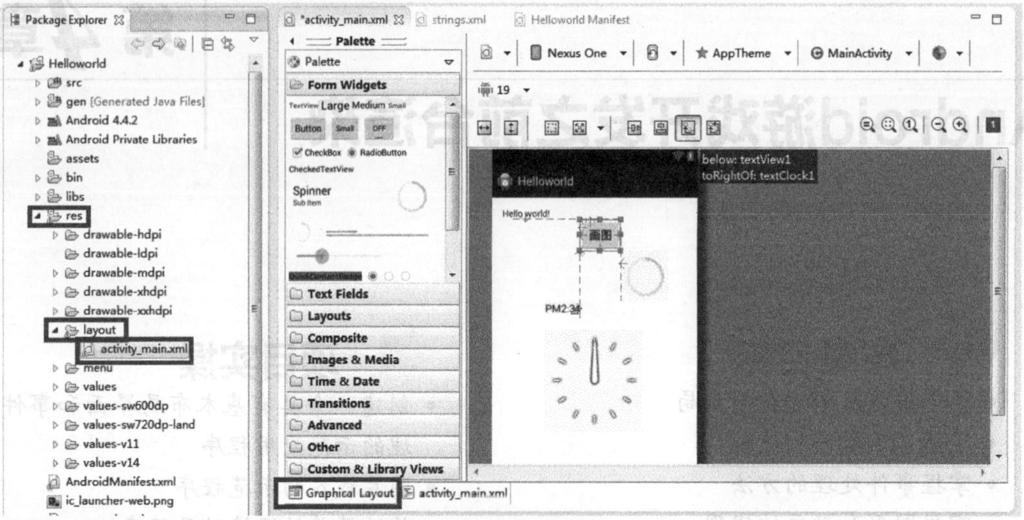

图4-1 界面设计

通过可视化的设计视图，可以非常简单地向界面添加按钮、文本框等许多控件，在布局编辑器的右下角还可以直接编辑选中的界面组件的属性。同理，也可以在XML文件编辑器与可视化布局编辑器之间进行切换。

除了上述这种通过XML布局文件来设置组件布局的方式以外，还可以通过Java代码调用的方法来进行控制，这两种方式控制Android界面的显示效果完全一样。但是，用Java代码来控制界面布局一定要考虑在不同屏幕尺寸大小的设备上的界面差异等问题，这大大增加了设计的难度。因此,使用XML文件和“所见即所得”的布局管理器是设计界面的首选。当然，这些XML布局文件最后还是要转换成Java对象来执行。了解这一套界面显示的机制，对于读者理解和编写程序非常有帮助。

4.1.2 View组件简介

View组件是Android平台中用户界面体现的基础单位。任何一个View对象都将继承android.view.View类。它是一个存储有屏幕上特定的矩形布局和内容属性的数据结构。一个View对象可以处理测距、布局、绘图、焦点变换、滚动条，以及屏幕区域自己表现的按键和手势。作为一个基类，View类为一种Widget服务，Widget是一组用于绘制交互屏幕元素的完全实现子类。Widget处理自己的测距和绘图，所以可以快速地用它们去构建UI常用到的Widget包括Text（文本框）、Button（按钮）、Edit Text（文本编辑框）、Radio Button（单选按钮）、Checkbox（复选按钮）和Scroll View（滚动视图）、Progress Bar（进度条）等。

ViewGroup类是View类的又一个重要的子类。顾名思义，ViewGroup是一个特殊的View对象，它的功能是装载和管理一组下层的View和其他ViewGroup。ViewGroup可以为UI增加结构，并且将复杂的屏幕元素组成一个独立的实体。作为一个基类，ViewGroup为一种 Layout 服务，Layout 是一组提供屏幕界面通用类型的完全实现子类。Layout 可以为一组 View 构建一个结构。

如图 4-2 所示为 View 和 ViewGroup 组合的层次结构。从图中可以看到一个 Activity 的界面包含多个 ViewGroup 和 View，通过两者的组合使用能够更好地完成更复杂的界面的设计。

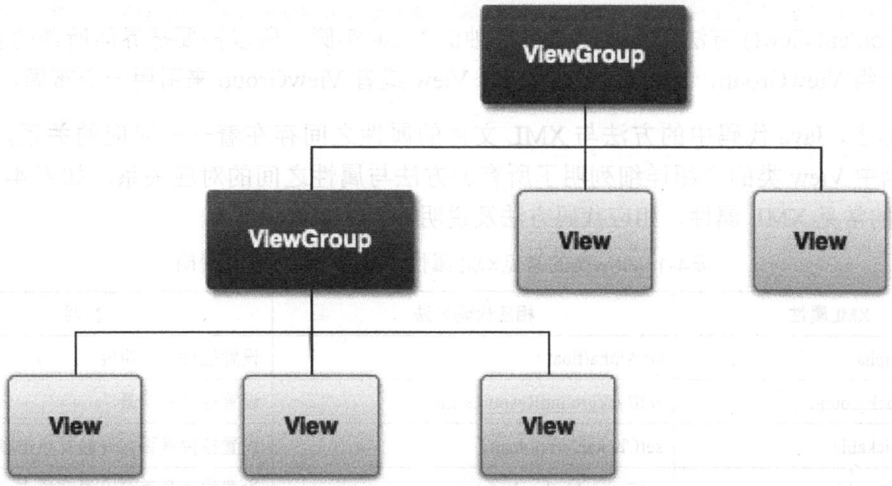

图4-2 View与ViewGroup组合的层次结构

一个新的 Activity 在被创建时是一个空白屏幕，该空白区域可用于绘画和事件处理，用户可以把自己的用户界面放到上面。要设置用户界面，可以调用 setContentView() 方法，并传入需要显示的 View 实例（通常是一个布局，如线性布局、网格布局等）。

在本节的开始就提到可以有两种方法来为 Activity 设置用户界面。

方法一：如下代码演示了用布局文件来 Activity 设置界面。

```
@Override
  public void onCreate(Bundle savedInstanceState) {

  super.onCreate(savedInstanceState);

  setContentView(R.layout.activity_main);

  TextView tv=(TextView)findViewById(R.id.TextView1);
}
```

上述代码通过 setContentView(R.layout.activity_main) 来将布局文件 activity_main.xml 设置成应用程序的布局，并通过 findViewById(R.id.TextView1) 来引用布局文件中所使用的 View。

方法二：如下代码演示了用代码的方式来为 Activity 设置界面，在代码中为 Activity 分配一个新的 TextView 作为用户界面。

```
@Override
  public void onCreate(Bundle savedInstanceState) {
```

```
    super.onCreate(savedInstanceState);
    TextView myTextView= new TextView();
    setContentView(myTextView);
    myTextView.setText("HelloWorld!");
}
```

setContentView() 方法接收的是一个单独的 View 实例，所以需要把界面所需的多个控件归类成一组 ViewGroup，从而可以使用一个 View 或者 ViewGroup 来引用一个布局。

实际上，Java 代码中的方法与 XML 文件的属性之间存在着一一对应的关系。Android API 文档中 View 类的介绍详细列明了所有的方法与属性之间的对应关系。如表 4-1 所示为 View 类的常见 XML 属性、相应代码方法及说明。

表4-1 View类的常见XML属性、相应代码方法及说明

XML属性	相应代码方法	说 明
Android:alpha	setAlpha(float)	设置控件的透明度
android:background	setBackgroundResource(int)	设置控件的背景
android:clickable	setClickable(boolean)	设置控件是否允许触发点击事件
android:focusable	setFocusable(boolean)	设置控件是否可以得到焦点
android:id	setId(int)	设置控件ID（唯一的）
android:longClickable	setLongClickable(boolean)	设置控件是否允许触发长点击事件
android:minHeight	setMinimumHeight (int)	设置控件的最小高度
android:minWidth	setMinimumWidth(int)	设置控件的最小宽度
android:padding	setPadding(int,int,int,int)	在控件四边设置边距
android:visibility	setVisibility(int)	设置控件是否可见

虽然上述两种方式都可以控制界面的显示，但是它们又各有优缺点。

（1）使用 Java 代码来控制用户界面非常灵活，可以在运行时动态改变界面布局，但是，这种方法不仅烦琐而且界面和代码相混合，不利于解耦和分工。

（2）通过布局文件来设置 Activity 的界面可以将表示层和应用程序逻辑分开，这样就实现了无须修改程序代码就可以修改表示层的动态解决方案，这也就为不同的硬件配置指定了不同的优化布局，系统可以根据硬件状态的变化在运行时自动选择这些布局。但是，这种方法灵活性不好，不能动态改变属性值。

因此，经常混合使用这两种方式来控制界面。一般来说，习惯将一些变化小的、比较固定的、初始化的属性放在 XML 文件中进行管理，而对于那些需要动态变化的属性则交给 Java 代码控制。例如，可以在 XML 布局文件中设置文本显示框的高度和宽度及初始时的显示文字，在代码中则根据实际需要动态地改变其显示的文字。

4.1.3 常用控件介绍

应用程序的人机交互界面由许多 Android 控件组成，在前面已经用到了一些常用的控件，如 EditText、TextView 和 Button 等。这些控件是直接与用户交互的对象，掌握好这些控件在

以后的开发中会起到至关重要的作用。本节将介绍这些基本的控件，后面将陆续结合具体的实例来进行介绍。

1．文本显示框 TextView

TextView 类直接继承于 View 类，主要用于在界面上显示只读的文本信息。在工程文件夹 res\layout 下打开相应的 Activity 的 xml 文件，在可视化界面 Graphical Layout 下的 Palette 标签栏打开 Form Widgets，就可以找到各类 TextView，只要把所需的 TextView 控件拉到界面上就可以新建控件，然后在 Properties 标签栏中设置相应的属性，如图 4-3 所示。

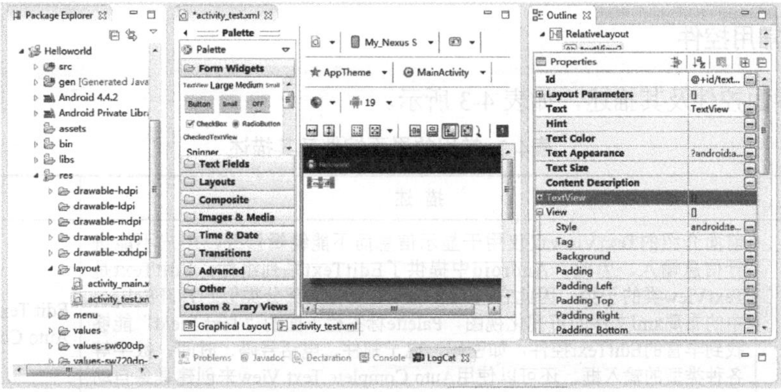

图4-3 在可视化界面设置TextView控件属性

可以直接设置 TextView 显示文本的字体大小、颜色、样式等属性，TextView 类的常见 XML 属性、相应代码方法及说明如表 4-2 所示。

表4-2 TextView类的常见XML属性、相应代码方法及说明

XML属性	相应代码方法	说 明
android:autoLink	setAutoLinkMask(int)	设置文本链接的类型（可自动识别）
android:text	setText(CharSequence text)	设置文本的内容
android:textSize	setTextSize(int,float)	设置文本的大小
android:textColor	setTextColor(int)	设置文本的颜色
android:height	setHeight(int)	设置文本框的高度（单位为pixel）
android:lines	setLines(int)	设置文本框的行，确定行文字的高度
android:gravity	setGravity(int)	设置文本的对齐方式
android:textStyle	setTypeface(Typeface)	设置文本的风格
android:typeface	setTypeface(Typeface)	设置文本的字体
android:width	setWidth(int)	设置文本框的宽度（单位为pixel）

我们以 android:autoLink 属性为例，讲解属性的使用。android:autoLink 负责识别自动链接类型，该属性有如下可选值。

- None：默认值，不匹配任何类型。
- Web：只匹配网页超链接，若文本内容中有网页地址，则文本会以超链接形式显示。

- Email：只匹配电子邮箱，电子邮箱会自动以超链接的形式显示。
- Phone：只匹配电话号码，电话号码会自动以超链接的形式显示。
- Map：只匹配地图地址。
- All：自动匹配以上所有的类型。

在 Eclipse 的 Properties 标签栏中设置 autoLink 为某个类型（或多个可选类型），如 Phone|Web（电话号码或网页超链接）。然后将文本框内容 text 属性修改为某一个网址，则系统将自动匹配这个网址为 Web 类型，文本会以超链接显示，当用户单击超链接时，会自动调用内置的浏览器来打开网页。

2．其他常用控件

常用的界面控件及其描述，如表 4-3 所示。

表4-3 常用的界面控件及其描述

控件类型	描 述	相 关 类
Text field（文本域）	前面介绍的TextView仅仅用于显示信息而不能编辑修改，用户不能进行信息输入。为此，Android中提供了EditText系列组件，EditText是TextView类的子类，因此它与TextView的属性大部分类似。打开Eclipse中的布局xml文件的可视化视图，Palette标签栏下面的“Text Field”能够找到丰富的EditText控件，如密码、电子邮件、电话号码、时间、数字等各种类型的输入框。还可以使用Auto Complete Text View来创建具备自动填写功能的文本输入控件	Edit Text；Auto Complete Text View
Button（按钮）	Button继承于TextView，用户单击按钮后，会触发一个单击事件，开发人员针对该单击事件可以设计相应的事件处理程序，从而实现与用户的交互	Button
Check Box（复选框）	继承于Button按钮，可以直接使用Button支持的各种属性和方法，但与普通按钮不同的是，Check Box可额外指定一个android:checked属性，该属性用于指定Check Box初始时是否被选中	CheckBox
Radio Button（单选按钮）	继承于Button按钮，可以直接使用Button支持的各种属性和方法，但与普通按钮不同的是，它们多了一个可选中的功能，Radio Button可额外指定一个android:checked属性，该属性用于指定Radio Button初始时是否被选中。Radio Button和Check Box的不同之处在于，Radio Button只能选中其中一个，因此Radio Button通常要与Radio Group一起使用，用于定义一组单选按钮	Radio Group；Radio Button
Toggle Button (状态开关按钮)	Toggle按钮的状态只能是选中和未选中状态，并且需要为不同的状态设置不同的显示文本。属性android：textOff和android：textOn分别指示按钮未被选中和被选中时显示的文本内容	Toggle Button
Spinner（下拉列表）	从一系列的选项中选取某值。默认的状态下，一个Spinner只显示当前被选择的值	Spinner
Pickers（选择器）	让用户在多个值中选择一个，除了可以通过单击向上/向下按钮调整值以外，也可以通过键盘或者手势。包括日期、时间选择器、数字选择器	Date Picker，Time Picker；Number Picker

Android 提供的控件不限于上述的常用控件，后续章节将逐步对其进行介绍。读者也可以查找 Android SDK 中 android.widget 的帮助文档来了解更多的内容。此外，如果应用程序需要更加特殊的输入控制，也可以创建自定义的 View 组件来实现。

4.1.4 布局管理

前面着重讲解了在Android系统中一些常用的控件，下面考虑如何将它们摆放到用户界面上。在Eclipse打开res\Layout目录下的XML布局文件，在可视化的Graphical Layout界面下的Palette标签栏，可以查找Layouts工具栏，如图4-4所示。

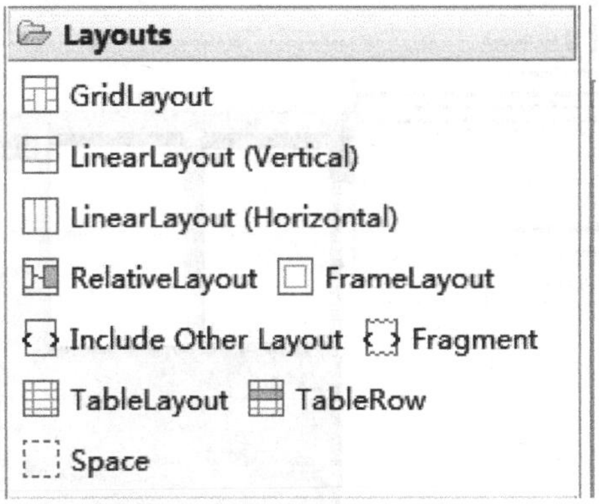

图4-4 查找Layouts工具栏

布局是可以嵌套的，因此可以使用多个布局的组合来创建任何复杂的界面。在Android SDK中已经内置了几个简单的布局模型以供使用，用户可以自己决定选择哪些合适的布局组合来让界面更加利于理解和使用。在Android SDK中主要包含表4-4所示的几种布局。

表4-4 Android SDK中的主要布局

布局名称	描述说明
Grid Layout（网格布局）	网格视图布局把视图分为“井”字的9块区域，每一个区域可以放一个控件或叠加另一个布局
Linear Layout（线性布局）	分为水平线性布局和垂直线性布局，是比较常用的一种布局方式。包含在Linear Layout中的控件按顺序排列成一行或者一列。当属性Orientation（方向）设置为Horizontal时，Layout中的控件将排成一行，当设置为Vertical时，Layout中的控件将排成一行
Relative Layout（相对布局）	根据容器中其他控件的相对位置来定位每一个控件位置的。可以定义每一个子View与其他子View之间，以及与屏幕边界之间的相对位置。例如，android:layout_alignParentTop表示该控件的顶部与父容器的顶部对齐；android:layout_alignParentLeft表示该控件左边与父容器的左边缘对齐；android:layout_above表示该此控件在另一控件的上面；android:layout_toRightOf表示该此控件在另一个控件的右边；android:layout_alignTop表示此控件与另一控件顶部对齐
Frame Layout（单帧布局）	是最简单的布局管理器，它只是把控件放置在View的左上角，当添加一个新的View子类时，它会把每一个新的子View放到最上层
TableLayout（表格布局）	在表格布局中可以使用多行多列的表格来布局。通过TableRow来定义一行。表可以跨越多行和多列。如一个控件占用多列可以设置 android:layout_span。默认情况下一个控件是按顺序放置在每一列的（column 0、column 1、…），也可以通过android:layout_column指定放在哪一列。如果一列内容过长或者过短，可以通过android:stretchColumns和android:shrinkColumns来增加或者减少此列的宽度

通过上述几种布局的介绍，可以发现每种布局方式都有自己的应用场景及其局限，在实际的开发中，往往需要多种布局方式的嵌套使用，才能达到所需的效果。

提示：在Eclipse中，可以将Layouts中的布局类型直接拖到用户界面上来，也可以在Outline视图中，将相应的控件和布局元素在层次结构中进行拖拉操作。还可以转到XML代码视图直接进行xml文件的查看和修改。

另外，在 Graphical Layout 选项卡视图中选中 Preview Representative Sample 模式，就可以预览各类尺寸终端设备的不同布局效果，如图 4-5 所示。

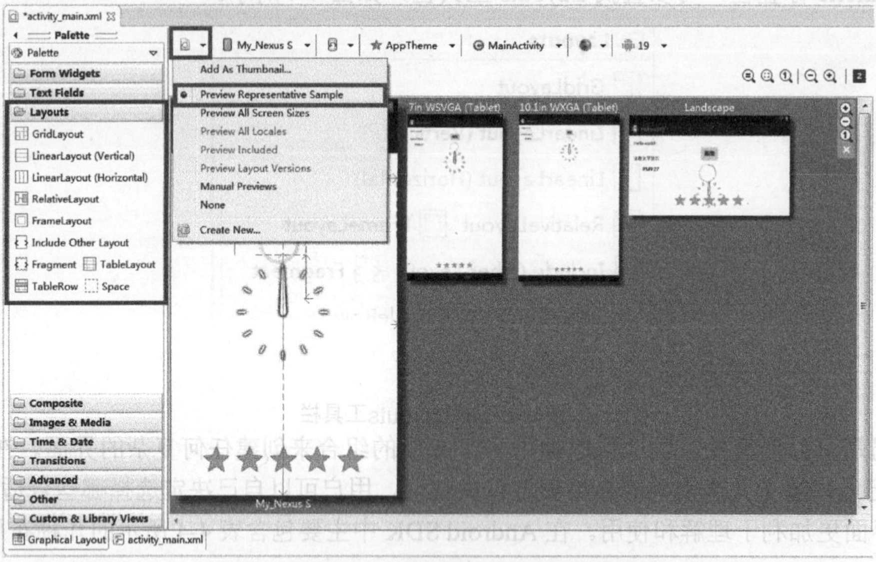

图4-5 预览各类尺寸终端设备的不同布局效果

通过各种布局的组合，可以生成各种复杂的界面布局。非常重要的是，设计出来的界面布局必须能够满足在各种不同尺寸大小的终端设备上面显示，并且当设备处在宽屏或竖屏两种状态时，都能呈现合适的界面布局。Eclipse 给出的"所见即所得"模式的布局编辑器，对开发者的设计工作来说非常方便。

在第 3 章的音乐播放器示范程序（chapter03\example03_04）中，我们已经接触到了应用程序布局的管理。音乐播放器 Demo 的界面布局如图 4-6 所示。

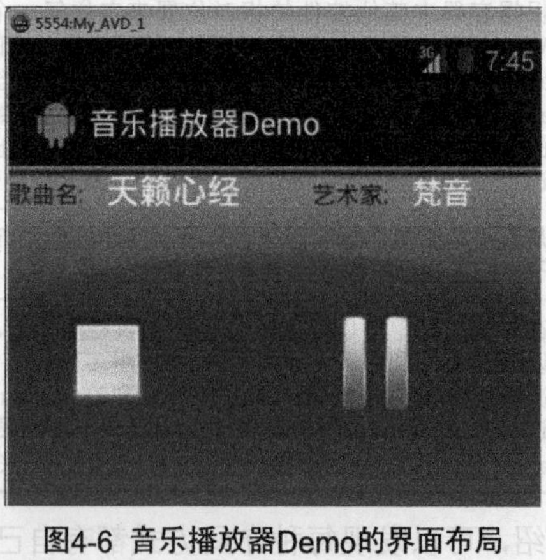

图4-6 音乐播放器Demo的界面布局

其整体布局采用的是垂直线性布局，里面再嵌套了两个水平方向的线性布局，其结构如图 4-7 所示。

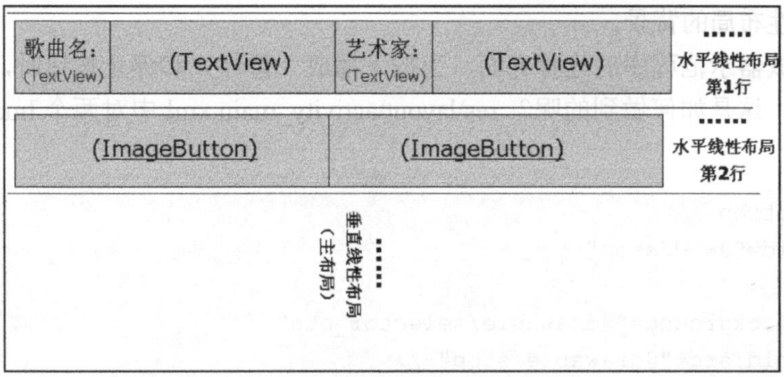

图4-7 简单音乐播放器的布局结构示意图

在垂直方向的主布局中，嵌套的是两行的水平线性布局，一行放置的是 4 个 TextView 控件，显示歌曲的名称和艺术家名称；另一行放置了两个图片按钮控件。

在 Eclipse 的 Outline 视图中，可以清晰地看到布局的嵌套结构及其各个元素节点的类型和名称，如图 4-8 所示。

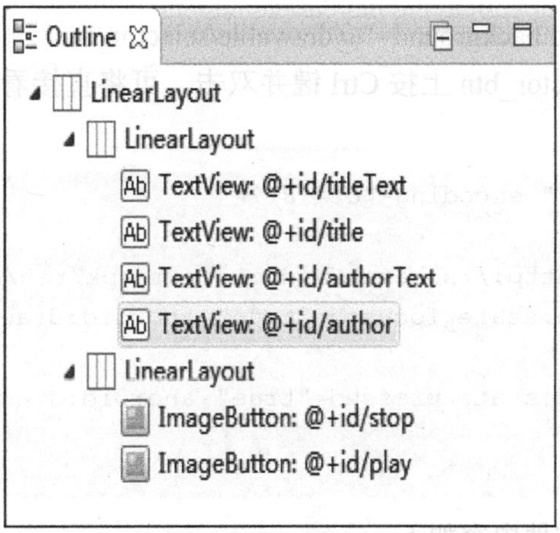

图4-8 Eclipse的Outline视图显示的布局结构

现在再来查看 activity_main.xml 的代码视图，XML 文件最外层的 LinearLayout 标签指示了主布局为线性布局，项目位于 chapter03\example03_04，代码如下。

```
<LinearLayout xmlns:android="http://schemas.android.com/apk/res/android"
    xmlns:tools="http://schemas.android.com/tools"
    android:layout_width="match_parent"
    android:layout_height="wrap_content"
    android:background="@drawable/background"
android:orientation="vertical" >
……
</LinearLayout>
```

其中，android:orientation="vertical" 指明了这个线性布局是垂直方向的；android:layout_width="match_parent" 指明了这个线性布局宽度为填充父容器；android:layout_height="wrap_content" 指明了这个线性布局高度为内容包裹；android:background="@drawable/background"

指明了这个线性布局的背景。

在音乐播放器示范程序的运行界面，当按下播放（暂停）和停止按钮时，按钮的背景颜色会发生变化，这是如何做到的呢？ res\layout\activity_main.xml 中对两个 Image Button 的定义如下。

```
<Image Button
android:id="@+id/stop"
    ……
android:background="@drawable/selector_btn"
    android:src="@drawable/stop" />

<Image Button
     android:id="@+id/play"
……
     android:background="@drawable/selector_btn"
     android:src="@drawable/play" />
```

它们都调用了 android:background="@drawable/selector_btn" 来实现单击按钮时动态按钮的背景颜色。在代码 selector_btn 上按 Ctrl 键并双击，可将直接看到 selector_btn.xml 文件的内容如下。

```
<?xml version="1.0" encoding="utf-8"?>
<selector
  xmlns:android="http://schemas.android.com/apk/res/android">
     <item android:state_focused="true" android:drawable="@drawable/shape_
btn" />
     <item android:state_pressed="true" android:drawable="@drawable/shape_
btn" />
</selector>
```

其中 shape_btn.xml 文件内容如下。

```
<shape android:shape="rectangle"
         xmlns:android="http://schemas.android.com/apk/res/android">
           <gradient
               android:startColor="#ffa000"
               android:centerColor="#202020"
               android:endColor="#ffa000"
               android:angle="270" />
           <corners
   android:radius="5dp" />
</shape>
```

可见，它们定义了两个 Image Button 按钮在单击或获得焦点时的背景颜色变化，这就形成了单击按钮时的动画效果。

4.1.5 事件处理

前面了解了用户界面控件和布局的知识，为了实现与用户的交互，应用程序界面还需要响应用户的各类操作的事件。什么是事件呢？所谓事件就是用户与UI（图形界面）交互时所触发的操作。例如，用户单击一个按钮，就触发该按钮的“按下”事件，当松开时又触发了“弹起”事件。Android平台使用回调机制来处理用户界面事件，每一个View都有自己的处理事件的回调方法，如果事件没有被Activity的任何一个View所处理，Android就会调用Activity的事件处理回调方法进行处理。下面简单介绍一些常用的回调方法。

- public boolean onKeyDown(int keycode,KeyEvent event)：处理移动设备上按键被按下事件的回调方法。
- public boolean onKeyUp(int keycode,KeyEvent event)：处理移动设备上按键按下后弹起事件的回调方法。
- public boolean onTouchEvent(MotionEvent event)：处理触摸事件的回调方法。
- public boolean onKeyMultiple(int keycode,int repeatCount,KeyEvent event)：按键重复单击时的回调方法。
- Protected void onFocusChanged(boolean gainFocus,int direction,Rect previous)：焦点改变时的回调函数。

在Android内置的控件类中，根据功能的需要，已经实现了一些回调方法来处理事件。当需要更改或者添加对事件处理的行为时，则需要继承这些控件类并重新实现自己的事件处理方法。

在上述的回调方法中提到了“焦点”的概念。焦点描述了按键事件的承受者，即每个按键事件都发生在当前拥有焦点的View上。焦点可以移动到View上，View也可以设置移动到下一个View的ID。父控件还可以阻止子控件获得焦点。如表4-5所示为与View的焦点有关的方法。

表4-5 与View的焦点有关的方法

方 法	简 介
setFocusable()	设置View是否可以拥有焦点
isFocusable()	返回View是否可以拥有焦点
setFocusableInTouchMode()	设置View是否可在触摸模式获得焦点，默认false
isFocusableInTouchMode()	返回View是否可在触摸模式获得焦点
requestFocus()	尝试让View获得焦点
isFocused()	返回View当前是否获得了焦点
hasFocus()	返回View的父控件是否获得了焦点
hasFocusable()	返回View的父控件是否允许当前View获得焦点，或者当前View是否有可以获得焦点的子控件
setNextFocusDownId() setNextFocusLeftId() setNextFoucsRightId() setNextFoucsUpId()	分别设置View的焦点在下、左、右、上移动后获得焦点的ID

除了重新实现上述的这些回调方法，Android 还为每个 View 提供了一类监听事件的接口，每个接口都需要实现一个回调方法，然后使用事件监听接口。使用这种监听接口的好处是，当不同的 View 触发了相同类型的事件时可以调用同一个回调方法，并且不必为了处理事件而重新定义自己的控件类。下面简单介绍这些事件的监听接口。

- OnClickListener，单击事件的监听接口。在触摸模式中，单击事件是指在View上按下并在View上抬起的组合动作，就像在电脑上单击按钮一样。

  回调方法：public void onClick(View v)
- OnLongClickListener，长按事件的监听接口。在触摸模式中，长按事件是指在View上长时间（约1秒以上）按住不放。

  回调方法：public boolean onLongClick(View v)
- OnFocusChangeListener，焦点变化事件的监听接口。当View获得或者失去焦点时触发焦点变化事件。

  回调方法：public void onFocusChange(View v,boolean hasFocus)
- OnKeyListener，按键事件的监听接口。当View获得焦点时，按下或者抬起设备上的任意按键触发按键事件。

  回调方法：public boolean onKey(View v,int keyCode,KeyEvent event)
- OnTouchListener，触摸事件的监听接口。当用户在View界面范围内触摸按下、抬起或者滑动的动作时触发触摸事件。

回调方法：public boolean onTouch(View v,MotionEvent event)

- OnCreateContextMenuListener，上下文菜单显示事件监听接口。当View使用showContextMenu()时，触发上下文菜单显示事件（类似于Windows系统的鼠标右键菜单）。

  回调方法：public void onCreateContextMenu(ContextMenu menu,View v,ContextMenuInfo info)

上面介绍了 Android 中事件处理的基本知识，接下来通过一个例子来演示 Android 事件处理的处理方法。实例参见本书 chapter04\example04_01。程序运行后的结果如 4-9 ～图 4-11 所示，其中图 4-9 所示为按下测试按钮；图 4-10 所示为按下向上方向键；图 4-11 所示为捕获触摸屏幕坐标。

图4-9 按下测试按钮

图4-10 按下向上方向键

图4-11 捕获触摸屏幕坐标

从上面程序运行的截图可以看到，在这个程序中用户界面布局非常简单，有一个TextView 和一个 Button 组成。

在布局完成后来看一下程序的主要部分。

首先，是程序的初始化部分，在 Activity 的 onCreate() 方法中，程序进行界面创建、按钮控件及其监听器创建等工作，程序如代码清单 4-1 所示。

代码清单 4-1：chapter04\example04_01\src\com\sunibyte\example04_01\MainActivity.java

```
public class  MainActivity  extends Activity {
    /** Called when the activity is first created. */
    @Override
    public void onCreate(Bundle savedInstanceState) {
        super.onCreate(savedInstanceState);
//引入activity_main.xml布局文件
        setContentView(R.layout.activity_main);
        //创建按钮
        Button btnTest=(Button)findViewById(R.id.btnTest);
        //创建按钮单击监听器
        btnTest.setOnClickListener(new Button.OnClickListener(){
         public void onClick(View v){
        ShowMessage("您单击了按钮");
         }
        });
    }
    ……
}
```

随后，需要对多个触发事件进行处理，包括：① 按下方向键时触发的事件处理；② 按键弹起时触发的事件；③ 捕获触笔在屏幕上的坐标。实际上，在捕获相应的事件后，都是只调用 ShowMessage() 来显示该事件的动作信息。程序如代码清单 4-2 所示。

代码清单 4-2：chapter04\example04_01\src\com\sunibyte\example04_01\MainActivity.java

```
//按下方向键时触发的事件
    public boolean onKeyDown(int keyCode,KeyEvent event){
          switch(keyCode){
          case KeyEvent.KEYCODE_DPAD_CENTER:
   ShowMessage("按下中键");
   break;
          case KeyEvent.KEYCODE_DPAD_DOWN:
   ShowMessage("按下向下方向键");
   break;
          case KeyEvent.KEYCODE_DPAD_LEFT:
          ShowMessage("按下向左方向键");
   break;
          case KeyEvent.KEYCODE_DPAD_RIGHT:
   ShowMessage("按下向右方向键");
   break;
```

```
            case KeyEvent.KEYCODE_DPAD_UP:
        ShowMessage("按下向上方向键");
        break;
            }
            return super.onKeyDown(keyCode, event);
        }
        //按键弹起时触发的事件
        public boolean onKeyUp(int keyCode,KeyEvent event){
            switch(keyCode){
            case KeyEvent.KEYCODE_DPAD_CENTER:
        ShowMessage("弹起中键");
        break;
            case KeyEvent.KEYCODE_DPAD_DOWN:
        ShowMessage("弹起向下方向键");
        break;
            case KeyEvent.KEYCODE_DPAD_LEFT:
        ShowMessage("弹起向左方向键");

        break;
            case KeyEvent.KEYCODE_DPAD_RIGHT:
        ShowMessage("弹起向右方向键");
        break;
            case KeyEvent.KEYCODE_DPAD_UP:
        ShowMessage("弹起向上方向键");
        break;
            }
            return super.onKeyUp(keyCode, event);
        }
        //捕获触笔在屏幕上的坐标
        public boolean onTouchEvent(MotionEvent event){
            int iAction=event.getAction();          if(iAction==MotionEvent.
ACTION_CANCEL||iAction==MotionEvent.ACTION_DOWN||iAction==MotionEvent.ACTION_
MOVE){
        return false;
            }
            int x=(int)event.getX();
            int y=(int)event.getY();
            ShowMessage("单击屏幕坐标：（"+Integer.toString(x)+","+Integer.
toString(y)+")");
            return super.onTouchEvent(event);
        }
```

在上述所有的事件处理程序中，都只是调用自定义的 ShowMessage() 来提示相应触发事件的动作信息，该方法使用了 Toast 类来完成在设备屏幕上显示提示。程序代码如下：

```
    public void ShowMessage(String message){
    Toast.makeText(this, message, Toast.LENGTH_SHORT).show();
    }
```

Toast 类可以非常方便地在界面上显示提示信息，甚至可以把它作为程序运行调试的方法之一。Toast 的显示时间有长有短，如果想让 Toast 显示的时间长一点，可以通过设置 Toast.setDuration(Toast.LENGTH _LONG) 来实现，在上述 ShowMessage() 方法中，只需修改 Toast.LENGTH_SHORT 为 Toast.LENGTH _LONG 即可。

4.2 图形与动画的实现

Android 提供了多种强大的 API，可以实现将动画应用于 UI 界面元素、绘制自定义的 2D 和 3D 图形。

Android 框架提供了两种动画（Animation）系统：属性动画（Property Animation）和视图动画（View Animation）。视图动画主要用于窗体控件 View 对象（如文本框、按钮等）的动画效果处理，使用较受限，本书就不再展开论述。属性动画则更灵活，并提供更多的功能。除了这两个系统，还可以利用可绘制对象动画（Drawable Animation），它允许加载可绘制的资源并将它们逐帧地显示出来。

4.2.1 图片的载入

在前面介绍的 Android 界面控件中，既可以使用 ImageView 控件来显示图片，也可以使用 ImageButton、Gallery 控件来调用图片。从更广的范围来说，Android 应用程序中的图片既可以是直接调用 PNG（推荐格式）、JPEG 等格式的位图文件，也可以是间接调用 XML 资源文件定义的各种 Drawable 可绘对象。

1. Drawable 类

Drawable 类是 Android 中操作图片的基本类，它有许多子类，如操作位图的 BitmapDrawable、操作图片片段（进度条）的 ClipDrawable、操作演示的 ColorDrawable、操作形状的 ShapeDrawable。

在 Android 工程项目文件夹 res 下对应有多个以“drawable-”开头的文件夹，它们分别存放对应于不同分辨率的图片文件。dawable 文件夹与存放图片尺寸的对应关系如图 4-12 所示。

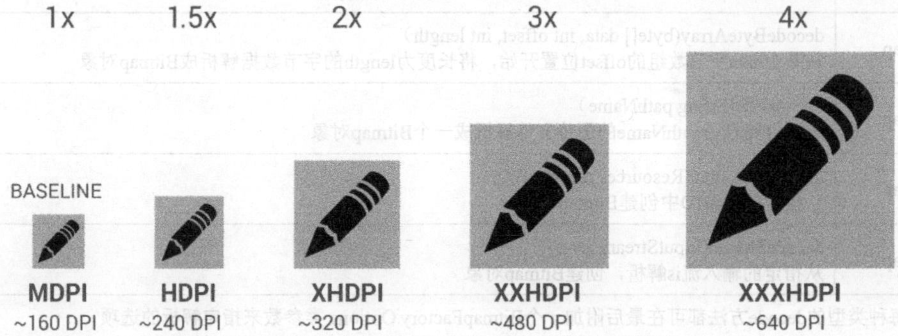

图4-12 drawable文件夹与存放图片尺寸的对应关系

为了提高用户体验，在不同大小屏幕的设备上能够显示相应分辨率的图片，建议将需要载入的图片制作为多种分辨率，然后将它们按尺寸大小放到对应的“drawable-”开头的文件夹下。

这些存放在res目录下的资源将自动被编译到R对象中，在R.java文件中会自动创建一个索引项。这样，在XML布局文件中，就可以使用“@drawable/图片文件名称”（不含文件的扩展名）来访问；在程序代码中，则可以通过“R.drawable.图片文件名称”来直接获得位图引用。这里，系统将根据不同大小屏幕的设备进行匹配，不需要编程者指定图片尺寸。

提示：“R.drawable.图片文件名称”对应的是该图片资源的ID（一个int类型常量）。如果在程序代码中要获取实际的Drawable对象，则可用getResource()方法获得资源R，然后用“R.drawable.图片文件名称”定位该图片资源。即通过getResources().getDrawable(R.drawable.图片文件名称)可以获得一个Drawable对象。

Helloworld应用的创建过程中，是可以让用户自定义应用程序图标的，该图标有多个不同尺寸，它们被命名为ic_launcher.png，并分别存放在不同尺寸的“drawable-”文件夹中。

2. Bitmap（位图）类和BitmapFactory（位图）类

Bitmap用于载入位图资源；BitmapDrawable可以从Bitmap对象创建，它可以对位图对象进行平铺、伸缩或对齐等操作。

对于图片的载入，可以先使用BitmapFactory工具类，从资源ID、文件、数据流或字节数组等外部资源创建Bitmap对象，然后使用BitmapDrawable进行封装。创建的示例代码如下：

```
Bitmap bitmap = BitmapFactory.decodeFile("pic.png");
BitmapDrawable drawObject = new BitmapDrawable(bitmap);
```

随后，就可以调用BitmapDrawable的getBitmap()方法来获取这个BitmapDrawable封装的Bitmap对象。代码如下：

```
Bitmap curPic = drawObject.getBitmap();
```

BitmapFactory类载入图片资源的常用方法如表4-6所示。

表4-6 BitmapFactory类载入图片资源的常用方法

返回	方法及其描述
static Bitmap	decodeByteArray(byte[] data, int offset, int length) 从某个data字节数组的offset位置开始，将长度为length的字节数据解析成Bitmap对象
static Bitmap	decodeFile(String pathName) 将文件路径为pathName的图片文件解析成一个Bitmap对象
static Bitmap	decodeResource(Resources res, int id) 从指定的资源ID中创建Bitmap对象
static Bitmap	decodeStream(InputStream is) 从指定的输入流is解析，创建Bitmap对象
注：上述每种类型的decode方法都可在最后附加一个BitmapFactory.Options类参数来指定解析的选项	

从上表可知，也可以使用BitmapFactory的decodeResource(Resources res, int id)方法从R资源中创建Bitmap对象，示例代码如下：

```
Bitmap bitmap = BitmapFactory.decodeResource(this.getResources(),
R.drawable.pic);
```

⚠注意：图片pic.png放置于src/res目录中以“drawable-”开头的文件夹中。

Bitmap 类的常用方法如表 4-7 所示。

表4-7 Bitmap类的常用方法

返 回	方法及其描述
static Bitmap	createBitmap(Bitmap source, int x, int y, int width, int height) 从位图source的指定坐标点（x，y）开始，截取宽为width，长为height的一个新的Bitmap子对象（只读）
static Bitmap	createBitmap (int width, int height, Bitmap.Config config) 创建一个宽为width，长为height的新位图
final int	getHeight() 获得位图的高度
final int	getWidth() 获得位图的宽度
final boolean	isRecycle() 返回该Bitmap对象是否已被回收
void	recycle() 强制回收一个Bitmap对象

3. 扩展实践：高效地载入图片

实际上，载入图片是挺棘手的一件事情。要想正确、高效地载入图片，需要注意如下三个问题：

（1）因为图片有各种尺寸大小，移动设备也有不同的配置，需要载入的图片的尺寸大小很可能远大于设备的容量。载入图片会消耗很多内存，例如，Galaxy Nexus 的照相机能够拍摄 2592×1936 pixels（5MB）的照片。如果 bitmap 的配置是使用 ARGB_8888，那么加载这张照片大概需要 19MB 的内存，这样会迅速消耗掉设备的全部内存。因此，很可能导致“java.lang.OutofMemoryError: bitmap size exceeds VM budget.”的错误。所以，要尽量保证载入图片资源的大小与 Android 设备的内存匹配。

（2）图片的载入过程可能会因为图片过大或网速过慢等因素导致线程被阻塞，因此，建议在用户界面 UI 线程中不要进行大容量图片的载入工作，而是使用异步线程（AsyncTask）技术来解决。

（3）当需要载入或反复载入大量的图片资源时，例如，在 ListView、GridView 与 ViewPager 等组件中通常会需要显示许多张 bitmaps，而且可能需要重复载入显示时，就需要考虑使用缓存（Caching）技术，将图片缓存到内存中，减少对硬盘的访问，减少创建 Bitmap 的次数，以加速图片的显示，提升用户体验。

针对上述问题，Android 官方给出一个整体解决方案：BitmapFun 项目。整体界面效果如图 4-13 ～图 4-16 所示。

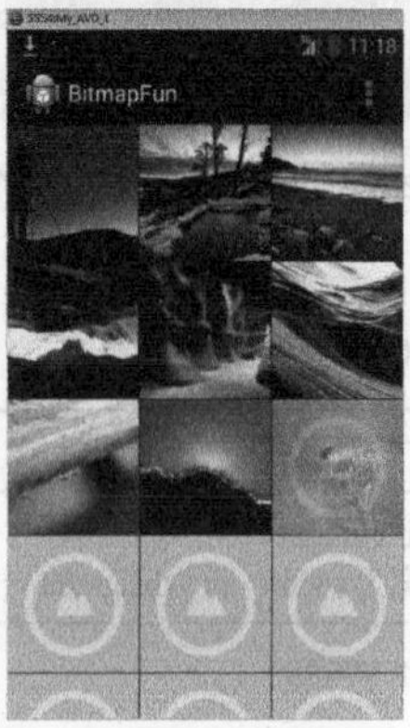

图4-13 Bitmap主界面载入缩略图（实现不同图片的大小的统一显示）

图4-14 查看单个图片时载入等待页面（实现AsyncTask技术）

图4-15 显示某个图片

图4-16 滑动屏幕效果（缓存技术）

读者可以从本书资源的 chapter04 目录中导入 BitmapFun 项目，导入过程不再赘述。注意该项目需要模拟器连接互联网来下载图片。

其中 ImageResizer 类可以对任意大小的图片资源进行“缩小”，以防止上面第 1 个问题提到的内存 OutOfMemory 异常。下面介绍解决该问题的关键技术。以便读者可以复用这些代码，用于将图片显示到任意显示尺寸大小 UI 组件和设备上。

为了避免前述的 OutOfMemory 异常，项目采用了一项图片“预解码”技术：在构建 Bitmap 对象之前事先知道它的大小和类型，方法如下。

```
BitmapFactory.Options options = new BitmapFactory.Options();
options.inJustDecodeBounds = true;
BitmapFactory.decodeResource(getResources(), R.id.myimage, options);
int imageHeight = options.outHeight;     //获得图片的高度
int imageWidth = options.outWidth;       //获得图片的宽度
String imageType = options.outMimeType; //获得图片的类型
```

上述图片的大小和类型将有助于开发者来决策是载入原始图片还是载入“缩小版”的缩略图，然后告诉 decoder，要对图像进行抽样（缩小）。最后，可以得到一个根据目标要求宽

（reqWidth）和高（reqHeight）安全显示位图的方法（在 ImageResizer.java 中）：

```
    public static Bitmap decodeSampledBitmapFromResource(Resources res, int
resId, int reqWidth, int reqHeight, ImageCache cache) {
            //First decode with inJustDecodeBounds=true to check dimensions
            final BitmapFactory.Options options = new BitmapFactory.Options();
            options.inJustDecodeBounds = true;
            BitmapFactory.decodeResource(res, resId, options);
            //根据自定义算法得到抽样系数赋值给BitmapFactory.Option的inSampleSize
              options.inSampleSize = calculateInSampleSize(options, reqWidth,
reqHeight);
            //If we're running on Honeycomb or newer, try to use inBitmap
            if (Utils.hasHoneycomb()) {
                addInBitmapOptions(options, cache);
            }
            //Decode bitmap with inSampleSize set
            options.inJustDecodeBounds = false;
            return BitmapFactory.decodeResource(res, resId, options);
        }
```

通过这个方法，可以很容易地在任意显示尺寸大小的 UI 组件中载入一张位图，示例代码如下：

```
    mImageView.setImageBitmap(
    decodeSampledBitmapFromResource(getResources(), R.id.myimage, 100, 100));
```

另外，读者也可以复用 BitmapFun 项目中 AsyncTask 类来实现图片异步载入的 AsyncTask 技术；复用 DiskLruCache 类和 ImageCache 类来实现磁盘缓存和图片载入缓存技术。

4.2.2 逐帧动画（Drawable Animation）

逐帧动画，即可绘制动画（Drawable Animation），也就是播放序列帧图像。该系统可以按顺序、一个接一个地加载一系列的可绘制对象资源，最终创建出动画的效果。可以看出，这是创建传统动画的方式，按顺序播放不同的图片，就像创建一卷电影胶卷一样。

如果要展示的动画对象是可绘制对象（如连续的 bitmap 位图），则非常适合采用可绘制动画系统（Drawable Animation）来实现。

创建逐帧动画的一般方法是：先在 res\drawable-*dpi 目录下放置逐帧动画的素材文件（建议为 PNG 图片文件），若该位图有多个不同分辨率的版本，可根据图片尺寸的大小放置到对应的文件夹；若仅有一种尺寸，可任意放置到其中的一个文件夹，它将自动被编译到 R 对象中，在 R.java 文件中会自动创建一个索引项。这样，在 XML 布局文件中，就可以使用“@drawable/ 图片文件名称”来访问；而在程序代码中，则可以通过“R.drawable. 图片文件名称”来直接获得位图引用。然后，在 res 文件夹下创建一个 anim 文件夹，最后在该文件夹下创建一个 XML 文档，在 <animation-list.../> 元素中添加 <item…/> 元素来定义动画的每一帧。动画 XML 文档的内容框架如下：

```
<?xml version="1.0" encoding="utf-8"?>
<animation-list xmlns:android="http://schemas.android.com/apk/res/android"
    android:oneshot="[false|true]">
   <item android:drawable="@drawable/…" android:duration="…"/>
   ……
   <item android:drawable="@drawable/…" android:duration="…"/>
</animation-list>
```

其中android:oneshot属性用于定义动画是否循环播放，为false时，为循环播放；为true时，表示只播放一次。

<item.../>元素用于定义每一帧动画的图片内容，以及该图片播放所持续的时间。<item.../>元素排列的顺序用于指定图片播放的顺序。其中android: drawable属性值指定播放的图片内容，对应于res\drawable-*dpi目录下的图片文件名；android:duration属性值用于明确图片所持续的时间（单位为毫秒）。也可以在代码中创建逐帧动画，只需调用AnimationDrawable的addFrame(Drawable frame, int duration)方法即可，这等同于使用XML文件方法定义的<item.../>。

下面以一个示例程序演示一个完整的逐帧动画。该动画程序的布局界面由“开始动画”和“动画停止”两个按钮、一个显示背景和逐帧动画的ImageView控件组成。程序的运行效果如图4-17所示。

图4-17 逐帧动画示范程序

程序的关键代码如代码清单4-3所示。

代码清单4-3：chapter04\Example04_02\src\com\sunibyte\example04_02\MainActivity.java

```
public class MainActivity extends Activity {
    public void onCreate(Bundle savedInstanceState) {
        super.onCreate(savedInstanceState);
        //设置界面布局
        setContentView(R.layout.activity_main);
        //创建动画开始和结束按钮
   final Button start=(Button)findViewById(R.id.start);
   final Button stop=(Button)findViewById(R.id.stop);
   //创建图片视图控件
   final ImageView animImg=(ImageView)findViewById(R.id.animImg);
   //创建动画对象
   final AnimationDrawable anim=(AnimationDrawable)animImg.getDrawable();
   //设置动画开始按钮的事件监听器
   start.setOnClickListener(new OnClickListener() {
```

```
        public void onClick(View v) {
        anim.start();
        }
              });
        //设置动画结束按钮的事件监听器
            stop.setOnClickListener(new OnClickListener() {
        public void onClick(View v) {
        anim.stop();
        }
              });
        //初始动画状态为停止
        anim.stop();
         }
    }
```

扩展实践

在本书 RPG 游戏《死亡塔》中主角走路时将实现动画效果，这是通过载入一系列连续的动作位图来实现“走路”的动画，如图 4-18 所示。

图4-18 游戏主角“精灵”的系列分解动作png位图

这个位图文件需要放到 res 目录下的 drawable-*dpi 文件夹下。在本书示范例子中，上述的主角“精灵”的动作图片是在 Sprite.java 中的 public Sprite(Image imagc, int frameWidth, int frameHeight) 将指定的图像建立一个精灵对象，该图像被划分为宽度为 frameWidth，高度为 frameHeight 的若干画面帧，利用这些帧可以实现精灵的动画效果，详细的游戏分析将在第 10 章中展开。

4.2.3 属性动画（Property Animation）简介

Property Animation 是 Android 3.0（API Level 11）推出的，这套系统可以对任意对象（即使是不在屏幕上的对象）的任何属性（可以是自定义的属性）进行动态变换。

为了让某件东西动起来，开发者可以指定对象要变换的属性，动画要持续的时间，以及在动画之中想要达到的值。在 Eclipse（ADT）中，属性动画的 XML 资源文件需要放在 res/animator/ 目录中。

通过 Property Animation 系统可以定义一个动画的下列特性。

① Duration：指定动画持续的时间，默认值是 300ms。

② Time interpolation：时间插值，定义动画变化的频率，即可以定义随着时间的变换，属性值是如何变换的。

③ Repeat count and behavior：可以指定一个动画是否重复进行，以及重复几次，也可以指定是否让动画倒着回放，这样可以让动画来回进行，直到达到了所要求的重复次数。

④ Animator sets：可以把动画行为组织成一个逻辑集合，它们一起播放或者顺序播放，

也可以在指定的延迟后播放。

⑤ Frame refresh delay：可以指定多久刷新一次动画的帧。默认值被设置为每 10ms，但是应用刷新帧的频率是和系统当前的实际情况相关的。

为了实现属性动画系统的上述特征，需要使用 android.animation 包提供的 API。由于 View Animation 系统定义了一些插值器（interpolator），所以可以直接使用 android.view.animation 包中的一些插值器。读者若要进一步深入学习属性动画系统，则需要了解属性动画系统的工作机制。本书资源给出了完整的 Bouncing Balls 示例项目程序，多个小球下落后弹起，动画效果的截图如图 4-19 所示。

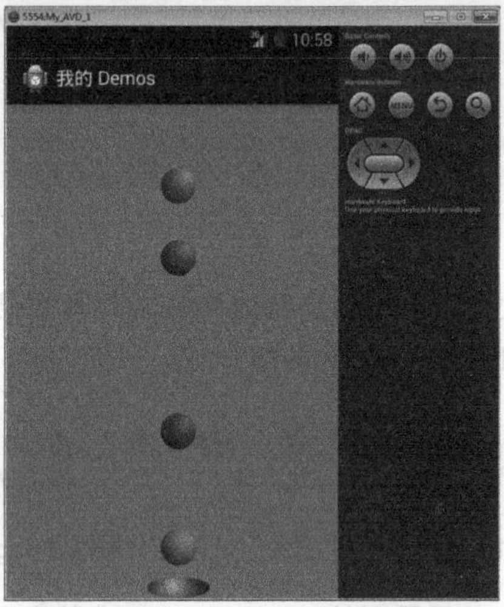

图4-19 Bouncing Balls示例项目程序

BouncingBalls.java 的关键代码是当玩家在画面中触摸屏幕时触发的事件代码，代码清单 4-4 如下。

代码清单 4-4：chapter04\BouncingBalls\com\example\android\apis\animation\BouncingBalls.java

```
        //触摸屏幕时触发的事件定义
        public boolean onTouchEvent(MotionEvent event) {
    ……
            //定义动画序列集合1：小球下降和弹起动画的序列化定义
            AnimatorSet bouncer = new AnimatorSet();
            bouncer.play(bounceAnim).before(squashAnim1);
            bouncer.play(squashAnim1).with(squashAnim2);
            bouncer.play(squashAnim1).with(stretchAnim1);
            bouncer.play(squashAnim1).with(stretchAnim2);
            bouncer.play(bounceBackAnim).after(stretchAnim2);
            //小球退出的动画 - 动画结束后删除小球
                ValueAnimator fadeAnim = ObjectAnimator.ofFloat(newBall,
"alpha", 1f, 0f);
            fadeAnim.setDuration(250);
            fadeAnim.addListener(new AnimatorListenerAdapter() {
                public void onAnimationEnd(Animator animation) {
```

```
                    balls.remove(((ObjectAnimator)animation).getTarget());
                }
    });
            //定义动画序列集合2：在小球退出后再显示另一个小球
            AnimatorSet animatorSet = new AnimatorSet();
            animatorSet.play(bouncer).before(fadeAnim);
            //开始播放动画
            animatorSet.start();
            return true;
        }
```

上述代码使用了 Animator 对象和 Animator Set（动画序列集合）来完成了如下行为。

- 小球落下： bounceAnim。
- 小球落下后挤压并回弹：squashAnim1、squashAnim2、stretchAnim1和 stretchAnim2。
- 小球回弹上升：bounceBackAnim。
- 小球消失： fadeAnim。

完整的代码可参考本书资源给出的 BouncingBalls 示例项目程序。

4.2.4 3D动画和OpenGL

Android 系统完全内置了 OpenGL ES（OpenGL for Embedded System）1.0 和 2.0 版本支持，也就是说开发者可以借助 Native Development Kit（NDK）工具，来使用 OpenGL ES API 开发 3D 应用。

OpenGL 的全称是 Open Graphics Library，即开放的图形库接口，它定义了一个跨编程语言、跨平台的编程接口的规范，主要用于二维和三维图形编程，它是免费的。考虑到移动终端设备资源的局限性，所以 Android 系统内置的是对嵌入式版本 OpenGL ES（OpenGL for Embedded System）的支持，它是桌面版本 OpenGL 的一个子集。

熟悉 Java 编程的程序员应该知道，Java 可以通过 JNI 调用 C/C++ 的动态库（DLL）。现在，Android 官方正式提供了类似的机制来支持其他原生（Native）语言开发的程序，这就是 NDK 工具集。对于大型游戏开发来说，这是一个好消息。因为，可以通过 NDK 将 C 语言编写的底层原生代码库（如 OpenGL）复用到 Android 平台上。

对于大型 3D 游戏这种非常重视性能的开发来说，NDK 比起 Android 框架的 API 肯定有优势（C 语言编译的代码运行效率要高于 Java 的字节码，而且还很难被反编译）。如果开发者已经编写了大量的原生代码（如 C/C++ 语言），而准备将它们转移到 Android 系统，那么通过 NDK 并使用 OpenGL 是非常好的选择。如需了解 NDK 的更多信息，可查阅 SDK 安装目录下 docs\tools\sdk\ndk 的文档。

如果读者对 OpenGL 的三维绘图感兴趣，可以参考在 Android SDK 的经典示范例子程序集中的 API Demo 例子程序，读者也可以从本书资源中导入 API Demo 项目，在其中的 Graphics 目录下的 OpenGL ES 中，有许多三维的动画例子。

本章小结

本章主要介绍了 Android 的前台用户界面布局、控件的使用及图形的载入处理和动画的创建。重要内容有使用 Bitmap 和 Bitmap Factory 处理位图，并了解图片载入的高效方法。使用 Animation 和 Animation Drawable 创建逐帧动画，以及属性动画的使用。

课后拓展实践

（1）设计开发一个计算器程序，要求键盘按钮的布局如图 4-20 所示（特别注意“0”和“=”键）。

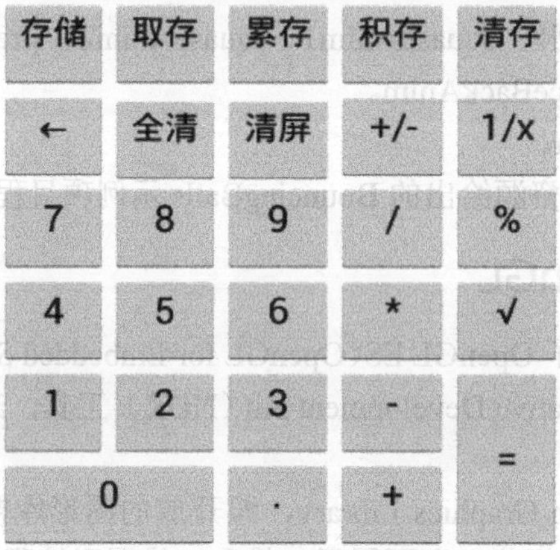

图4-20 键盘按钮的布局

（2）尝试将逐帧动画示例中的草地背景去除，直接以逐帧动画作为背景显示，观察运行效果。提示：需要修改布局文件中的 android:background，还要将代码中的 img.getDrawable() 改为 img.getBackground()。

（3）逐帧动画的示例中使用了两个按钮来控制动画的开始和结束，读者可以尝试将两个按钮的功能合并到一个 Toggle Button（状态开关按钮）控件来实现。

第 5 章

Android游戏开发之数据存储

本章目标

- 掌握Android基本的数据存储方法
- 掌握应用程序之间共享数据的方法

项目实操

- 记录用户账号和密码数据的示范程序
- 使用SQLite数据库构造一个实用的时间管理应用程序
- 编程从手机自带的通讯录存取联系人数据
- 将时间管理应用程序的数据共享给其他应用程序动画程序

数据存储是应用程序的基本问题，无论开发的是企业系统、应用软件还是游戏，都需要解决这一问题。例如，为了保证良好的用户体验和友好的交互，必须能够保存用户的相关使用记录和游戏进度，而这些都离不开数据的存储。数据存储必须以某种方式保存，并能够有效、简便地使用和更新。

Android 应用程序是基于 Java 的，因此 Java 原有的大部分的输入 / 输出（I/O）操作都可在 Android 应用程序中直接使用。另外，Android 系统也提供了一些专门的输入 / 输出 API，通过这些 API 可以更有效地进行输入、输出操作。Android 系统提供了多种数据存储方式，开发者可根据具体需求选择合适的存储方式。主要有以下 5 种方式。

（1）文件存储：以文件流的方式读写数据。适合于程序中只有少量数据需要保存的场景。

（2）Shared Preferences：以键值对的形式存储私有的、简单的数据。适合只需保存一些简单类型的配置信息的场景。

（3）SQLite 数据库：Android 系统内置了一个轻量级的结构化数据库，它没有后台进程，整个数据库就对应于一个文件，Android 为访问 SQLite 数据库提供了大量便捷的 API。适合于在应用程序需要保存结构比较复杂的数据时选用。

（4）Content Provider（内容提供者）：用于在应用程序之间共享数据，它提供了一种将私有数据暴露给其他应用程序的方式。它是 Android 的基本组件之一，是不同应用程序之间进行数据交换的标准 API。

（5）网络存储：通过网络远程读写数据。

本章将学习 Android 系统中各种数据存储方式及数据共享，实现诸如保存用户个性化设置、游戏进度等数据存储功能。

5.1 文件存储

在 Java 中提供了一套完整的输入 / 输出流操作体系，包括 FileInputStream、FileOutputStream 等，因此基于 Java 语言的 Android 也可通过这种方式访问手机存储器上的文件。Android 平台中的文件可以存储到内置存储空间或外部 SD 卡上，针对不同位置的文件的存储有所不同，下面分别讲解对它们的操作。

5.1.1 内存空间文件的存取

Android 中文件的读取操作主要是通过 Context 类来完成的，该类提供了如下两个方法来打开本应用程序数据文件夹里的文件 I/O 流。

① openFileInput(String name)：打开程序文件夹下 name 文件对应的输入流。

② openFileOutput(String name，int mode)：打开程序文件夹下 name 文件对应的输出流。name 参数用于指定文件名称，不能包含路径分隔符“/”。如果文件不存在，Android 会自动创建，mode 参数用于指定操作模式，Context 类中定义了如下 4 种操作模式常量（常量约定俗成用大写的英文来表示）。

- MODE_APPEND（值为32768）：该模式会检查文件是否存在，存在就往文件末尾追加内容，否则将创建新的文件并将内容写入。
- MODE_PRIVATE（值为0）：默认模式，表示该文件是私有数据，只能被应用本身访问，在该模式下，写入的内容会覆盖原文件的内容。
- MODE_WORLD_READABLE（值为1）：表示该文件可以被其他应用程序读取。
- MODE_WORLD_WRITEABLE（值为2）：表示该文件可以被其他应用程序写入。

提示：若希望该文件既能被其他应用程序读取，也能被写入，则传入的mode应为 Context.MODE_ WORLD_READABLE + Context.MODE_WORLD_ WRITEABLE，或者直接传入数值3，4种模式中除了Context.MODE_ APPEND会将内容追加到文件末尾，其他模式都会覆盖掉原文件的内容。

在 Android 设备上创建数据文件，以及向已有文件添加数据的步骤如下：

① 使用 openFileOutput() 方法，传入文件的名称和操作模式，该方法将会返回一个文件输出流对象。

② 调用 write() 方法，向这个文件输出流对象中写入数据。

③ 调用 close() 方法，关闭文件输出流。

读取 Android 设备文件的步骤一般如下：

① 使用 openFileInput() 方法，传入需要读取数据的文件名，该方法将会返回一个文件输入流对象。

② 使用 read() 方法，读取文件的内容。

③ 使用 close() 方法，关闭文件输入流。

下面以一个简单的示例，来演示文件读取的操作，程序运行界面如图 5-1 所示，界面中包含两个文本输入框，一个用于向文件中写入内容，一个用于显示从文件中读取的内容。

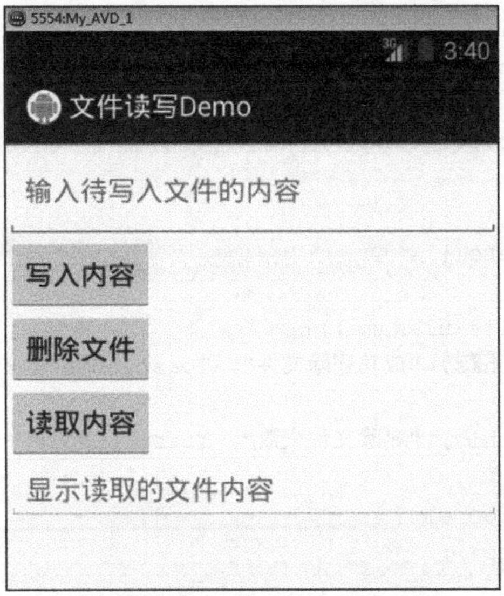

图5-1 读写文件Demo运行界面

在 MainActivity.java 中分别为读取、写入、删除文件按钮添加事件处理，关键代码如代码清单 5-1 所示。

代码清单 5-1：chapter05\example05_01\src\com\sunibyte\example05_01\MainActivity.java

```
public class MainActivity extends Activity {
    ……
    //写文件方法
    public void write(String content) {
    try {
    FileOutputStream fos =
            openFileOutput(fileName, Context.MODE_APPEND);
    PrintStream ps = new PrintStream(fos);

    ps.print(content);
    Toast.makeText(this, "写入"+content, Toast.LENGTH_SHORT).show();
} catch (Exception e) {
            e.printStackTrace();
    }
    }
    //读取文件方法
    public String read() {
    StringBuilder sbBuilder = new StringBuilder("");
    try {
    FileInputStream is = openFileInput(fileName);
```

```
            byte[] buffer = new byte[64];
        int hasRead;
        while ((hasRead = is.read(buffer)) != -1) {
        sbBuilder.append(new String(buffer, 0, hasRead));
        }
        } catch (Exception e) {
        e.printStackTrace();
        }
        return sbBuilder.toString();
        }
        //删除文件方法
        public void delete() {
        try {
        if(this.deleteFile(fileName)){
        Toast.makeText(this, "成功删除文件", Toast.LENGTH_SHORT).show();
        }else{
        Toast.makeText(this, "删除文件失败", Toast.LENGTH_SHORT).show();
        }
        } catch (Exception e) {
        e.printStackTrace();
        }
        }
    }
```

在文本编辑框中输入内容，单击写入内容按钮后，系统首先会查找手机上是否存在该文件，如果不存在，则创建该文件并写入内容；若存在，则打开该文件后将内容添加到末尾。应用程序的数据文件默认保存在 /data/data/<package 包名 >/files 目录下。

查看生成文件的方法如下：首先切换至 DDMS 视图，方法是在 Eclipse 的右上角选择 DDMS 视图；如果没有 DDMS 视图按钮，可在 Eclipse 的菜单栏中选择 Window → Open Perspective → other → DDMS 命令打开。在该视图中有一个 File Explorer 标签栏，可浏览和管理虚拟设备上的所有文件，如图 5-2 所示。

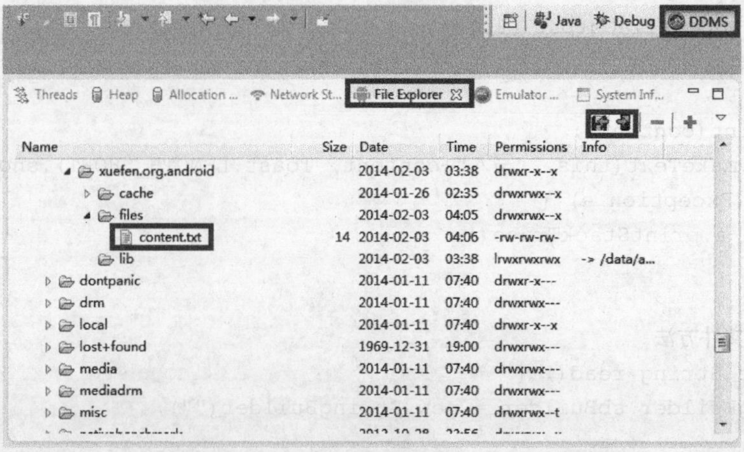

图5-2 在DDMS视图中查看Android设备的文件

运行程序，输入内容并单击“写入内容”按钮后，会发现在 /data/data/com/sunibyte/example05_01 /files 目录下会生成一个 context. txt 文件。当单击“删除文件”按钮时，该文件将被移除。这个文件不能直接在 Eclipse 中打开，需要先下载到电脑上才能查看里面的内容。下载的方法是，单击该面板右上方的图标按钮“pull a file from device”，此外也可以将电脑上的文件上传到设备中。

可见，默认情况下，内存中的文件归属于某个应用程序，它对其他应用程序是不可访问的，当用户卸载了该应用程序时，这些文件也会被删除。

扩展实践：SD 卡文件操作

为了节省 Android 设备的内存空间，也可以对外置的 SD 卡进行文件操作，其方法与上述内存空间文件操作的方式相似，但需要使用 Android 的 Environment 类来辅助对 SD 卡的操作，步骤如下：

① 在模拟器中创建虚拟 SD 卡（在 AVD Manager 中为虚拟 SD 卡分配合适的容量）。

② 在应用程序的清单文件（AndroidManifest.xml）中分别添加对 SD 卡的创建（删除）和写数据的许可权限：

```
    <uses-permission android:name="android.permission.MOUNT_UNMOUNT_
FILESYSTEMS" />
<uses-permission android:name="android.permission.WRITE_EXTERNAL_STORAGE"/>
```

③ 调用 Environment 的 getExternalStorageState() 方法判断设备上是否插入了 SD 卡，并且应用程序具有读写 SD 卡的权限。

④ 调用 Environment 的 getExternalStorageDirectory() 方法来获取外部存储器，也就是 SD 卡的目录。

⑤ 与存取内存空间文件的方法类似，使用 Java 的 FileInputStream、FileOutputStream、FileReader、FileWriter 方法来读、写 SD 卡中的文件。

5.1.2 结合Properties（属性）进行文件存取

对于大部分的应用程序和游戏而言，文件存取的目的是保存用户的个性化的数据或者游戏进度的相关数据，但是该如何描述和承载这些数据呢？类似于数据库对应二维表的解决方案，Java 对文件数据给出了一个“键 - 值”对的解决方案——Properties（属性）类，Properties 继承自 Hashtable，它与 Hashtable 唯一不同的是，Properties 对应的“键 - 值”对的数据类型必须都是字符串形式。可配合使用 Properties 来实现对文件写入和读取操作。例如，对于游戏中的一些属性值的存取就可以使用 Properties 来实现。如表 5-1 所示为 Properties 常用方法。

表5-1 Properties常用方法

方 法	说 明
load(InputStream in)	通过字符流直接加载文件
getProperty(String name, String defaultValue)	通过指定的“name”键，获得属性值（即“键-值”对），参数二为默认值，即找不到所需的属性时，要返回的默认值。返回值为 String

续 表

方 法	说 明
list(PrintStream out)	通过PrintStream列出可读的属性列表，无返回值
setProperty(String name, String value)	设置属性，即保存一个“键-值”对
store(OutputStream out, String comment)	通过FileOutputStream打开对应的程序文件，然后通过Store 保存之前 Properties 打包好的数据。comment可以为空
storeToXML(OutputStream os, String comment)	通过FileOutputStream 打开对应的文件，将打包好的数据写入到XML文件

在本书的示例游戏程序《死亡塔》中，就通过 Properties 类和文件存取实现了保存游戏进度的功能，可以在游戏的主菜单选择“继续上次游戏”来读取上次游戏的进度。下面将解析游戏的源代码。

在 GameScreen.java 中的 save() 方法和 load() 方法是对应关系，它们实现了对上次用户游戏进度的保存和恢复。这里以 load() 方法为例进行讲解。读者也可以对应 save() 方法来理解。首先，load() 方法中创建了一个 Properties 和 FileInputStream 类对象实例，从内存目录中读取文件 save，然后调用 Properties 的 load(InputStream in) 方法来解析这个文件流对象。

```
boolean load()
{
Properties properties = new Properties();
try
{
FileInputStream stream = deathTower.openFileInput("save");
properties.load(stream);
        }
        ……
    }
```

随后，将“键 - 值”对 r1l、r2l、r3l 分别解析到 r1、r2、r3 字节数组中，代码如下：

```
byte[] r1 = new byte[Byte.valueOf(properties.get("r1l").toString())];
byte[] r2 = new byte[Byte.valueOf(properties.get("r2l").toString())];
byte[] r3 = new byte[Byte.valueOf(properties.get("r3l").toString())];
for (int i = 0; i < r1.length; i++){
r1[i] = Byte.valueOf(properties.get("r1_" + i).toString());
}
for (int i = 0; i < r2.length; i++){
r2[i] = Byte.valueOf(properties.get("r2_" + i).toString());
}
for (int i = 0; i < r3.length; i++){
r3[i] = Byte.valueOf(properties.get("r3_" + i).toString());
}
```

在这里 r1、r2、r3 存储的其实就是游戏的关键属性值，从赋值可以看到，r1 就是主角对象 hero 的相关属性值；r2 存储的是与进度关联的游戏地图的数据；r3 对应的是任务属性。代码如下：

```
hero.decode(r1);
gameMap.curFloorNum = r2[0]; //游戏进行到第几关
gameMap.reachedHighest = r2[1];
hero.setFrame(r2[4]);
task.setTask(r3);
```

对照 GameScreen.java 的 save() 方法和 load() 方法的源代码，可以很容易理解如何使用 Properties 类和文件操作来实现游戏进度的保存和恢复的过程。

5.2 Shared Preferences

Shared Preferences 类似于 Windows 软件常用的 ini 软件配置文件，用来保存应用程序中的一些配置，在 Android 平台常用于存储简单的软件参数设置。Shared Preferences 经常用于存储应用程序的设置，如用户设置、主题及其他应用程序属性，当再次启动程序时仍然保持原有的设置。

5.2.1 SharedPreferences的使用

应用程序使用 SharedPreferences 接口可以快速而高效地以键值对的形式保存数据，非常类似于 Bundle。信息以 XML 文件的形式存储在 Android 设备上。Shared Preferences 中的数据可被该应用的所有组件所访问。

下面通过一个实例来分析 SharedPreferences 的具体使用方法。在这个实例中定义了两个 TextView 和两个 EditText，以及一个 Checkbox 控件，让用户输入用户名和密码，选中复选框可以记录用户的输入，实现在下次启动程序时自动恢复用户设置过的用户名和密码。程序初始运行状态图如图 5-3 所示。

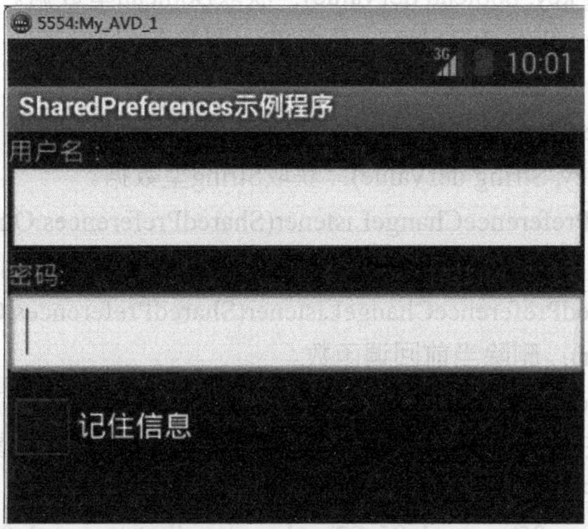

图5-3 程序初始运行状态图

使用 SharedPreferences 保存 key-value 对的步骤如下：

① 使用 Activity 类的 getSharedPreferences() 方法获得 SharedPreferences 对象，其中存储 key-value 的文件的名称由 getSharedPreferences() 方法的第一个参数指定。

② 使用 SharedPreferences 接口的 edit 获得 SharedPreferences.Editor 对象。

③ 通过 SharedPreferences.Editor 接口的 putxxx 方法保存 key-value 对。其中 xxx 表示不同的数据类型。例如，字符串类型的 value 需要用 putString 方法。

④ 通过 SharedPreferences.Editor 接口的 commit 方法保存 key-value 对。commit 方法相当于数据库事务中的提交（commit）操作。

如表 5-2 所示为获取 SharedPreferences 的方法。

表5-2 获取SharedPreferences的方法

返回值	函数	备注
SharedPreferences	Context.getSharedPreferences(String name,int mode)	name为本组件的配置文件名（如果想要与本应用程序的其他组件共享此配置文件，可以用这个名字来检索到这个配置文件）。 mode为操作模式，默认的模式为0或MODE_PRIVATE，还可以使用MODE_WORLD_READABLE和MODE_WORLD_WRITEABLE
SharedPreferences	Activity.getPreferences(int mode)	配置文件仅可以被调用的Activity使用。mode为操作模式，默认的模式为0或MODE_PRIVATE，还可以使用MODE_WORLD_READABLE和MODE_WORLD_WRITEABLE

除此之外还有如下几个重要的方法。

- public abstract boolean contains (String key)：检查是否已存在该文件，其中key是xml的文件名。
- edit()：为preferences创建一个编辑器Editor，通过创建的Editor可以修改preferences里面的数据，但必须执行commit()方法。
- getAll()：返回preferences里面的多有数据。
- getBoolean(String key, boolean defValue)：获取Boolean型数据。
- getFloat(String key, float defValue)：获取Float型数据。
- getInt(String key, int defValue)：获取Int型数据。
- getLong(String key, long defValue)：获取Long型数据。
- getString(String key, String defValue)：获取String型数据。
- registerOnSharedPreferenceChangeListener(SharedPreferences.OnSharedPreferenceChangeListener listener)：注册一个当preference发生改变时被调用的回调函数。
- unregisterOnSharedPreferenceChangeListener(SharedPreferences.OnSharedPreferenceChangeListener listener)：删除当前回调函数。

在理解了 SharedPreferences 的基本知识后再来分析程序的实现方法。由于布局文件比较简单，在这里就不在列出布局文件的代码清单，详细源代码可参见本书资源 chapter05\example05_02。程序中主程序源代码如代码清单 5-2 所示。

代码清单 5-2：chapter05\example05_02\src\com\sunibyte\example05_02\MainActivity.java

```
public class MainActivity extends Activity {
   private CheckBox autoLogin;
   public String userName,passWord;
   public EditText editName,editPassword;
```

```
    /** Called when the activity is first created. */
    @Override
    public void onCreate(Bundle savedInstanceState) {
        super.onCreate(savedInstanceState);
        setContentView(R.layout.main);
        editName=(EditText)findViewById(R.id.extUser);
        editPassword=(EditText)findViewById(R.id.extPWD);
        autoLogin=(CheckBox)findViewById(R.id.autoLogin);
        load();//载入用户输入
}
//若选中复选框，当用户单击返回按钮退出程序时，将保存用户输入数据到Reference中
    public boolean onKeyDown(int keyCode,KeyEvent event){
   if(keyCode==KeyEvent.KEYCODE_BACK){
if(autoLogin.isChecked()){
                save();
               }
               this.finish();
               return true;
   }
   return super.onKeyDown(keyCode, event);
    }
    //将数据保存到reference中
    public void save(){
        SharedPreferences user=getPreferences(0);
   SharedPreferences.Editor editor=user.edit();
   editor.putString("userInfo", editName.getText().toString());
   editor.putString("password",editPassword.getText().toString());
   editor.commit();
    }
    //载入保存的数据
    public void load(){
        SharedPreferences  user=getPreferences(Activity.MODE_PRIVATE);
        userName=user.getString("userInfo", "");
        passWord=user.getString("password", "");
        editName.setText(userName);
        editPassword.setText(passWord);
      }
   }
```

那么，数据到底保存到哪里了呢？和内存文件存储相似，在 Eclipse 下切换到 DDMS 视图，选择 File Explorer 标签。找到 /data/data 目录中对应的项目文件夹下的 Shared_prefs 文件夹，其中的 xml 文件就是保存数据的文件。下载到电脑查看该 XML 文件，其内容结构如下：

```
<?xml version='1.0' encoding='utf-8' standalone='yes' ?>
<map>
    <string name="userInfo">Nick Lau</string>
```

```
    <string name="password">my_password</string>
</map>
```

可见，SharedPreferences 使用 XML 文件保存数据，该 XML 文件以 map 为根节点，map 节点的每个子节点代表一个 key-value 对，子节点名称为 value 对应的类型名，SharedPreferences 只能保存几种简单类型的数据。

提示：上述SharedPreferences使用xml文件以明文保存用户登录账号数据，这是存在安全风险的！建议在存入敏感数据前，使用MD5、SHA等数据摘要算法对数据进行加密。

5.2.2 扩展学习：读、写其他应用程序的SharedPreferences数据

Context 提供的 getSharedPreferences(String name，int mode) 方法中，第二个参数可设置该 SharedPreferences 数据能被其他应用程序读或写。下面简单讲解如何读取其他应用程序的 SharedPreferences 数据。

要读、写其他应用的 SharedPreferences，主要步骤如下：

① 创建所需访问程序对应的 Context。Context 提供了 CreatePackageContext (String packageName, int flages) 方法来创建应用程序上下文；第一个参数表示应用程序的包名，第二个参数表示标志。Android 系统是根据应用程序的包名来标志该应用程序，也就是说，相同的包名意味着是同一个应用程序；常见的标志为 Context.CONTEXT_IGNORE_SECURITY，表示忽略所有可能产生的安全问题。

② 调用其他应用程序的 Context 的 getSharedPreferences(String name，int mode) 即可获取相应的 SharedPreferences 对象。

③ 如果需要向其他应用的 SharedPreferences 数据写入数据，调用 SharedPreferences 的 edit() 方法获取相应的 Editor 即可。

注意:其他应用程序能够读、写SharedPreferences数据的前提是，开放SharedPreferences数据共享的应用程序指定了相应的访问权限，即指定MODE_WORLD_READABLE或MODE_WORLD_WRITEABLE模式来共享读、写操作。

5.3 SQLite数据库

前面已经讲解了 Android 平台下的三种数据存储的方式，但是这三种方式只是存储一些简单的、数据量较小的数据，当遇到大量的数据需要存储和管理时，就需要用到关系型数据库来存储数据。由于移动终端设备本身的局限性，不能使用在 PC 端所采用的 Oracle、SQL Server 等大型关系型数据库。在 Android 平台上，嵌入了一个轻量级的、开源的关系型数据库 SQLite，与普通关系型数据库一样，它包含了操作本地数据的所有功能，也具有 ACID 的特性，简单易用而且响应速度快，可以很方便地使用相关的 API 来对 SQLite 数据库进行创建、修改及查询等操作。本节将详细介绍 Android 平台下 SQLite 的使用方法。

5.3.1 SQLite数据库简介

Android 内嵌了功能强大的关系型数据库 SQLite，可以使用标准的 SQL 语句执行数据库

操作，数据库存放的具体路径是 /data/data/< 包名 >/databases。

SQLite 最大的特点是可以把各种类型的数据保存到任何字段中，而不用关心字段声明的数据类型是什么。例如，可以把字符串类型的值存入 INTEGER 类型字段中，或者在布尔型字段中存放数值类型等。但有一种情况例外：定义为 INTEGER PRIMARY KEY（主键值）的字段只能存储 64 位整数，当向这种字段保存除整数以外的数据时，SQLite 会报错。

由于 SQLite 允许存入数据时忽略底层数据列实际的数据类型，因此 SQLite 在解析建表语句时，会忽略建表语句中跟在字段名后面的数据类型信息，如 name 字段的类型信息：create table game_tb(_id integer primary key autoincrement, name varchar(30))，因此在编写建表语句时可以省略数据列后面的类型声明。

SQLite 数据库支持绝大部分 SQL92 语法，也允许开发者使用 SQL 语句操作数据库中的数据，但 SQLite 数据库不需要安装、启动服务进程，其底层只是一个数据库文件。本质上看，SQLite 的操作方式只是一种更为便捷的文件操作。常见 SQL 标准语句如下。

（1）查询语句

```
Select * from 表名where 条件子句group by 分组子句 having … order by 排序子句
```

例如，查询 user 表中的所有记录：

```
Select * from user
```

查询 user 表中的所有记录，按 ID 号降序排列：

```
Select * from user order by id desc
```

查询 user 表中 name 字段值出现超过 1 次的 name 字段的值：

```
Select name from user group by name having count(*) >1
```

（2）分页 SQL

```
select * from 表名 limit 显示的记录数 offset 跳过的记录数
```

例如，从 user 表获取 6 条记录，跳过前面 2 条记录：

```
select * from user limit 6 offset 2
```

（3）插入语句

```
insert into表名(字段列表) values(值列表)
```

例如，向 user 表插入一条记录：

```
insert into user(name,  age) values('张三', 26)
```

（4）更新语句

```
update表名set字段名=值where条件子句
```

例如，将 id 为 106 的姓名改为李四：

```
update user set name='李四',  where id=106
```

（5）删除语句

```
delete from表名where条件子句
```

例如，删除 user 表中 id 为 108 的记录：

```
delete from user where id=108
```

5.3.2 SQLite操作详解

SQLite 数据库的一般操作包括：创建数据库、打开数据库、创建表、向表中添加数据、从表中删除数据、修改表中数据、关闭数据库、删除指定表、删除数据库和查询表中的某条数据。在 Android 中，主要通过 SQLiteDatabase 这个类对象操作 SQLite 数据库。除此之外，Android 也提供了一些相关类，如 SQLiteOpenHelper、SQLiteDataBase、Cursor 等来辅助数据库的操作，详细帮助文档可查看 Android 帮助文档的 android.database.sqlite 包和 android.database 包。

1. 使用 SQLiteOpenHelper 创建和打开数据库

SQLiteOpenHelper 是 Android 提供的管理数据的工具类，主要用于数据库的创建、打开和版本更新。一般需要创建 SQLiteOpenHelper 类的子类，并扩展它的 onCreate() 和 onUpgrade() 这两个抽象方法，根据具体情况还可以选择性地扩展它的 onOpen() 方法。

SQLiteOpenHelper 包含如下常用方法。

- SQLiteDatabase getReadableDatabase()：以读、写的方式打开数据库对应的 SQLiteDatabase对象，该方法内部调用getWritableDatabase()方法，返回对象与 getWritableDatabase()返回对象一致，若数据库的磁盘空间满了，getWritableDatabase() 打开数据库就会出错，当打开失败后，getReadableDatabase()方法会继续尝试以只读方式打开数据库。
- SQLiteDatabase getWritableDatabase()：以写的方式打开数据库对应的SQLiteDatabase 对象，一旦打开成功，将会缓存该数据库对象。
- abstract void onCreate(SQLiteDatabase db)：当数据库第一次被创建时调用该方法。
- abstract void onUpgrade (SQLiteDatabase db， int oldVersion， int newVersion)：当数据库需要更新时调用该方法。
- void onOpen (SQLiteDatabase db)：当数据库打开时调用该方法。

当调用 SQLiteOpenHelper 的 getWritableDatabase() 或者 getReadableDatabase() 方法获取 SQLiteDatabase 实例时，如果数据库不存在，Android 系统会自动创建一个数据库，然后调用 onCreate() 方法，在 onCreate() 方法中可以创建数据库表结构及添加一些应用需要的初始化数据。onUpgrade() 方法在数据库的版本发生变化时会被调用，一般在软件升级时才需改变版本号，而数据库的版本是由开发人员控制的，假设数据库现在的版本是 1，由于业务的变更，修改了数据库表结构，这时候就需要升级软件。升级软件时希望更新用户手机里的数据库表结构，为了实现这一目的，可以把数据库版本设置为 2，并在 onUpgrade() 方法中实现表结构的更新。onUpgrade() 方法可以根据原版号和目标版本号进行判断，然后作出相应的表结构及数据更新。

2. 通过 SQLiteDatabase 操作数据库

在 SQLite 数据库中提供了 execSQL() 和 rawQuery() 这种直接对 SQL 语句解析的方法外，还针对 Insert、update，delete 和 select 等基本操作做了相关的定义，如表 5-3 所示。

表5-3 基本SQLiteDatabase操作语句

方 法	参 数	返回值	说 明
public void execSQL(String sql); public void execSQL(String sql, Object[] bindArgs)	SQL，需要执行的SQL语句字符串； bindArgs，SQL语句中表达式的“？”占位参数列表，仅仅支持String、byte数组、long和double型数据作为参数	无	ExecSQL能执行大部分的sql语句，在执行期间会获得该SQLite数据库的写锁，但是不支持用；隔开的多个SQL语句，执行失败抛出SQLException异常
Public cursor rawQuery(String sql,String [] args); public Cursor rawQueryWithFactory(SQLiteDatabase.CursorFactory factory, String sql,String[] args,String editTable)	SQL，需要执行的SQL语句字符串； Args，“？”占位符只支持String类型； Factory、CursorFactory对象，用来构造查询完毕时返回的Cursor的子类对象； editTable，第一个可编辑的表名	Cursor子类对象	执行一条语句并把查询结果以Cursor的子类对象的形式返回
Public long insert(String table,String nullColumnHack, ContentValues initialValues)	Table，需要插入数据的表名； nullColumnHack，这个参数需要传入一个列名。SQL标准并不允许插入所有列均为空一行数据，所以当传入的initialValues值为空或者为0时，用nullColumnHack参数指定的列会被插入值为Null的数据，然后再将此行插入到表中； initalValues，用来描述要插入行数据的ContentValues对象，即列名和列值的映射	新插入行的ID	向表中插入一行数据
Public int update(String table, ContentValues values, String whereClause, String[] whereArgs)	Table，需要更新数据的表名； Values，用来描述更新后的行数据的ContentValues对象，即列名和列值的映射； whereClause，用来指定所要更新的行； whereArgs，where语句中表达式的“？”占位参数列表，只能为String类型	被更新的行的数量	更新表中指定行的数据
Public int delete(String talbe, String whereClause, String[] whereArgs)	Table，需要删除数据的表名； whereClause，用来指定需要删除的行，若传入null则删除所有的行； whereArgs，where语句中表达式的“？”占位符，只能为String类型	若传入正确的where语句则返回被删除的行数，若传入null，则返回0	删除表中指定的行

其中，Cursor 接口主要用于存放查询记录的接口，Cursor 是结果集游标，用于对结果集进行随机访问，类似于 JDBC 中的 ResultSet 的作用，它提供了如下方法来移动查询结果的记录指针。

- move(int offset)：将记录指针向上或向下移动指定的行数。offset为正数就向后移动，为负数就向前移动。
- moveToNext()方法可以将游标从当前记录移动到下一记录，如果已经移过了结果集的最后一条记录，返回结果为false，否则为true。

- moveToPrevious()方法用于将游标从当前记录移动到上一记录，如果已经移过了结果集的首条记录，返回值为false，否则为true。
- moveToFirst()方法用于将游标移动到结果集的第一条记录，如果结果集为空，返回值为false，否则为true。
- moveToLast()方法用于将游标移动到结果集的最后一条记录，如果结果集为空，返回值为false，否则为true。

使用 SQLiteDatabase 进行数据库操作的步骤如下：

① 获取 SQLiteDatabase 对象，它代表了与数据库的连接。

② 调用 SQLiteDatabase 的方法来执行 SQL 语句。

③ 操作 SQL 语句的执行结果。

④ 关闭 SQLiteDatabase，回收资源。

通过前面的讲述读者已经对 SQLite 数据库的基本操作有了初步的了解，现在通过一个简单的实例程序"时间管理"来讲解数据库应用的构建。该应用示例程序可以记录任务事项及其详细内容，并能设置该事项的优先级别，同时能够按照优先级别的顺序显示事项的记录（优先级高的排在前面），为时间管理进行决策。程序运行如图 5-4 和图 5-5 所示。

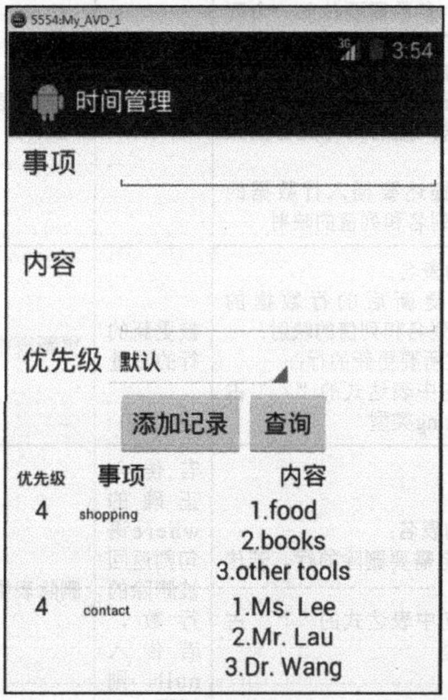

图5-4 查询数据界面

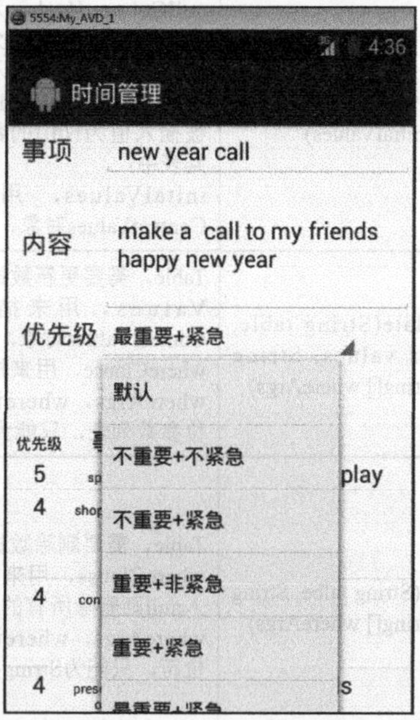

图5-5 事项的优先级选择

在这个例子中，使用了 Spinner 控件（类似下拉列表）来选择事项的优先级别，使用 ListView 控件来动态显示数据库中的数据。通过一个 xml 布局文件来定义 ListView 显示的格式。在主布局文件 activity_main.xml 中，读者可重点关注 Spinner 控件和 ListView 控件。具体如代码清单 5-3 所示。

代码清单 5-3：chapter05\example05_03\res\layout\activity_main.xml

```
<LinearLayout xmlns:android="http://schemas.android.com/apk/res/android"
```

```
…… >
    <TableLayout ……>
        ……
        <TableRow>
            <TextView
                android:layout_width="wrap_content"
                android:layout_height="wrap_content"
                android:layout_marginLeft="10dp"
                android:text="@string/priority"
                android:textSize="20sp" />
            <Spinner
                android:id="@+id/priority_spinner"
                android:layout_width="wrap_content"
                android:layout_height="wrap_content" />
        </TableRow>
    </TableLayout>
    ……
    <LinearLayout ……>
        <TextView
            style="@style/TextView"
            android:layout_width="50dp"
                android:layout_weight="1"
            android:text="@string/priority"
            android:textColor="#000000"
            android:textSize="12sp" />
        <TextView
            style="@style/TextView"
            android:layout_width="70dp"
                                android:layout_weight="6"
            android:text="@string/subject"
            android:textColor="#000000" />
        <TextView
            style="@style/TextView"
            android:layout_width="210dp"
            android:layout_weight="30"
            android:text="@string/body"
            android:textColor="#000000" />
    </LinearLayout>
    <ListView
        android:id="@+id/result"
        android:layout_width="wrap_content"
        android:layout_height="wrap_content"
        android:drawSelectorOnTop="true" />
</LinearLayout>
```

上面最后的三个 TextView 是用来显示数据表头的，而最后的 ListView 元素引用了 result.xml 文件（用于显示动态结果集的布局文件），result.xml 文件如代码清单 5-4 所示。

代码清单 5-4：chapter05\example05_03\res\layout\result.xml

```
<LinearLayout xmlns:android="http://schemas.android.com/apk/res/android"
    xmlns:tools="http://schemas.android.com/tools"
    android:layout_width="match_parent"
    android:layout_height="match_parent"
    android:orientation="horizontal">
            <TextView
                android:id="@+id/memento_priority"
                style="@style/TextView"
                android:layout_width="50dp"
                android:layout_weight="1"
                android:text="@string/priority"
                 />
            <TextView
                android:id="@+id/memento_subject"
                android:layout_width="50dp"
                style="@style/TextView"
                    android:layout_weight="6"
                android:text="@string/subject"
                android:textSize="10sp"
                />
            <TextView
                android:id="@+id/memento_body"
                android:layout_width="210dp"
                android:layout_weight="30"
                android:text="@string/body"
                style="@style/TextView"
                />
</LinearLayout>
```

用户查询记录时，将按上面 result.xml 的布局来显示。读者可能会问，这些动态数据是如何作用于这个结果集布局的呢？实际上，它们是通过 MainActivity.java 文件中的 SimpleCursorAdapter 来实现的，代码如下：

```
    SimpleCursorAdapter resultAdapter = new SimpleCursorAdapter(
            MainActivity.this, R.layout.result, cursor,
            new String[] { "priority", "subject", "body"},
            new int[] { R.id.memento_priority, R.id.memento_subject,
    R.id.memento_body },
            CursorAdapter.FLAG_REGISTER_CONTENT_OBSERVER);
```

Spinner 下拉列表中的数据是在 res/values 目录下的 array.xml 中定义的，代码如下。

```
<?xml version="1.0" encoding="utf-8"?>
<resources>
    <string-array name="priority_array">
        <item>默认</item>
```

```
        <item>不重要+不紧急</item>
        <item>不重要+紧急</item>
        <item>重要+非紧急</item>
        <item>重要+紧急</item>
        <item>最重要+紧急</item>
    </string-array>
</resources>
```

界面设计好后，在 MainActivity.xml 中需要为 Spinner 和两个按钮分别设置事件监听器，设置 Spinner 的关键代码如下。

```
spinner = (Spinner) findViewById(R.id.priority_spinner);
ArrayAdapter<CharSequence> adapter = ArrayAdapter.createFromResource(this,
        R.array.priority_array, android.R.layout.simple_spinner_item);
adapter.setDropDownViewResource(android.R.layout.simple_spinner_dropdown_
item);
spinner.setAdapter(adapter);
spinner.setOnItemSelectedListener(
                new OnItemSelectedListener() {
                    public void onItemSelected(
                                AdapterView<?> parent, View view, int
position, long id){
                        showToast("选择了优先级"+ position);
                        priority=position;
                    }

                    public void onNothingSelected(AdapterView<?> parent) {
                        priority=0;
                    }
                });
```

接下来，需要为“添加记录”和“查询”两个按钮设置事件处理，它们将分别向数据库写入新数据和查询数据。首先需要写一个自己的数据库工具类，该类继承于 SQLiteOpenHelper，重写了它的 onCreate() 和 onUpdate() 方法，数据库创建时，会调用 onCreate() 方法，因此，将建表语句放在里面，详细如代码清单 5-5 所示。

代码清单 5-5：chapter05\example05_03\src\com\sunibyte\example05_03\MyDatabaseHelper.java

```
public class MyDatabaseHelper extends SQLiteOpenHelper {
   final String CREATE_TABLE_SQL=
   "create table memento_tb(_id integer primary " +
   "key autoincrement,subject,body,priority)";
   public MyDatabaseHelper(Context context, String name,
         CursorFactory factory, int version) {
   super(context, name, factory, version);
   }
   public void onCreate(SQLiteDatabase db) {
```

```
    db.execSQL(CREATE_TABLE_SQL);
    }
      ......
  }
```

通过该工具类，在 MainActivity 中可获取数据库，并进行添加和查询操作，关键代码如下。

```
    private class MyOnClickListerner implements OnClickListener {
    @SuppressWarnings("deprecation")
    public void onClick(View v) {
    mydbHelper = new MyDatabaseHelper(MainActivity.this, "memento.db",
    null, 1);//创建数据库辅助类
    //获取SQLite数据库
  SQLiteDatabase db = mydbHelper.getReadableDatabase();
    String subStr = subject.getText().toString();
    String bodyStr = body.getText().toString();
  //将优先级转换为字符串类型
    String priorityStr = Integer.toString(priority);
    switch (v.getId()) {
    case R.id.add:  //单击添加按钮,向数据库插入数据
    title.setVisibility(View.INVISIBLE); //设置表头不可见
    addMemento(db, subStr, bodyStr, priorityStr);
    Toast.makeText(MainActivity.this, "添加记录成功！", 1000).show();
    result.setAdapter(null);
    break;
    case R.id.query:  //单击查询按钮
    title.setVisibility(View.VISIBLE); //表头可见
    Cursor cursor = queryMemento(db, subStr, bodyStr, priorityStr);
    SimpleCursorAdapter resultAdapter = new SimpleCursorAdapter(
    MainActivity.this, R.layout.result, cursor,
    new String[] { "priority", "subject", "body"},
                 new int[] { R.id.memento_priority, R.id.memento_subject,
R.id.memento_body });
           result.setAdapter(resultAdapter);
    break;
    default:
    break;
    }
    }
    }
```

在 MainActivity 中，执行插入数据和查询记录的数据库操作方法如下。

```
  //添加记录
  public void addMemento(SQLiteDatabase db, String subject, String
 body,String priority) {
  db.execSQL("insert into memento_tb values(null,?,?,?)", new String[] {
         subject, body, priority });
```

```
    this.subject.setText("");
    this.body.setText("");
    }
    //查询记录
    public Cursor queryMemento(SQLiteDatabase db, String subject, String
body,String priority) {
        //模糊查询操作，按照优先级由高到低排序
    Cursor cursor = db.rawQuery(
            "select * from memento_tb where subject like ? and body like ? order
by priority desc", new String[] { "%" + subject + "%", "%" + body + "%"});
    return cursor;
    }
```

写好事件监听器后，为按钮注册单击事件，代码如下。

```
    MyOnClickListerner myOnClickListerner = new MyOnClickListerner();
    add.setOnClickListener(myOnClickListerner);
    query.setOnClickListener(myOnClickListerner);
```

完成后，在销毁 Activity 之前关闭数据库，代码如下。

```
    protected void onDestroy() {
    super.onDestroy();
    if(mydbHelper!=null){
            mydbHelper.close();
    }
    }
```

当程序首次调用 getReadableDatabase() 方法后，SQLiteOpenHe1p 将缓存已创建的 SQLiteDatabase 实例，后面调用 getReadableDatabase() 方法得到的都是同一个 SQLitedatabase 实例（即 Singleton 单例模式）。因此，SQLiteDatabase 实例会维持数据库的打开状态，因此在结束前必须关闭数据库，否则将会占用内存资源。

在上面程序中，使用了 SimpleCursorAdapter 封装 Cursor，从而在 ListView 控件中动态显示结果记录信息，这里需注意，SimpleCursorAdatper 封装 Cursor 时要求底层数据表的主键列名为 _id，因为 SimpleCursorAdapter 只能识别列名为 _id 的主键，否则会出现 java.lang. lllegalArgumentException: column '_id' does not exist 错误。

程序运行后，打开 DDMS 视图，查看 File Explorer 面板，可发现在应用程序的包下，生成了一个 databases 文件夹，下面有一个 memento.db 文件，如图 5-6 所示，该文件即创建的数据库文件。

◢ xuefen.org.android		2014-02-04	03:54	drwxr-x--x
▷ cache		2014-01-26	02:35	drwxrwx--x
◢ databases		2014-02-04	03:20	drwxrwx--x
memento.db	20480	2014-02-04	06:46	-rw-rw----
memento.db-journal	12824	2014-02-04	06:46	-rw-------
▷ files		2014-02-03	09:14	drwxrwx--x
lib		2014-02-04	03:54	lrwxrwxrwx -> /da
▷ shared_prefs		2014-02-03	11:21	drwxrwx--x

图5-6 SQLite数据库文件

5.4 数据共享（Content Providers）

前面所讲解的文件存储、SharedPreferences 或 SQLite 数据库等，都是在某个应用程序内部进行访问操作。对于外部其他的应用程序，想要访问这些数据，就比较麻烦，不仅需要涉及相应的权限设置，而且还必须知道应用程序中数据存储的细节，而不同应用程序记录数据的方式差别很大，这不利于数据的交换。设想这样一个应用开发场景：如果需要开发一个短信群发的应用，用户需要选择收件人，一个个地将手机号码输入当然可以达到目的，但是比较麻烦，并且很少有人会记住所有联系人的号码。这时候就需要获取手机内置的联系人应用的数据，然后从中选择收件人即可。针对这种情况，Android 提供了 ContentProviders，它是不同应用程序间共享数据的标准 API，统一了数据访问方式。一个程序可以通过实现一个 ContentProviders 的抽象接口将自己的数据完全暴露出去，而且 ContentProviders 是以类似数据库中表的方式将数据暴露出现的，也就是说，对外部应用来说，ContentProviders 就像一个开放的“数据库”，外部应用可以像从数据库中获取数据那样操作其他应用程序的数据。

因此，Content Providers 是所有应用程序之间数据存储和检索的一个桥梁，当数据需要在应用程序之间共享时，就可以利用 Content Providers 为数据定义一个 URI，然后其他应用程序对数据进行查询或者修改时，只需从当前上下文对象获得一个 Content Resolvers 传入相应的 URI 即可。在 Android 中，Conent Providers 是一种特殊的存储数据的类型，它提供了一套标准的接口来获取、操作数据。Android 系统本身也提供了几种常用的 Content Providers，如音频、视频、图像、个人联系信息等。程序通过 Content Providers 访问数据而不需要关心数据具体的存储及访问过程，这样既提高了数据的访问效率，同时也保护了数据。

5.4.1 Content Resolver

在学习 Content Providers 之前我们需要先了解下 Content Resolver。前面提到在 Android 中使用 Content Providers 来将应用程序自己的数据共享给其他应用程序，那么究竟是如何实现数据的共享的呢？

Android 提供了 Content Providers，一个程序可以通过实现一个 Content Providers 的抽象接口将自己的数据完全暴露出去，而且 Content Providers 是以类似数据库中表的方式将数据暴露的。Content Providers 存储和检索数据，通过它可以让所有的应用程序访问到，这也是应用程序之间唯一共享数据的方法。要想使应用程序的数据公开化，可通过两种方法：创建一个属于开发者自己的 Content Providers 或者将自己的数据添加到一个已经存在的 Content Providers 中，前提是有相同数据类型并且有写入 Content Providers 的权限。

如何通过一套标准及统一的接口获取其他应用程序暴露的数据？ Android 提供了 Content Resolvers，外界的程序可以通过 Content Resolvers 接口访问 Content Providers 提供的数据。在学习 Content Resolvers 之前，需要了解一下 URI 的相关知识。

在 Android 中广泛应用的是 URI，而不是 URL。URL 标识资源的物理位置，相当于文件的路径；而 URI 则标识资源的逻辑位置，并不提供资源的具体位置。比如电话簿中的数据，如果用 URL 来标识，可能会是一个很复杂的文件结构，而且一旦文件的存储路径改变，URL 也必须得改动。但是若用 URI，则可以用诸如 content：//contract /people 这样容易记录的逻辑地址来标识，而且并不需要关心文件的具体位置，即使文件位置改动也不需要进行修改，当然这都是对于用户来说的，后台程序中 URI 到具体位置的映射还是需要程序员来改动。

我们先看一个 URI 例子，它的构成如下。

- 标准前缀：即Content Providers的scheme，规定为content://。
- 主机名或authority：用于唯一标识这个Content Providers，第三方应用程序可以根据这个标识来找到它。这个标识在<provider> 元素的 authorities属性中说明。

```
<provider name=".TransportationProvider" authorities="com.hudongzhaopin.
servicsprovider" … >
```

- 路径：用于确定要操作该Content Providers中的什么数据，一个URI中可能不包括路径，也可能包括多个。
- ID：可选项，有则表示操作记录的ID；如果没有ID，就表示返回全部。

由于 URI 通常比较长，而且有时候容易出错，且不好理解。所以，在 Android 中定义了一些辅助类，并且定义了一些常量来代替这些长字符串，例如，People.CONTENT_URI。

在掌握了 URI 的知识后我们来了解 Content Resolvers。Content Resolvers 是通过 URI 来查询 Content Providers 中提供的数据的。除了 URI 以外，还必须知道需要获取的数据段的名称，以及此数据段的数据类型。如果需要获取一个特定的记录，就必须知道当前记录的 ID。应用程序通过一个唯一的 Content Resolvers 接口来使用具体的某个 Content Providers。可以通过 getContentResolver() 方法来取得一个 Content Resolvers 对象，然后可以用 Content Resolvers 提供的方法来操作 Content Providers。

```
ContentResolver cr=getContentResolver();
```

查询初始化时，Android 系统会确定查询目标的 Content Providers，并且确保它处于启动运行状态。系统会把所有 Content Providers 对象实例化。通常，对于每一种类型的 Content Providers 只有一个实例，但是这个实例可以与不同的程序或者进程中的多个 Content Resolvers 对象进行通信。进程间的通信也是由 Content Resolvers 和 Content Providers 类处理的。

Content Resolvers 将采用类似数据库的操作来从 Content Providers 中获取数据。现在简要介绍 Content Resolvers 的主要接口，如表 5-4 所示。

表5-4 Content Resolver主要接口

返 回 值	函数声明及说明
final Uri	insert(Uri uri, ContentValues values) 用来插入数据，最后返回新插入数据的URI。在此方法的实现中，只接受数据集的URI，即指向表的URI。然后利用数据库辅助对象获得的SQLiteDatabase对象，调用insert()方法向指定表中插入数据
final int	delete(Uri uri, String where, String[] selectionArgs) 用于数据的删除操作，返回所影响数据的数目
final Cursor	query(Uri uri, String[] projection, String selection, String[] selectionArgs, String sortOrder) 对数据进行查询的方法，最终将查询的结果封装到一个Cursor对象并返回
final int	update(Uri uri, ContentValues values, String where, String[] selectionArgs) 用于数据的修改操作，返回所影响数据的数目

5.4.2 使用Content Resolver访问共享数据实例

在 Android 系统中，内置了许多系统应用程序，部分应用程序也使用了 Content Providers 向外共享数据，最典型的就是通讯录应用。下面来演示如何通过 Content Resolvers 来访问系统通讯录中的联系人信息，并向其中添加联系人记录。

Android 系统对通讯录 Content Providers 的 Uri 定义如下。

- ContactsContract.Contacts.CONTENT_URI：通讯录的Uri；
- ContactsContract.CommonDatakinds.Phone.CONTENT_URI：通讯录电话的Uri。

有了这些 Uri 后，即可在应用程序中通过 Content Resolver 去操作系统的通讯录联系人数据。程序运行效果如图 5-7 所示，单击“添加”按钮后，将输入的用户名和手机号添加到联系人应用中，单击“显示所有联系人”按钮，能够读取手机通讯录中所有的联系人信息。

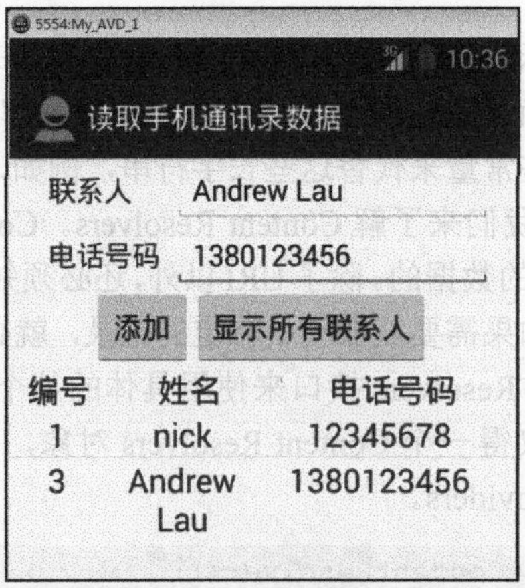

图5-7 添加和读取手机通讯录联系人数据示例程序

界面布局相对简单，在此不再列出，只列出两个按钮的事件处理的关键代码。向通讯录中添加联系人的事件处理代码，由于通讯录中用户名和号码存放于不同的表中，是根据联系人ID 号关联起来的。因此，先向联系人中添加一个空的记录，产生新的 ID 号，然后根据 ID 号分别在两张表中插入相应的数据。具体如代码清单 5-6 所示。

代码清单 5-6：chapter05\example05_04\src\com\sunibyte\example05_04\MainActivity.java

```
public void addPerson() {//添加联系人
String nameStr = name.getText().toString();//获取联系人姓名
String numStr = num.getText().toString();//获取联系人号码
ContentValues values = new ContentValues();//创建一个空的ContentValues
//向RawContacts.CONTENT_URI执行一个空值插入，目的是获取返回的ID号
Uri rawContactUri = resolver.insert(RawContacts.CONTENT_URI, values);
long contactId = ContentUris.parseId(rawContactUri);//得到新联系人的ID号
values.clear();
values.put(Data.RAW_CONTACT_ID, contactId);//设置ID号
values.put(Data.MIMETYPE, StructuredName.CONTENT_ITEM_TYPE);//设置类型
values.put(StructuredName.GIVEN_NAME, nameStr);//设置姓名
resolver.insert(android.provider.ContactsContract.Data.CONTENT_URI,
            values);//向联系人Uri添加联系人名字
values.clear();
values.put(Data.RAW_CONTACT_ID, contactId);//设置ID号
values.put(Data.MIMETYPE, Phone.CONTENT_ITEM_TYPE);//设置类型
values.put(Phone.NUMBER, numStr);//设置号码
values.put(Phone.TYPE, Phone.TYPE_MOBILE);//设置电话类型
resolver.insert(android.provider.ContactsContract.Data.CONTENT_URI,
            values);//向联系人电话号码Uri添加电话号码
Toast.makeText(MainActivity.this, "联系人数据添加成功！", 1000).show();
}
```

获取通讯录中所有联系人的姓名和手机号时，首先查询出所有的联系人姓名及其 ID 号，然后根据 ID 号查询电话号码表中的号码，再将每个人的信息放在同一个 map 对象中，最后将这个 map 对象添加到列表中，作为结果返回。程序得到列表后将其与 List View 控件相关联，从而将数据按格式显示在界面上。关键代码如下。

```
public ArrayList<Map<String, String>> queryPerson() {
      ArrayList<Map<String, String>> detail = new ArrayList<Map<String,
String>>();
//查询通讯录中所有联系人
Cursor cursor = resolver.query(ContactsContract.Contacts.CONTENT_URI,
            null, null, null, null);
while (cursor.moveToNext()) {     //循环遍历每一个联系人
      Map<String, String> person = new HashMap<String, String>();
      String personId = cursor.getString(cursor  //获取联系人ID
                  .getColumnIndex(ContactsContract.Contacts._ID));
      String name = cursor.getString(cursor       //获取联系人姓名
.getColumnIndex(ContactsContract.Contacts.DISPLAY_NAME));
      person.put("id", personId);       //将联系人ID存入map对象
      person.put("name", name);         //将联系人姓名存入map对象
      Cursor nums = resolver.query(
            ContactsContract.CommonDataKinds.Phone.CONTENT_URI, null,
                  ContactsContract.CommonDataKinds.Phone.CONTACT_ID +
"="
```

```
                        + personId, null, null); //根据ID号查询电话号码
        if(nums.moveToNext()){
                String num = nums.getString(nums
.getColumnIndex(ContactsContract.CommonDataKinds.Phone.NUMBER));
                person.put("num",num);  //将电话号码存入map对象
        }
        nums.close();//关闭资源
        detail.add(person);
    }
    cursor.close();         //关闭资源
    return detail;          //返回结果列表
    }
```

此外，程序需要添加、读取系统通讯录信息，因此需要在 AndroidManifest.xml 中为该应用程序授权，代码如下。

```
<uses-permission android:name="android.permission.READ_CONTACTS"/>
<uses-permission android:name="android.permission.WRITE_CONTACTS"/>
```

5.4.3 创建Content Providers共享数据

前面学习了如何使用 Content Resolver 访问外部应用使用 Content Providers 共享的数据。现在来学习如何创建自己的 Content Providers，将自己的应用程序数据通过 Content Providers 共享给其他应用程序。需要完成两个步骤：① 开发自己的 Content Providers 子类，实现数据的增加、删除、查询和修改等方法；② 在 AndroidManifest.xml 文件中注册该 Content Providers。

下面，以前面 5.3 节介绍的时间管理示例程序为例，来创建 Content Providers，使得其他应用程序可以访问和修改时间管理应用程序的数据。

首先定义一个常量类 Mementos，把该时间管理应用程序的相关信息及 Uri 通过常量的形式进行公开，向其他应用程序提供访问该 Content Providers 的一些常用接口，具体如代码清单 5-7 所示。

代码清单 5-7：chapter05\example05_05\src\com\sunibyte\example05_05\Mementos.java

```
public class Mementos {
public static final String AUTHORITY = "com.sunibyte.providers.memento";

public static final class Memento implements BaseColumns {
public static final String _ID = "_id";//memento_tb表中_id字段
public static final String SUBJECT = "subject";//memento_tb表中subject字段
public static final String BODY = "body";//memento_tb表中bodyt字段
public static final String PRIORITY = "priority";//memento_tb表中priority字段
        //提供操作mementos集合URI,需要注意这个地址必须是唯一的
    public static final Uri MEMENTOS_CONTENT_URI= Uri.parse("content://"
                + AUTHORITY + "/mementos");
//提供操作单个mementoURI,需要注意这个地址必须是唯一的
    public static final Uri MEMENTO_CONTENT_URI= Uri.parse("content://"
```

```
                + AUTHORITY + "/memento");
    }
}
```

⚠注意：若使用Android数据库，必须定义一个名为_id的列，用来作为主键，模式为INTEGER PRIMARY KEY AUTOINCREMENT自动更新。

接下来，需要为该应用创建一个自己的Content Providers类，重写基类的抽象方法，具体如代码清单5-8所示。

代码清单5-8：chapter05\example05_05\src\com\sunibyte\example05_05\MementoProvider.java

```
public class MementoProvider extends ContentProvider {
    private static UriMatcher matcher = new UriMatcher(UriMatcher.NO_
MATCH);
    private static final int MEMENTOS = 1;//定义两个常量，用于匹配URI的返回值
    private static final int MEMENTO = 2;
    MyDatabaseHelper dbHelper;
    SQLiteDatabase  db;
    static {//添加URI匹配规则,用于判断URI的类型
    matcher.addURI(Mementos.AUTHORITY, "mementos", MEMENTOS);
    matcher.addURI(Mementos.AUTHORITY, "memento/#", MEMENTO);
    }
    public boolean onCreate() {
    dbHelper = new MyDatabaseHelper(getContext(), "memento.db", null,1);
    //创建数据库工具类,并获取数据库实例
    db = dbHelper.getReadableDatabase();
    return true;
    }
    public Uri insert(Uri uri, ContentValues values) {//添加记录
    long rowID = db.insert("memento_tb", Mementos.Memento._ID, values);
    if (rowID > 0) {//如果添加成功，则通知数据库记录发生更新
            Uri mementoUri = ContentUris.withAppendedId(uri, rowID);
            getContext().getContentResolver().notifyChange(mementoUri, null);
            return mementoUri;
    }
    return null;
    }
    public int delete(Uri uri, String selection, String[] selectionArgs) {
    int num = 0;//删除记录，用于记录删除的记录数
    switch (matcher.match(uri)) {
    case MEMENTOS://删除多条记录
            num = db.delete("memento_tb", selection, selectionArgs);
            break;
    case MEMENTO://删除指定ID对应的记录
```

```
            long id = ContentUris.parseId(uri);//获取ID
            String where = Mementos.Memento._ID + "=" + id;//ID字段需符合的条件
            if (selection != null && !"".equals(selection)) {
                  where = where + " and " + selection;//拼接条件语句
            }
            num = db.delete("memento_tb", where, selectionArgs);
            break;
      default:
            throw new IllegalArgumentException("未知Uri: " + uri);
      }
      getContext().getContentResolver().notifyChange(uri, null);//通知变化
      return num;
      }
      public int update(Uri uri, ContentValues values, String selection,
            String[] selectionArgs) {//更新记录
      int num = 0;
      switch (matcher.match(uri)) {
      case MEMENTOS:
            num = db.update("memento_tb", values, selection, selectionArgs);
            break;
      case MEMENTO:
            long id = ContentUris.parseId(uri);
            String where = Mementos.Memento._ID + "=" + id;
            if (selection != null && !"".equals(selection)) {
                  where = where + " and " + selection;
            }
            num = db.update("memento_tb", values, where, selectionArgs);
            break;
      default:
            throw new IllegalArgumentException("未知Uri: " + uri);
      }
      getContext().getContentResolver().notifyChange(uri, null);
      return num;
      }

      public Cursor query(Uri uri, String[] projection, String selection,
            String[] selectionArgs, String sortOrder) {
      switch (matcher.match(uri)) {
      case MEMENTOS:
            return db.query("memento_tb", projection, selection,
selectionArgs,
                        null, null, sortOrder);
      case MEMENTO:
            long id = ContentUris.parseId(uri);
            String where = Mementos.Memento._ID + "=" + id;
```

```
            if (selection != null && !"".equals(selection)) {
                    where = where + " and " + selection;
            }
            return db.query("memento_tb", projection, where, selectionArgs,
                    null, null, sortOrder);
    default:
            throw new IllegalArgumentException("未知Uri: " + uri);
    }
    }

    public String getType(Uri uri) {
    switch (matcher.match(uri)) {
    case MEMENTOS:
            return "vnd.android.cursor.dir/mementos";
    case MEMENTO:
            return "vnd.android.cursor.item/memento";
    default:
            throw new IllegalArgumentException("未知Uri: " + uri);
    }
    }
}
```

下面需要在 AndroidManifest.xml 文件中注册 Content Providers，具体如代码清单 5-9 所示。

代码清单 5-9：chapter05\example05_05\AndroidManifest.xml

```
<manifest ……>
    <application……>
        <activity
……
        </activity>
        <provider android:name="com.sunibyte.example05_05.MementoProvider"
            android:authorities="com.sunibyte.providers.memento">
        </provider>
</application>
</manifest>
```

至此，完成了 Content Providers 的开发，其他的应用程序可以通过 Content Resolver 来访问。可以按照 5.5.2 节中的讲解创建一个 Resolver 程序来访问。在这个 Resolver 程序中，并不需要创建自己的数据库，而是访问 Memento Providers 所共享的数据，单击添加记录和查询按钮事件处理的关键代码如清单 5-10 所示。

代码清单 5-10：chapter05\example05_06\src\com\sunibyte\example05_06\MainActivity.java

```
    //单击添加记录按钮的事件处理
    add.setOnClickListener(new OnClickListener() {
            public void onClick(View v) {
                ContentValues values = new ContentValues();
```

```
                values.put(Mementos.Memento.SUBJECT, subject.getText()
                                .toString());
                values.put(Mementos.Memento.BODY, body.getText().toString());
                values.put(Mementos.Memento.PRIORITY, Integer.
toString(priority));
        //通过Resolver的insert()方法将记录添加
                contentResolver.
 insert(Mementos.Memento.MEMENTOS_CONTENT_URI, values);
                Toast.makeText(MainActivity.this, "添加成功！", Toast.LENGTH_
LONG).show();
            }
        });
        //单击查询按钮的事件处理
        query.setOnClickListener(new OnClickListener() {
            @SuppressWarnings("deprecation")
            public void onClick(View v) {
                Cursor cursor = contentResolver.query(
                    Mementos.Memento.MEMENTOS_CONTENT_URI, null, null,
                null, null);
                System.out.println(cursor);
    //将结果集通过resul.xml定义的TextView进行显示
                SimpleCursorAdapter resultAdapter = new
    SimpleCursorAdapter(
                            MainActivity.this, R.layout.result, cursor,
                    new String[] { Mementos.Memento.PRIORITY,
                                    Mementos.Memento.SUBJECT,
                                    Mementos.Memento.BODY },
                            new int[] { R.id.memento_priority, R.id.
memento_subject,R.id.memento_body});
                result.setAdapter(resultAdapter);
            }
        });
```

5.5 扩展学习：网络存储

上面介绍的数据存储方法主要是基于本地终端设备进行存储的，也就是说，数据文件保存在本地。这有两个问题，一方面，如果用户更换终端设备，其个性化数据将会丢失。另外一方面，对于手机等移动设备来说，相对于网络上可以访问的资源，移动设备的存储量是非常有限的。因此，通过网络远程访问和存储数据资源就显得尤为重要。实现一个商用级别的网络远程数据存储的 APP 是具有挑战性的，可能需要考虑诸如服务器的部署、服务端身份验证、客户端身份验证、数据共享模块、远程服务调用接口规范，以及更新通知服务等许多技术。

Android 平台为网络访问和存储提供了大量的便利工具。一方面，继承了大量传统 Java

在网络访问方面的接口。目前，Android 有 3 种网络接口可以使用，分别为 java.net.*、org.apache.* 和 android.net.*。在第 6 章中，将重点介绍此内容。

另一方面，Google 也为网络云存储和云服务提供了整套的解决方案，包括 Android 的数据备份服务（Backup Service）、云消息（Google Cloud Messaging）架构等。对此感兴趣的读者，可参考下列资源。

- Android SDK – Training - Syncing to the Cloud（同步到云端）
- Android SDK – API Guide - Data Backup（数据备份）
- Android SDK – Google Play Distribution - Android Backup Service
- Android SDK – Google Services - Google Cloud Messaging（GMC）
- 云端存储示范开源项目Cloud Tasks App（http://code.google.com/p/cloud-tasks-io/source/browse/）
- 优酷视频：App Engine - A Developers Dream Combination

在第 6 章中将讲解如何在 Android 平台上进行基础的网络编程。

本章小结

本章主要讲解了在 Android 中数据存储的几种方式，分别为：文件存储、Shared Preferences、SQLite、Content Providers 及网络存储。随后通过介绍 Content Providers 来实现不同应用程序之间数据的访问和共享。在本章中每节都通过一个具体的实例来进行讲解。数据存储是每个应用程序的基本需求，所以掌握好数据存储的内容可为读者以后进行 Android 开发打下坚实基础。

课后习题

（1）在写入文件时，只有（　）操作模式可以将内容追加到文件末尾。

A.MODE_APPEND　　B.MODE_PRIVATE

C.MODE_WORLD_READABLE　　D.MODE_WORLD_WRITEABLE

（2）Content Providers 的功能是为外部应用程序共享数据，其他应用程序可以通过（　）来操作 Content Providers 暴露的数据。

A.Uri　　B.Content Provider　　C.Content Resolver　　D.URL

（3）SharedPreferences 数据以（　）格式保存在 Android 设备上。

A.ini　　B.xml　　C. 用户自定义　　D.txt

（4）在创建 SQLite 数据库和利用 Content Providers 共享数据时，应该将数据库表中的主键列命名为（　）。

A._id　　B.id　　C.key　　D.name

（5）简述 URI 与 URL 的区别。

（6）简述 Content Providers 和 Content Resolvers 的作用。

（7）Android 中数据存储主要有哪几种方式？分别阐述它们的特点和应用场景。

课后拓展实践

（1）改写文件存储的示例程序，实现对 SD 卡的存取操作。

（2）扩展和完善 Shared Preferences 的示例程序 example05_02，使用数据摘要加密算法（MD5 或 SHA-1）将用户密码进行加密存储，通过比较匹配加密的用户密码来验证用户身份，实现一个实用的用户登录系统。

第6章 Android游戏开发之网络编程

本章目标

- 熟练掌握通过HTTP协议获取网络资源的方法
- 熟练使用Socket进行客户端和服务器交互编程
- 掌握基于Wi-Fi和蓝牙技术的无线技术编程

项目实操

- 通过HttpClient访问一个国内航班查询Web服务
- 使用Socket实现服务器与客户端的一对多交互
- Wi-Fi设备通信的编程示例
- 蓝牙设备通信的编程示例

当今正处于移动互联网飞速发展的时代。随着无线通信网络技术的不断发展，个人移动终端设备不断普及，相应的移动应用程序也得到了充分的发展。从1995年的第一代（1G）模拟制式手机只能进行语音通话；到1996～1997年的第二代（2G）GSM、CDMA等数字制式手机能够进行简单的数据传输功能，如电子邮件等功能；再到2009年的3G网络的普及，以及刚刚到来的4G网络，网速的不断提高及移动终端性能的不断提升，为移动软件的发展提供了越来越大的空间，越来越多优秀的移动应用程序诞生，比如移动云储存、手机网游等。丰富的移动互联网应用程序给人们带来了全新的生活体验。

移动设备的硬件配置（如计算能力、存储能力等）都比较有限，因此，在开发Android应用程序时，具体的数据处理尽量交给网络服务器来进行，而它主要的优势在于携带方便，可随时随地地访问网络、获取数据。因此，移动终端能够借助网络进行交互是非常重要的。

Android完全支持JDK本身的TCP、UDP网络通信，也支持JDK提供的URL、URLConnection等通信API。除此之外，Android还内置了HttpClient，可方便地发送HTTP请求，获取HTTP响应。

本章将学习如何通过Android内置的HttpClient与网络服务器进行交互，也将介绍Socket网络编程及Wi-Fi和蓝牙无线通信的编程基础。

6.1 HTTP协议通信

HTTP（Hyper Text Transfer Protocol，超文本传输协议）用于传送WWW方式的数据。HTTP协议采用了请求/响应模型。客户端向服务器发送一个请求，请求头包含了请求的方法、URI、协议版本、请求修饰符、客户信息和内容的消息结构。服务器以一个状态行作为响应，响应的内容包括消息协议的版本、成功或错误编码，还包括服务器信息、实体元信息及可能的实体内容。服务器响应完客户端之后，就不会再记得客户端的一切，更不会去维护客户端的状态，因此HTTP又称为无状态的通信协议。要保持客户端程序的在线状态，需要不断地向服务器发起连接请求。通常的做法是即使不需要获得任何数据，客户端也保持每隔一段固定的时间向服务器发送一次“保持连接”的请求，服务器在收到该请求后对客户端进行回复，表明知道客户端“在线”。若服务器长时间无法收到客户端的请求，则认为客户端“下线”；若客户端长时间无法收到服务器的回复，则认为网络已经断开。

HTTP协议的主要特点如下：

- 支持客户/服务器模式。通信的双方不是对等的关系。
- 简单快速：客户向服务器请求服务时，只需传送请求方法和路径。请求方法常用的有GET、HEAD、POST。每种方法规定了客户与服务器联系的不同类型。由于HTTP协议简单，使得HTTP服务器的程序规模小，因而通信速度很快。
- 灵活：HTTP允许传输任意类型的数据对象。传输的类型由Content-Type加以标记。
- 非持续连接：限制每次连接只处理一个请求，服务器处理完客户的请求，并收到客户的应答后，即断开连接。采用这种方式可以节省传输时间。
- 无状态：HTTP协议是无状态协议。无状态是指协议对于事务处理没有记忆能力。缺少状态意味着如果后续处理需要前面的信息，则它必须重传。

HTTP协议共定义了8种方法来表明客户端请求所指定资源的不同操作方式，包括OPTIONS、HEAD、GET、POST、PUT、DELETE、TRACE、CONNECT。其中最常用的就是GET和POST方法，它们的区别如表6-1所示。

表6-1 GET和POST方法的区别

	GET	POST
目的和作用	从服务器获得数据	向服务器上传数据
传递数据的方式	将传递的数据按照“键=值”的形式添加到URL的后面，并且两者使用"?"连接，而多个变量之间使用“&”连接	将传递的数据放在请求的数据体（Body）中，不会在URL中显示
安全性	不安全，因为在传输过程，数据被放在请求的URL中，可以在浏览器上直接看到提交的明文数据	所有操作对用户来说都是不可见的，安全性较高
数据传输量	传输的数据量小，这主要是因为受URL长度限制	可以传输大量的数据，所以在上传文件只能使用POST

6.1.1 Apache HttpClient

Android 内置了 HttpClient，可以很方便地发送 HTTP 请求，获取 HTTP 响应。通过内置的 HttpClient，Android 简化了与网站之间的交互过程。要注意的是，这里的 Apache HttpClient 模块是 org.apache.http.*，而不是 Jakarta Commons 的 org.apache.commons.httpclient.*。

HttpClient 是 Apache 开源组织提供的一个项目，它是一个简单的 HTTP 客户端。Android 平台集成了 HttpClient，并对它进行了一些封装和扩展，如设置默认的 HTTP 超时和缓存大小等，因此开发人员可以直接在 Android 中使用 HttpClient 来提交请求、接收响应。

HttpClient 开发过程中所涉及的类主要包含如下几个：

- HttpClient：是HTTP客户端的接口，该接口封装了执行HTTP请求所需要的各种对象，这些对象可以处理cookie、授权、连接管理及其他一些特性。
- HttpClient的线程安全依赖于具体的客户端的实现和配置。该接口中包含多种execute()方法，用于执行具体的请求，通常通过Default HttpClient子类来创建该接口的对象。
- HttpGet：该类采用GET方式发送HTTP请求，通常将请求的URL作为参数传给该类的构造方法。
- HttpPost：该类采用POST方式发送HTTP请求，通常将请求的URL作为参数传给该类的构造方法。
- HttpResponse：该接口封装了HTTP的响应信息，通过调用相应方法可以获取HTTP响应信息，如获取响应状态、响应内容等。
- HttpEntity：HTTP信息封装类，通过该类可以获取HTTP请求或响应的内容、长度、类型、编码方式等信息。HttpEntity对象可以通过HTTP消息发送和接收，既可以存在于请求消息中，也可以存在于响应消息中。

通常采用 GET 和 POST 两种方式来发送请求，而 GET 和 POST 发送请求各有优缺点，需要根据具体的情境进行选择；而两者的操作模式又有所不同，因此，在通过 HttpClient 与服务器端交互时，需要针对这两种情况单独进行处理。

无论是使用 HttpGet，还是使用 HttpPost，都必须通过以下三步来访问 HTTP 资源。

① 创建 HttpGet 或 HttpPost 对象，将要请求的 URL 通过构造方法传入 HttpGet 或 HttpPost 对象。

② 使用 Default HttpClient 类的 execute 方法发送 HttpGET 或 HttpPost 请求，并返回 HttpResponse 对象。

③ 通过 HttpResponse 接口的 getEntity 方法返回响应信息，并进行相应的处理。

⚠注意：如果使用HttpPost方法提交HttpPost请求，还需要使用HttpPost类的setEntity方法设置请求参数。

6.1.2 访问Web服务示例

下面以一个使用 HttpPost 来获取国内飞机航班时刻表的网络 Web 服务程序为例，讲解如何访问网络数据。

该 Web 服根据程序输入的出发城市和到达城市等信息，就可以返回飞机航班、出发机场、到达机场、出发和到达时间、飞行周期、航空公司、机型等信息。

以 HTTP POST 方式发送请求到 webservice.webxml.com.cn 站点，扩展应用可参阅其 WSDL 文档了解更多信息。该 Web 服务的基本使用情况如下。

① Web 服务的网址：

http://webservice.webxml.com.cn/webservices/DomesticAirline.asmx/getDomesticAirlinesTime

② 输入（参数）：

startCity = 出发城市（中文城市名称或缩写，空则默认上海）；

lastCity = 抵达城市（中文城市名称或缩写，空则默认北京）；

theDate = 出发日期（String 格式：yyyy-MM-dd，如 2007-07-02，空则默认当天）；

userID = 商业用户 ID（免费用户不需要）。

③ 输出（XML 格式数据 DataSet）：

返回获得航班时刻表，其 Table 的结构为 Item(Company) 航空公司、Item(AirlineCode) 航班号、Item(StartDrome) 出发机场、Item(ArriveDrome) 到达机场、Item(StartTime) 出发时间、Item(ArriveTime) 到达时间、Item(Mode) 机型、Item(AirlineStop) 经停、Item(Week) 飞行周期（星期）。

获取网络服务 Demo 程序界面如图 6-1 所示。

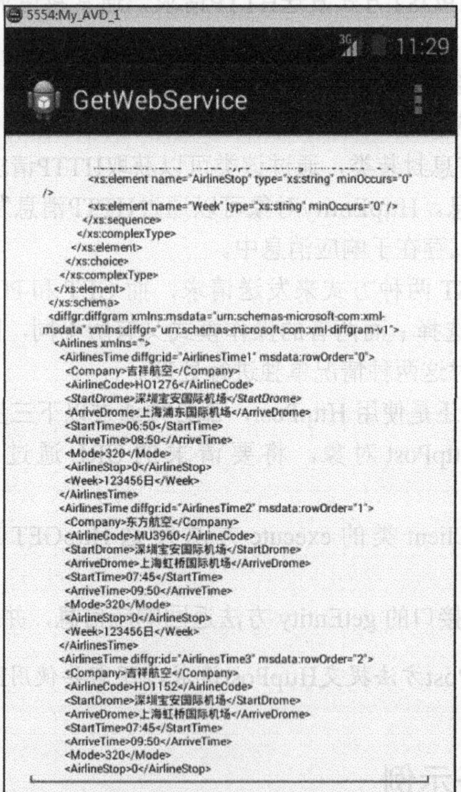

图6-1 获取网络服务Demo程序界面

下面来开发从这个 Web 服务获取航班信息的 Demo 程序，程序源代码项目位于资源中 chapter06\example06_01。首先，需要在 AndroidManifest.xml 文件中注册访问网络的权限：

```
<!— Internet Permissions -->
```

```
<uses-permission android:name="android.permission.INTERNET" />
```

然后，在 activity_main.xml 文件的程序界面布局中定义一个 EditText 控件（ID 为 editText1），在此不再赘述。

最后，编写代码，以 HTTP POST 的方式发送请求。具体如代码清单 6-1 所示。

代码清单 6-1：chapter06\Example06_01\src\com\sunibyte\example06_01\MainActivity.java

```
public class MainActivity extends Activity {

    private static final String SERVER_URL = "http://webservice.webxml.com.
cn/webservices/DomesticAirline.asmx/getDomesticAirlinesTime";
//定义需要获取的内容来源地址
    public EditText txt;
    private String result;  //反馈结果字符串
    private Handler myHander;
    @Override
    protected void onCreate(Bundle savedInstanceState) {
    super.onCreate(savedInstanceState);
    setContentView(R.layout.activity_main);     //设置界面布局
        txt=(EditText)findViewById(R.id.editText1);//获得EditText控件
        //主界面Handler负责更新界面EditText控件的显示
    myHander = new Handler() {
            public void handleMessage(Message msg) {
                    if (msg.what == 0x1122)
                    txt.setText(result);//在EditText控件中显示Web服务反馈的信息
            }
    };
            //创建子线程，进行网络访问操作
    new Thread() {
    public void run() {
    HttpPost request = new HttpPost(SERVER_URL);
        //根据内容来源地址创建一个Http请求
                    //添加一个变量
            List<NameValuePair> params = new ArrayList<NameValuePair>();
                    //设置参数
//添加出发城市参数
                    params.add(new BasicNameValuePair("startCity", "深圳"));
//添加到达城市参数
                    params.add(new BasicNameValuePair("lastCity", "大理"));
//添加航班日期参数，空为当天
                    params.add(new BasicNameValuePair("theDate", ""));
                     //添加用户参数，可为空
                    params.add(new BasicNameValuePair("userID", ""));
                    try {
                            request.setEntity(new UrlEncodedFormEntity(params,
                                        HTTP.UTF_8));//设置参数的编码
```

```
                    HttpResponse httpResponse = new DefaultHttpClient()
                            .execute(request); //发送请求并获取反馈
                    //解析返回的内容
                if (httpResponse.getStatusLine().getStatusCode() != 404) {
                        result = EntityUtils.toString(httpResponse
                                .getEntity());
                        Log.d("*myLogInfo*", result);
                    //发送Handler信息，更新主线程界面显示
                        myHander.sendEmptyMessage(0x1122);
                    }
                } catch (Exception e) {
                    Log.e("*error*", e.getMessage());
                }
            }
        }.start();
    }
  ……
}
```

⚠注意：Android网络开发需要注意如下两个问题。
（1）Android平台基于提高用户体验的考虑，从Android 2.3版本开始，禁止在应用程序主线程中直接进行网络访问、磁盘操作等容易造成主线程阻塞的操作。因此，在上面的程序中，使用了子线程来处理网络操作（也可以使用异步线程AsyncTask技术）。
（2）上述代码中，当子线程访问Web服务获得数据后，需要在主界面的EditText控件中显示这些数据。这里采用了Handler技术，在子线程获得数据后就向主程序界面发送消息，通知主界面线程进行数据显示。

从远端 Web 服务获取了当天从深圳到大理的航班信息，返回 xml 文件信息如下：

```
<?xml version="1.0" encoding="utf-8"?>
<DataSet xmlns="http://WebXml.com.cn/">
   <xs:schema id="Airlines" xmlns="" xmlns:xs="http://www.w3.org/2001/
XMLSchema" xmlns:msdata="urn:schemas-microsoft-com:xml-msdata">
  ……
  </xs:schema>
  <diffgr:diffgram…>
    <Airlines xmlns="">
      <AirlinesTime diffgr:id="AirlinesTime1" msdata:rowOrder="0">
        <Company>东方航空</Company>
        <AirlineCode>MU5762</AirlineCode>
        <StartDrome>深圳宝安国际机场</StartDrome>
        <ArriveDrome>大理市大理机场</ArriveDrome>
        <StartTime>12:10</StartTime>
        <ArriveTime>17:20</ArriveTime>
        <Mode>JET</Mode>
        <AirlineStop>0</AirlineStop>
        <Week>135日</Week>
      </AirlinesTime>
```

```
        </Airlines>
      </diffgr:diffgram>
    </DataSet>
```

当然，这个例子只是演示了如何在 Android 中通过网络远程获取 Web 服务数据，对数据没有进行后续的处理。

6.1.3 权限验证

在基于网络开发时，有时会遇到这样的场景：在一个需要验证用户身份进行访问控制的系统中，用户需要使用账号和密码进行登录，身份验证成功后，才可以访问授权的页面。否则，非授权用户就有可能直接通过输入页面的 URL 地址来访问。如何解决这个问题呢？

首先需要明确的是，权限验证不同于一般的参数传递，不能通过参数传递的方法（特别不能使用明文传递参数的 HTTP GET 方式）。这里给出权限验证的方法：

```
    DefaultHttpClient client = new DefaultHttpClient();
client.getCredentialsProvider().setCredentials(AuthScope.ANY,
new UsernamePasswordCredentials("admin", "password"));
```

通过上述方法，把账号和密码传递给服务器进行验证，通过验证后即可成功连接。当然，密码的传输与存储最好使用 MD5、SHA 等摘要算法进行加密。

6.1.4 HttpURL Connection接口

除了使用前面介绍的 HttpClient 来访问网络资源外，还可以通过 JDK 的 URL 和 HttpURL Connection 类来访问网络资源。URL 用于指定网络上某一资源，该资源既可以是简单的文件或目录，也可以是对复杂对象的引用。通常一个 URL 由协议名、主机、端口和资源组成，格式如下：

```
protocol://host:port/resourceName
```

例如，http://www.xuefen.org/index.html

在 JDK 中的 URL 类提供了获取协议、主机名、端口号、资源名等方法，详细描述可查阅 API。其标准的格式如下：

```
    URL url = new URL("http://www.xuefen.org");
    HttpURLConnection conn = (HttpURLConnection)url.openConnection();
    int response = conn.getResponseCode();
    if(200 == response){
    //TODO: 从URL成功获得数据
    }
    else{
    //TODO: URL链接失败的处理（如出现404网页错误）
}
```

在上述方法中，如果所连接的网址不存在，会报出 Unknown Host Exception 异常，因此，需要使用 try-catch 来捕捉。另外，和前面访问 Web 服务的例子一样，也需要考虑使用子线程和 Handler 技术来实现一个实用的应用程序。

提示：如果只是想简单地解析HTML代码，可以使用Android的WebView控件来显示网页，然后使用WebView实例的load(String url)方法，即可直接载入HTML页面。

6.2 套接字（Socket）

前面学习了HTTP通信的基本知识，下面就来学习另外一种通信机制——Socket通信。在讲解Socket通信前先了解一下Socket通信的应用场景。在前面HTTP协议的讲解中，我们知道在HTTP通信中客户端发送的每次请求都需要服务器来响应，在请求结束后会主动释放连接。从连接的建立到关闭连接的这个过程称为“一次连接”。当需要保持客户端在线的状态时，就需要不停地向服务器端发送连接请求。若服务器长时间没有收到客户端的请求，则认为客户端已经下线，若客户端长时间无法收到服务器的回复，则认为网络已经断开。在大多数情况下，服务器需要主动向客户端发送数据，保持客户端与服务器数据的同步，若通过HTTP建立连接，则服务器需要等到客户端发送一次请求后才能将数据回复给客户端，因此客户端定时向服务器发送连接请求，不仅可以保持在线，同时也是在“询问”服务器是否有新的数据，如果有新数据就传送给客户端。但是当需要多人同时在线联网时，HTTP连接就不能很好地满足用户的需要，这时就需要Socket通信来解决。

Socket通常也称作“套接字”，应用程序通常通过“套接字”向网络发出请求或者应答网络请求，用于描述IP地址和端口，是一个通信链的句柄。常用的Socket有两种类型，分别是流式Socket（SOCK_STREAM）和数据报式Socket（SOCK_DGRAM）。流式是一种面向连接的Socket，针对于面向连接的TCP服务应用；数据报式Socket是一种无连接的Socket，对应于无连接的UDP服务应用。

Socket通信的原理比较简单，大致分为服务器端步骤和客户端步骤：

（1）服务器端步骤

① 建立服务器端的Socket，开始侦听整个网络的连接请求。

② 当检测到来自客户端的请求时，向客户端发送收到连接请求的信息，并与之建立连接。

③ 当通信完成后，服务器关闭与客户端的Socket连接。

（2）客户端步骤

① 建立客户端的Socket，确定要连接的服务器的主机名和端口。

② 发送连接请求到服务器，并等待服务器的回馈信息。

③ 建立连接后，与服务器开始进行数据传输与交互。

④ 数据处理完毕后，关闭自身的Socket连接。

Java中，在包java.net中提供了Socket和ServerSocket两个类。ServerSocket用于服务器端，Socket是建立网络连接时使用的。在连接成功时，应用程序两端都会产生一个Socket实例，操作这个实例，就可以完成所需的会话。对于一个网络连接来说，套接字是平等的，并没有差别，不因为在服务器端或在客户端而产生不同级别（这不同于HTTP协议的客户端/服务器端的请求/响应模式）。不管是Socket还是ServerSocket，它们的工作都是通过SocketImpl类及其子类完成的。Socket的构造方法如下：

- Socket(InetAddress address, int port);

- Socket(InetAddress address，int port，boolean stream)；
- Socket(String host，int port)；
- Socket(String host，int port，boolean stream)；
- Socket(SocketImpl impl)；
- Socket(String host，int port，InetAddress localAddr，int localPort)；
- Socket(InetAddress address，int port，InetAddress localAddr，int localport)；
- ServerSocket(int port)；
- ServerSocket(int port，int backlog)；
- ServerSocket(int port，int backlog，InetAddress bindAddr)；

其中，address、host 和 post 分别是双向连接中另一方的 IP 地址、主机号和端口号；stream 指明 Socket 是流 Socket 还是数据报 Socket；localPort 表示本地主机的端口号；loalAddr 和 bindAddr 是本机器的地址；impl 是 Socket 的父类，既可以用来创建 ServerSocket，又可以用来创建 Socket。

常用的方法如下：

- accept()方法用于产生“阻塞”，直到接收到一个连接，并且返回一个客户端的Socket对象实例。“阻塞”是一个术语，它使程序运行暂时“停留”在这个地方，直到一个会话产生，然后程序继续；通常“阻塞”是由循环产生的。
- getInputStream()方法获得网络连接输入，同时返回一个Input Stream对象实例。
- getOutputStream()方法连接的另一端将得到输入，同时返回一个Output Stream对象实例。

⚠注意：其中getInputStream()和getOutputStream()方法均会产生一个IOException，它必须被捕获，因为它们返回的流对象，通常都会被另一个流对象使用。

最后，在每一个 Socket 对象使用完毕时，要使其关闭，使用 Socket 对象的 close() 方法，在关闭 Socket 之前，应将与 Socket 相关的所有输入流和输出流关闭，以释放所有资源。先关闭输入流和输出流，再关闭 Socket。

（1）简易 Socket 通信

在 Android 中可以使用 Java 标准 API 来开发应用，在实现服务器与客户端通信的应用中，服务器可以使用 Java 工程来实现，需要在本地配置服务器，如使用 Tomcat 应用服务器。客户端就用 Android 工程来实现。本书资源中 chapter06\example06_02 给出了基于 Socket 通信的服务器端和客户端的示范程序。

在简易 Socket 通信中，客户端发送信息给服务器，然后从服务器接收到反馈信息后，客户端和服务器的连接就会中断，即只能交互一次。

（2）高级 Socket 通信

在 Socket 简易通信中，通信一次后就立即断开了，这可能不是用户希望的效果。用户需要修改服务器端代码，实现由客户端来决定是否断开连接。另外，高级 Socket 通信可以使服务器能同时与多个客户端相互连接，实现了服务器与客户端的一对多交互。本书资源中 chapter06\example06_03 给出了基于 Socket 通信的服务器端和客户端的示范程序。高级和简易 Socket 通信的区别主要在于服务器端程序的不同，它们的客户端程序是相同的。

6.3 Wi-Fi无线通信

Wi-Fi 原先是无线保真的缩写，Wi-Fi 的英文全称为 Wireless Fidelity，是一种无线联网的技术，以前通过网线连接电脑，而现在则是通过无线电波来联网；典型的应用就是无线路由器，在这个无线路由器电波覆盖的有效范围内都可以采用 Wi-Fi 连接方式进行联网。如果无线路由器联接了互联网，则又被称为“热点”，Wi-Fi 设备可以在 Wi-Fi 覆盖的区域内快速浏览网页。

Android 平台提供了 android.net.Wifi 包进行 Wi-Fi 操作。下面介绍常用的 4 个类：ScanResult、WifiiConfiguration、WifiiInfo、WifiManager。

（1）ScanResult：主要作用是扫描周边的 Wi-Fi 设备信息。可以搜索出接入点名字、接入点信息的强弱、还有接入点使用的安全模式。其中，BSSID 是接入点的地址，主要是指无线局域网设备相连接所获取的地址，比如两台计算机通过无线网卡进行连接，双方的无线网卡分配的地址。SSID 为网络的名称，是区分每个网络接入点的唯一名称。Capabilities 为网络接入的性能，这里主要是来判断网络的加密方式等。Frequency 是每一个频道交互的频率（单位是 MHz）。Level 是等级，主要来判断网络连接的优先数。

（2）WifiConfiguration：在连接一个 Wi-Fi 接入点时，需要获取的一些配置信息（包括安全配置）。

（3）WifiInfo：连通 Wi-Fi 设备以后，可以通过这个类获取当前链接的信息，如获取 BSSID、SSID、IP 地址、连接的速度等。

（4）WifiManager：用来管理 Wi-Fi 连接。包括创建连接、断开连接、获取网络连接的状态等等。Wi-FiManager 提供了一个内部的子类 WifiManagerLock。在普通的状态下，如果 Wi-Fi 的状态处于闲置，那么网络就会中断。WifiManagerLock 的作用就是把当前的网络状态锁上，那么 Wi-Fi 会保持在连通状态，当然解除锁定之后，就会恢复常态。下面通过一个具体的实例来学习 Wi-Fi 的应用。在这个实例中通过 Wi-Fi 来搜索附近的 Wi-Fi 可用热点。由于模拟器中不支持 Wi-Fi，所以程序的运行需要通过真机来进行测试。

首先，调用 Wi-Fi 操作需要在 AndroidMainfest.xml 中添加相应的权限：

```
<!—修改网络状态的权限-->
<uses-permission android:name="android.permission.CHANGE_NETWORK_STATE" />
<!—修改WIFI状态的权限-->
<uses-permission android:name="android.permission.CHANGE_WIFI_STATE" />
<!—访问网络权限-->
<uses-permission android:name="android.permission.ACCESS_NETWORK_STATE" />
<!—访问WIFI权限-->
<uses-permission android:name="android.permission.ACCESS_WIFI_STATE" />
```

主程序的实现原理如代码清单 6-2 所示。

代码清单 6-2：chapter06\Example06_04\src\com\sunibyte\example06_04\MainActivity.java

```
public class MainActivity extends Activity {
   WifiManager wifimanager;
   List<ScanResult> wifilist;
   List<String> list;
```

```
    /** Called when the activity is first created. */
    @Override
    public void onCreate(Bundle savedInstanceState) {
        super.onCreate(savedInstanceState);
        setContentView(R.layout.main);
       final Button btnOpen=(Button)findViewById(R.id.btnOpenWIFI);
        Button btnClose=(Button)findViewById(R.id.btnClose);
        Button btnSearch=(Button)findViewById(R.id.search);
        final ListView listview=(ListView)findViewById(android.R.id.list);
        //获取WifiManager对象
       wifimanager=(WifiManager)getSystemService(WIFI_SERVICE);
       //打开Wi-Fi
        btnOpen.setOnClickListener(new Button.OnClickListener(){
          @Override
          public void onClick(View v) {
                  //TODO Auto-generated method stub
                  OpenWifi();
          }
        });
        //关闭Wi-Fi
        btnClose.setOnClickListener(new Button.OnClickListener(){
          @Override
          public void onClick(View v) {
                  //TODO Auto-generated method stub
                  CloseWifi();
          }
        });
        //搜索
        btnSearch.setOnClickListener(new Button.OnClickListener(){
          @Override
          public void onClick(View v) {
                  //TODO Auto-generated method stub
                              wifimanager.startScan();//开始搜索
                        wifilist=wifimanager.getScanResults();
          if(wifilist==null){
                        Toast.makeText(MainActivity.this,"没有无线网络可用",
Toast.LENGTH_LONG).show();
                        }else{
                        ArrayAdapter<ScanResult> adapter=new
ArrayAdapter<ScanResult>(MainActivity.this, android.R.layout.simple_
expandable_list_item_1,wifilist);
                            listview.setAdapter(adapter);
                        }
          }
        });
```

```
    }
    public void OpenWifi(){
   if(!wifimanager.isWifiEnabled()){
         wifimanager.setWifiEnabled(true);
   }
   }
   public void CloseWifi(){
   if(wifimanager.isWifiEnabled()){
         wifimanager.setWifiEnabled(false);
   }
   }
}
```

在代码中通过 getSystemService(WIFI_SERVICE) 来获取 Wi-Fi 服务，通过 Wi-Fimanager. getScanResults() 获取有效可用的 Wi-Fi 热点。设置两个按钮来控制 Wi-Fi 功能的打开与关闭，第三个按钮负责搜索。

6.4 蓝牙（Bluetooth）无线通信

蓝牙（Bluetooth）技术，实际上是一种短距离的无线电通信技术。利用蓝牙技术，能够非常有效地简化具有蓝牙功能移动设备（如掌上电脑、笔记本电脑、移动电话、音响耳机、鼠标等）之间的通信。

蓝牙是无线数据和语音传输的开放式标准，它将各种通信设备、计算机及其终端设备、各种数字数据系统、甚至家用电器采用无线方式连接起来。它的传输距离为 10 米左右，如果增加功率，可达到 100 米的传输距离。由于蓝牙采用无线接口来代替有线电缆连接，具有很强的移植性，并且适用于多种场合，加上该技术功耗低、对人体危害小，而且应用简单、容易实现，所以易于推广。

在 Android 系统中，提供了 android.bluetooth 包，里面提供了我们开发蓝牙应用所需要的主要接口。如表 6-2 所示为常用蓝牙功能包。

表6-2 常用蓝牙功能包

功 能 包	功 能
BluetoothAdapter	本地蓝牙设备的适配类，所有的蓝牙操作都需要通过该类完成
BluetoothDevice	蓝牙设备类，代表了蓝牙通信过程中的远端设备
BluetoothSocket	蓝牙通信套接字，代表了与远端设备的连接点。使用Socket本地程序可以通过inputstream和outputstream与远端程序通信
BluetoothServerSocket	服务器通信套接字，与TCP ServerSocket类似
BluetoothClass	用于描述远端设备的类型、特点等信息，通过getBluethoothClass()方法获取代表远端设备属性的BluetoothClass对象

和 Wi-Fi 操作类似，需要在 AndroidMainfest.xml 中添加相应的权限才能够对蓝牙进行操作。对蓝牙的操作权限如下：

```
<uses-permission android:name="android.permission.BLUETOOTH"/>
<user-permission android:name="android.permission.BLUETOOTH_ADMIN"/>
<uses-permission android:name="android.permission.READ_CONTACTS"/>
```

在设置足够的权限后，对蓝牙进行操作。首先要取得蓝牙适配器，通过 BluetoothAdapter.getDefaultAdapter() 方法可获取本地的蓝牙适配器，若要获得远端的蓝牙适配器，就需要使用 BluetoothDevice。

在获取了本地蓝牙适配器后开启蓝牙，开启方法可通过一个 Intent 来进行，代码如下：

```
Intent startBT=new Intent(BluetoothAdapter.ACTION_REQUEST_ENABLE);
startActivityForResult(startBT,REQUEST_ENABLE);
```

同样的道理，通过 BluetoothAdapter 来允许蓝牙设备能够被其他设备搜索到，只是 Action 的类型不一样而已：

```
Intent startSerach=new Intent(BluetoothAdapter.ACTION_REQUEST_
DISCOVERABLE);
startActivityForResult(startSearch, REQUEST_DISCOVERABLE);
```

表 6-3 所示为 BluetoothAdapter 中常用的动作常量，用来执行某个活动、服务或者动作。

表6-3 BluetoothAdapter中常用的动作常量

动作常量	说 明
ACTION_DISCOVERY_FINISHED	完成蓝牙搜索
ACTION_DISCOVERY_STARTED	开始搜索
ACTION_LOCAL_NAME_CHANGED	更改蓝牙的名字
ACTION_REQUEST_DISCOVERABLE	请求能够被搜索
ACTION_REQUEST_ENABLE	请求启动蓝牙
ACTION_SCAN_MODE_CHANGED	扫描模式已改变
ACTION_STATE_CHANGED	状态已改变

除了上述设置外，还需要打开 Android 设备的蓝牙开关。当然，也可以在程序中通过调用 BluetoothAdapter 的 enable() 方法来开启，通过调用 disable() 方法来关闭。

下面介绍在 BluetoothAdapter 中常用的一些方法，如表 6-4 所示。

表6-4 BluetoothAdapter中常用的方法

常用方法	返回值
public boolean cancelDiscovery ()	取消当前的设备发现查找进程
public static boolean checkBluetoothAddress (String address)	验证诸如“00:43:A8:23:10:F0”之类的蓝牙地址。字母必须为大写才有效。 参数address字符串形式的蓝牙模块地址返回值地址 正确则返回true，否则返回false
public boolean disable ()	关闭本地蓝牙适配器——不能在没有明确关闭蓝牙的用户动作中使用

续 表

常用方法	返 回 值
public boolean enable ()	打开本地蓝牙适配器——不能在没有明确打开蓝牙的用户动作中使用
public String getAddress ()	返回本地蓝牙适配器的硬件地址，例如："00:11:22:AA:BB:CC"
public Set<BluetoothDevice> getBondedDevices ()	返回已经匹配到本地适配器的BluetoothDevice类的对象集合
public static synchronized BluetoothAdapter getDefaultAdapter ()	获取对默认本地蓝牙适配器的操作权限
public String getName ()	获取本地蓝牙适配器的蓝牙名称，这个名称对于外界蓝牙设备而言是可见的
public BluetoothDevice getRemoteDevice (String address)	为给予的蓝牙硬件地址获取一个BluetoothDevice对象
public int getScanMode()	获取本地蓝牙适配器的当前蓝牙扫描模式
public int getState()	获取本地蓝牙适配器的当前状态
public boolean isDiscovering ()	如果当前蓝牙适配器正处于设备发现查找进程中，则返回真值
public boolean isEnabled ()	如果蓝牙正处于打开状态并可用，则返回真值与getBluetoothState()==STATE_ON 等价
public BluetoothServerSocketlistenUsingRfcommWithServiceRecord(String name, UUID uuid)	创建一个正在监听的、安全的、带有服务记录的无线射频通信（RFCOMM）蓝牙端口
public boolean setName (String name)	设置蓝牙或者本地蓝牙适配器的昵称
public boolean startDiscovery ()	开始对远程设备进行查找的进程

在本书的资源中，我们给出了一个简单的小程序来演示蓝牙的基本应用。它可以完成蓝牙设备的开启、关闭和搜索等功能，示范代码见 chapter06\example06_05。该示例程序首先用 getDefaultAdapter 方法取得默认的蓝牙适配器，并且创建了一个用来存储搜索到蓝牙设备的 List，然后在程序开始时，注册两个广播接收器 Broadcast Receiver：完成搜索设备事件和发现设备事件。然后通过一个线程来控制蓝牙设备的搜索，当搜索中有触发两个接收器的事件时，就直接传递给接收器进行保存。最后将保存在 List 中的蓝牙设备显示在 ListView 中。

由于模拟器不支持蓝牙模块，因此程序需要在真机上进行演示。

本章小结

本章主要介绍了在 Android 平台上网络与通信的开发，包括使用 HttpClient 类进行 HTTP 协议来获取网络资源的方法；基于网络套接字（Socket）编程，实现服务器端和客户端的高级通信编程。最后，介绍了无线 Wi-Fi 和蓝牙技术在 Android 中的应用。

课后练习

（1）简述 HTTP GET 和 POST 的区别。

（2）用户账户和密码可以通过（　　）方式来传递。

A. HTTP GET　　B. HTTP POST　　C. 明文　　D.Web 服务

（3）当多个客户端需要同时保持与服务器端的链接状态时，应当使用（　）来实现。

A. HTTP GET　　B. HTTP POST　　C.Socket　　D.Web 服务

（4）下列操作不需要在 AndroidManifest.xml 中进行权限注册的是（　）。

A.HTTP 通信　　B.Wi-Fi 通信　　C. 蓝牙通信　　D.Handler 线程内通信

（5）问答题：为什么 Android 在 2.3 版本后不允许应用程序的主线程直接进行网络访问？

课后拓展实践

（1）使用 WebView 控件，开发自己的网页浏览器。

（2）搭建 Tomcat 服务器 +MySQL 数据库环境，在服务器端编写一个 Web 服务，使用 Android HttpClient 构造一个手机客户端访问的信息查询系统。

第7章

Android游戏开发基础

本章目标

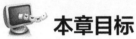

- Android游戏开发框架
- Android绘图（2D）
- 图形特效处理
- 动画实现

项目实操

- Android游戏开发框架实践
- Android绘图（2D）实践
- 图形特效处理实践
- 动画实现实践

Android 平台的一般组件和布局，在前面已经做了介绍，利用它们基本可以完成一般手机应用程序的界面设计。但是，要在 Android 平台上开发游戏，这些组件还远远不能满足需求。

游戏界面的主要构成元素是美工资源图片，其布局设计不能使用 Layout 实现，因为如果将游戏中的这些资源图片对象当成一个个组件来处理，那么在开发过程中处理界面刷新、事件消息等操作时，将会非常麻烦。

7.1 Android游戏开发

游戏开发其实就是通过状态机让 Canvas 不断地在 View 上画界面，这个状态机既包括游戏内部的执行，也包括外部的输入。

7.1.1 Android游戏开发框架

MVC 模式是 Android 游戏开发中用到的比较经典的模式（框架），MVC 是模型（Model）、视图（View）和控制（Controller）三个单词的缩写。MVC 是一个设计模式，它强制性地使应用程序的输入、处理和输出分开，将应用程序分成三个核心部件：模型、视图和控制器。这三个部件各自处理自己的任务。MVC 模式如图 7-1 所示。

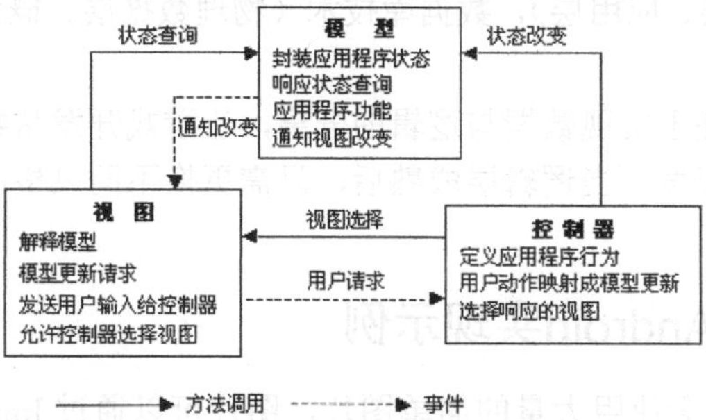

图7-1 MVC模式

模型是数据层，视图是表现层，控制器是逻辑层，它们也对应于程序运行中的数据输入（模型）、数据处理（控制器）和数据输出（视图）三个基本步骤。

自从面向对象的程序设计方法成为主流之后，就非常流行封装的概念。类将对象的属性与方法封装在一起，随之而生的就是模块化设计。通过开放相应的接口，来实现模块之间的通信。模块化设计可以说是程序设计的一大进步。而层次化设计方法也可以说是模块化设计，只不过模块之间有一定的序列关系。MVC 模式是关注数据在程序运行中不同状态（数据层、逻辑层、表现层）的层次化设计。

层次化设计有两个关键性问题：分层与整合。在设计的过程中，如何将整体设计分层，如何确定层与层之间的界定规范；当各层次模块开发完成，如何整合它们使其在整体上实现无缝连接。

MVC 模式很好地解决了上述问题。按照 MVC 模式的思路，游戏也可以划分为相应的三层：数据层、逻辑层和表现层。

（1）数据层就是各种游戏对象集合，即各种资源（图片、声音、动画等）集合。美术提供的是最原始的资源，需要使用 Android（或基于 Android 开发游戏引擎的辅助开发工具）将其封装成一组可控的代码（游戏对象）。

（2）逻辑层即游戏引擎层，可以划分为数据接口层、游戏逻辑控制层和操作控制层。

① 数据接口层负责把数据层中提供的相应数据进行封装组合。在这个层次上，类似于面向对象中类的属性定义，并提供控制（Set/Get）接口。这一层既可以是无结构化（原始数据类型定义），也可以是结构化（表、树、集合）。

② 游戏逻辑控制层是逻辑层的核心，定义了其下面的各种数据元素的状态变化（金币数量、武器等级、动画播放等）。根据不同的状态变量，控制着数据元素的状态表现，是游戏的大脑和指挥控制中心。在 Android 中可以通过 Activity 来切入实现。

③ 操作控制层，负责处理用户的输入，并注册或绑定相应的 AI 事件。在 Android 中，比如 View 类提供了 onKeyDown、onKeyUp、onTouchEvent 等方法来处理游戏界面和用户交互所发生的事件，比如用户按键、触笔点击等。

在逻辑层中，数据接口层向下对应数据层，操作控制层向上对应用户行为事件，而游戏逻辑控制层统筹这两层。

（3）表现层即游戏界面，掌控着游戏的大背景，并负责将程序中的各个数据元素的各种状态及时显示。Android 中提供了 View 和 Surfaceview 来实现这个视图。

层次化设计在软件设计中应用非常广泛，比如计算机网络中的 TCP/IP 网络模型（物理层、链路层、网络层、传输层、应用层），数据库技术（物理数据层、概念数据层、逻辑数据层），其共同特点是层次化。

数据驱动游戏开发在于实现数据与逻辑的分离，让游戏开发从数据层面独立出来，专注于设计，实现游戏快速开发。当逻辑层成熟后，只需更换不同风格的数据层，就是另一款的游戏。

7.1.2 数据接口层Android实现示例

Android 应用中通常会使用大量的简单图片，图片可以通过 ImageView 来展示，也可以作为 Button、Window 的背景。

Bitmap 代表一个位图图像，Android 支持三种格式的位图图像：.png（preferred）、.jpg（acceptable）、.gif（discouraged）。括号里的说明，代表这三种格式的图片在 Android 中的支持情况，.png 格式图片优先；.jpg 格式也可以，但是效果没有 .png 好；.gif 支持最差。Bitmap 是 Android 系统中图像处理的最重要类之一。用它可以获取图像文件信息，进行图像剪切、旋转、缩放等操作，并可以指定格式保存图像文件。

图片经过 Bitmap 封装后变成 Bitmap 对象，Bitmap 对象经过 BitmapDrawable 封装后变成 BitmapDrawable 对象。

在 Android SDK 的 android.graphics.drawable 包下面有各种 Drawable 类，其中有两个常用的类。

（1）AnimationDrawable：顾名思义该类是关于动画的图形类，可以实现逐帧播放的效果。

（2）BitmapDrawable Android：平台中对缩放、变形的 Bitmap 对象由 BitmapDrawable 类来实现，该类继承自 android.graphics.drawable.Drawable，它提供了更多的有关位图的操作方法。

关于 android BitmapDrawable 的使用，举两个例子。

例 7-1

```
//显示缩略图，大小为40*40
//通过openRawResource获取一个inputStream对象
InputStream inputStream = getResources().openRawResource(R.drawable.test);
//通过一个InputStream创建一个BitmapDrawable对象
BitmapDrawable drawable = new BitmapDrawable(inputStream);
//通过BitmapDrawable对象获得Bitmap对象
Bitmap bitmap = drawable.getBitmap();
//利用Bitmap对象创建缩略图
bitmap = ThumbnailUtils.extractThumbnail(bitmap, 40, 40);
//imageView 显示缩略图的ImageView
imageView.setImageBitmap(bitmap);
```

例 7-2

```
//功能：image2从image1中截取120*120大小后显示，截取起始坐标为（x,y）
BitmapDrawable bitmapDrawable = (BitmapDrawable) image1.getDrawable();
//获取第一个图片显示框中的位图
Bitmap bitmap = bitmapDrawable.getBitmap();
```

```
//显示图片的指定区域
image2.setImageBitmap(Bitmap.createBitmap(bitmap, x, y, 120, 120));
image2.setAlpha(alpha);
```

Bitmap 还提供了一些静态方法来创建新的 Bitmap 对象，比如：

```
① public static Bitmap createBitmap (Bitmap source, int x, int y, int
width, int height, Matrix m, boolean filter)
```

这个方法返回一个不可改变的位图，该位图来自源位图的子集，并根据可选的矩阵进行转换。它被初始化为与源位图有同样密度的位图。

- source为产生子位图的源位图。
- x为子位图第一个像素在源位图的*X*坐标。
- y为子位图第一个像素在源位图的*Y*坐标。
- width为子位图每一行的像素个数。
- height为子位图的行数。
- m为对像素值进行变换的可选矩阵。
- filter，true为源图要被过滤。该参数仅在Matrix包含超过一个翻转时才有效。
- 返回值，一个描述了源图指定子集的位图。
- 异常IllegalArgumentException，如果x、y、width、height的值超出源图的维度，该异常会被抛出。

```
② public static Bitmap createBitmap (int width, int height, Bitmap.
Config config)
```

这个方法返回一个指定高度和宽度的不可改变的位图。它的初始像素密度由 getDensity() 设定。

- width为位图的宽度。
- height为位图的高度。
- config为位图的结构。
- 异常IllegalArgumentException，如果高度或宽度小于等于零，该异常被抛出。

```
③ public static Bitmap createBitmap (Bitmap source, int x, int y, int
width, int height)
```

这个方法返回一个不可变的位图，该位图来自源图指定的子集。新位图可能与源图为同一个对象，或者是源图的一个拷贝。它被初始化为与源图同样的密度。

- source为用来构建子集的源位图。
- x为子位图第一个像素在源位图的*X*坐标。
- y为子位图第一个像素在源位图的*Y*坐标。
- width为子位图每一行的像素个数。
- height为子位图的行数。

```
④ public static Bitmap createBitmap (int[] colors, int offset, int stride,
int width, int height, Bitmap.Config config)
```

这个方法返回一个指定宽度和高度的不可变位图，该位图每个像素值等于颜色数组中对应的值。它的初始化密度由 getDensity() 来设定。

- colors为用来初始化像素值的颜色数组。
- offset为在像素数组的第一个颜色值之前要忽略的像素个数。
- stride为行之间像素个数。
- width为位图的宽度。
- height为位图的高度。
- config为位图的结构。如果这个结构不支持每个像素的alpha通道（比如，RGB_565）, 那么colors数组中的alpha位将被忽略（被假定为FF值）。
- 异常IllegalArgumentException，如果宽度值或高度值小于等于零，或者像素数组的长度小于像素个数，该异常被抛出。

```
⑤ public static Bitmap createBitmap (Bitmap src)
```

这个方法根据源位图返回一个不可改变的位图。新位图可能跟源位图是同一个对象，或者是一个拷贝。新位图被初始化为和源位图有同样的像素密度。

```
⑥ public static Bitmap createBitmap (int[] colors, int width, int
 height, Bitmap.Config config)
```

这个方法返回一个宽度和高度被指定的不可改变的位图，且该位图每一个像素值由颜色数组中对应的值来设定。它的初始像素密度由 getDensity() 决定。

- colors为用来初始化像素值的颜色数组。该数组必须至少和宽度×高度一样大。
- width为位图的宽度。
- height为位图的高度。
- config为位图的结构。如果这个结构不支持每个像素的alpha通道（比如，RGB_565），那么colors数组中的alpha位将被忽略（被假定为FF值）。
- 异常IllegalArgumentException，如果宽度值或高度值小于等于零，或者像素数组的长度小于像素个数，该异常被抛出。

```
⑦ public static Bitmap createScaledBitmap (Bitmap src, int dstWidth, int
 dstHeight, boolean filter)
```

从当前存在的位图，按一定的比例创建一个新的位图。

- src用来构建子集的源位图。
- dstWidth为新位图期望的宽度。
- dstHeight为新位图期望的高度。
- 返回值，一个新的按比例变化的位图。

BitmapFactory 类是一个工具类，用于从不同的数据源来解析、创建 Bitmap 对象。有以下方法创建 Bitmap 对象。

```
① public static Bitmap decodeByteArray (byte[] data, int offset, int length)
```

从指定字节数组的 offset 位置开始，将长度为 length 的字节数据解析成 Bitmap 对象。

```
② public static Bitmap decodeFile (String pathName)
```

从 pathName 指定的文件中解析、创建 Bitmap 对象。

```
③ public static Bitmap decodeFileDescriptor (FileDescriptor fd)
```

从 FileDescriptor 对应的文件中解析、创建 Bitmap 对象。

```
④ public static Bitmap decodeResource (Resources res, int id)
```

用于根据给定的资源 ID 从指定资源 res 中解析、创建 Bitmap 对象。

```
⑤ public static Bitmap decodeStream (InputStream is)
```

用于从指定输入流中解析、创建 Bitmap 对象。

通常只要把图片放在 res/drawable-mdpi 目录下，就可以在程序中通过该图片对应的资源 ID 来获取封装该图片的 Drawable 对象。但由于手机系统内存的局限，如果系统不停地去解析、创建 Bitmap 对象，就会由于前面创建 Bitmap 对象所占用的内存还没有回收，而导致程序运行时引发 OutOfMemory 错误。

Android 为 Bitmap 提供了两个方法来判断它是否已回收和强制 Bitmap 回收自己。

```
① public final boolean isRecycled ()
```

返回该 Bitmap 对象是否已回收。

```
② public void recycle ()
```

强制一个 Bitmap 对象立即回收自己。

除此之外，如果 Android 应用需要访问其他存储路径（比如 SD 卡）里的图片，都需要借助于 BitmapFactory 来解析、创建 Bitmap 对象。

实例 7-1：开发一个查看 assets/ 目录下图片的图片查看器（见图 7-2）。

完整代码见本书资源所附代码 Example07_01。该案例界面简单，只包括一个 ImageView 和一个按钮。用户单击“下一张”按钮时，程序会自动搜索 /assets/ 目录下的下一张图片，如代码清单 7-1 所示。

图7-2 图片查看器

代码清单 7-1：Example07_01\ BitmapTest

```
BitmapDrawable bitmapDrawable = (BitmapDrawable) imageView.getDrawable();
    //如果上一个图片还未回收，先强制回收该图片
        if (bitmapDrawable != null
```

```
    && !bitmapDrawable.getBitmap().isRecycled()) // ①
                        {bitmapDrawable.getBitmap().recycle();  }
    //改变ImageView显示的图片
    imageView.setImageBitmap(BitmapFactory.decodeStream(imageInputStreamFil
    e)); // ②
```

上述程序中①号代码用于判断当前 ImageView 所显示的图片是否已被回收，否则系统强制回收该图片；程序中②号代码调用了 BitmapFactory，从指定输入流解析、创建 Bitmap 对象。

最后，总结一下，要读取本地项目中的资源图片，通常有如下几种读取 Bitmap 的方法。

① 以文件流的方式，假设在 sdcard 下有 test.png 图片。

```
    FileInputStream fis = new FileInputStream("/sdcard/test.png");
    Bitmap bitmap  = BitmapFactory.decodeStream(fis);
```

② 以 R 文件的方式，假设 res/drawable 下有 test.jpg 文件。

```
    Bitmap bitmap= BitmapFactory.decodeResource(this.getContext().
getResources(), R.drawable.test);
```

③ 以 ResourceStream 的方式。

```
    Bitmap.bitmap=BitmapFactory.decodeStream(getClass().
getResourceAsStream("/res/drawable/test.png"));
```

说明一下，第三种方法读取 Bitmap，方便把程序的资源图片插入到本地 sqlite 中，只需传入 /res/drawable+ 图片名就可以读取到 Bitmap。

7.1.3 表现层之View类开发示例

View 类是一个超类，这个类几乎包含了所有的 Android 屏幕类型。每一个 View 都有一个用于绘画的画布，可以对这个画布进行任意扩展。虽然可以使用 Android 的 XML 来布局视图，但在游戏开发中最好自定义视图（View），以便画布的功能更能满足开发游戏的需要。在 Android 中，View 类都只需通过重写 onDraw 方法来实现界面显示，自定义的视图可以是简单的文本形式，也可以是复杂的 3D 实现。

游戏需要与玩家交互，比如键盘输入、触笔点击等交互事件，Android 提供了 onKeyUp、onKeyDown、onKeyMultiple、onTouchEvent 等方法，通过它们可以轻松地对游戏中的事件消息进行处理。当然，在继承 View 时，需要重载上述方法，当按键按下或弹起等事件发生时，相应方法的代码会自动被触发执行。

不断地绘图和刷新界面是游戏的核心。界面的绘制通过 onDraw 方法来实现，界面刷新通过 Android 提供的两种方法实现，分别是利用 invalidate() 方法（需要辅以利用 Handler）和利用 postInvalidate() 方法实现在线程中刷新界面。

Android 提供了 Invalidate 方法实现界面刷新，但 Invalidate() 不能直接在线程中调用，因为它违背了单线程模型：Android UI 操作并不是线程安全的，并且这些操作必须在 UI 线程中调用。

使用 postInvalidate() 则比较简单，不需要辅以利用 Handler，直接在线程中调用 postInvalidate() 即可。

下面来分析界面刷新的示例，程序运行效果如图 7-3 所示，完整代码见本书资源所附代码 Example07_02。屏幕上有一个不停变换颜色的矩形，当按上、下键，矩形会上、下移动。

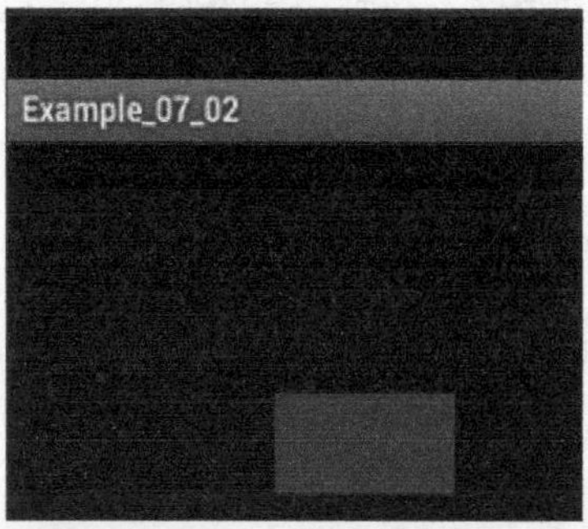

图7-3 界面更新示例（Invalidate方法及按键处理）

示例中，通过实例化 Handler 对象并重写 handleMessage 方法；在 Activity 中实现了一个消息接收器，在线程中通过 sendMessage 方法发送更新界面的消息，当接收器收到更新界面的消息时，便执行 Invalidate 方法更新屏幕显示。如代码清单 7-2 所示。

代码清单 7-2：Example07_02\ViewDrawer

```
  public class ViewDrawer extends View
{int  colorSwitch = 0;int  y = 0;
  public ViewDrawer(Context context)       {super(context);}
  public void onDraw(Canvas canvas)
  {if (colorSwitch < 100){colorSwitch++;}else {colorSwitch = 0;}
         //绘图
         Paint mPaint = new Paint();
        switch (colorSwitch%4)
         {case 0:mPaint.setColor(Color.BLUE);    reak;
         case 1:       mPaint.setColor(Color.GREEN);  break;
         case 2:       mPaint.setColor(Color.RED);  break;
         case 3:       mPaint.setColor(Color.YELLOW);  break;
         default:mPaint.setColor(Color.WHITE);  break;}
        //矩形绘制
        canvas.drawRect((320-80)/2, y, (320-80)/2+80, y+40, mPaint);  }}
```

上述代码负责界面绘制，下面的代码用来控制整个应用的操作，比如事件处理、更新频率等，这就需要实现一个 Activity 类，如代码清单 7-3 所示。

代码清单 7-3：Example07_02\ MyActivity

```
public class MyActivity extends Activity
{  static final int handrlerMsg = 0x001;
   private ViewDrawer myGameView = null;
   public void onCreate(Bundle savedInstanceState)
   {      super.onCreate(savedInstanceState);
          /* 实例化GameView对象 */
          this.myGameView = new ViewDrawer(this);
          //设置显示为我们自定义的View(GameView)
```

```
            setContentView(myGameView);
            //开启线程
            new Thread(new RefreshThread(this)).start();
    }
        //等待消息并处理
    Handler myHandler = new Handler()
    {       public void handleMessage(Message msg)
            {switch (msg.what)
                    {case MyActivity.handrlerMsg:
                          myGameView.invalidate();   break;
                    }super.handleMessage(msg);}
    };
    /**
     * 可以这样写 同样可以更新界面，并且不再需要 Handler在接受消息 class GameThread
     * implements Runnable { public void run() { while
     * (!Thread.currentThread().isInterrupted()) { try { Thread.sleep(100); }
     * catch (InterruptedException e) { Thread.currentThread().interrupt(); }
 * //使用postInvalidate可以直接在线程中更新界面 mGameView.postInvalidate(); } } }
     */
    public boolean onTouchEvent(MotionEvent event){return true;}
    //按键按下事件
    public boolean onKeyDown(int keyCode, KeyEvent event){return true;}
    //按键弹起事件
    public boolean onKeyUp(int keyCode, KeyEvent event)
    {switch (keyCode)
            {//上方向键
            case KeyEvent.KEYCODE_DPAD_UP:
                    myGameView.y -= 3;
                    break;
            //下方向键
            case KeyEvent.KEYCODE_DPAD_DOWN:
                    myGameView.y += 3;
                    break;
            }return false;      }
    public boolean onKeyMultiple(int keyCode, int repeatCount, KeyEvent
event){return true;}}
```

Android 中还提供了一个更新界面的方法 postInvaldate()，该方法使用起来更加简单，不需要 Handler，可以直接在线程中更新，如代码清单 7-3 中的注释部分。

7.2 Android绘图（2D）

Android 通过 graphics 类实现游戏开发过程中 2D 图形的绘制和显示。Android 2D Graphics 的绝大部分 API 都在 android.graphics 中，它提供了低级的 graphics 工具，包括 Canvas（画布）、Paint（画笔）、Color（颜色）、Bitmap（图像）、2D 几何图形等常用类，具

有绘制点、线、颜色、图像处理、2D 几何图形等功能。android.graphics.drawable 和 android.view.animation 包中包含了用于 2D 绘制和动画制作的通用类。

7.2.1 Android 游戏开发坐标

（1）Android 中的坐标系统

在 Android 系统中，屏幕的左上角是坐标系统的坐标原点（0,0）。原点向右延伸是 X 轴正方向，原点向下延伸是 *Y* 轴正方向。

（2）屏幕的宽和高

为了在屏幕中的合适位置绘制图形，常常需要使用屏幕的宽和高作为参考，来确定图形绘制的位置。要获得屏幕的宽和高，首先从 Activity 对象中获得 WindowManager 对象，然后从 WindowManager 对象中获得 Display 对象，再从 Display 对象中获得屏幕的宽和高。

```
// 获得屏幕的宽和高
WindowManager manger = getWindowManager();
Diaplay diaplay = manager.getDefaultDisplay();
int screenWidth = display.getWidth();
int screenHeight = display.getHeight();
```

（3）边界的确定

在很多游戏中都需要对绘制在屏幕中的视图进行边界的确定。例如，在射击类游戏中就需要判断玩家、敌人、子弹等视图的边界位置。边界的判断无非是对上、下、左、右屏幕边界的判断。

如果当前视图的 *X* 坐标小于零，则当前视图左越界。如果当前视图的 *X* 坐标大于屏幕的宽，则右越界。

如果当前视图的 *Y* 坐标小于零，则当前视图上越界。如果当前视图的 *Y* 坐标大于屏幕的高，则下越界。

（4）视图的移动

某种意义上说，游戏的实现过程其实很简单，就是不断改变视图的位置坐标，然后重新将它们绘制在屏幕上。只不过这种坐标的位置改变和绘制过程是在一定的逻辑控制下实现的。视图的移动就是通过改变视图坐标位置来实现的。改变了位置坐标再重新绘制，给人的感觉是视图在移动。

如果视图水平向左移动，*X* 坐标减小；如果视图水平向右移动，*X* 坐标增大。

如果视图垂直向上移动，*Y* 坐标减小；如果视图垂直向下移动，*Y* 坐标增大。

（5）Android 游戏开发基本框架。

Android 游戏开发框架基本对象有三个：一是图层对象，该图层对象定义图层的宽和高、图层的位置、图层的移动及绘制方法等；二是视图对象，视图对象的主要作用是绘制图层对象、相应键盘事件和处理视图线程等；三是一个控制游戏流程的 Activity，如启动游戏、暂停游戏、停止游戏等。

7.2.2 画笔（Paint）和Color类

要绘图，首先需要调整画笔，画笔调整好之后，再将图像绘制到画布上，这样才可以显示在手机屏幕上。Paint 类是 Android 的画笔，Paint 中包含了很多对其属性进行设置的方法，主要方法（没有全部列出，具体可查看官方文档）如下：

- setAntiAlias：设置画笔的锯齿效果。
- setColor：设置画笔的颜色。
- setARGB：设置画笔的a、r、g、b值。
- setAlpha：设置Alpha值。
- setTextSize：设置字体尺寸。
- setStyle：设置画笔的风格，空心或者实心。
- setSkokeWidth：设置空心的边框宽度。
- getColor：得到画笔的颜色。
- getAlpha：得到画笔的Alpha值。

Color 主要定义了一些颜色常量，以及对颜色的转换等，比较简单。Color 还提供了 Color.rgb 方法将整型的颜色转换成 Color 类型，如 Color.red 方法可以提取出红色的值。下面通过一个实例说明这些方法的使用，运行效果如图 7-4 所示。具体实现参见本书资源所附代码 Example07_03。

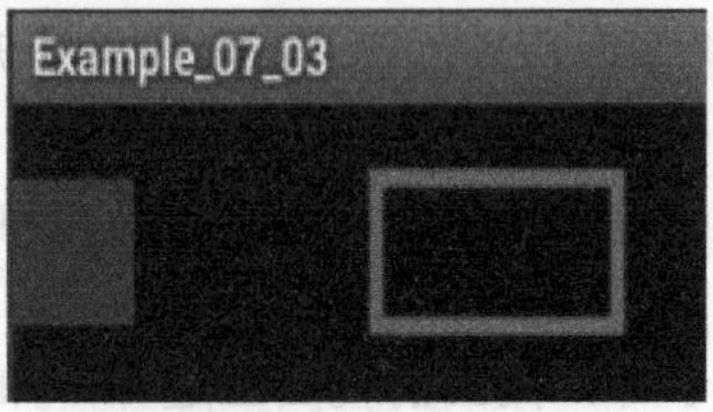

图7-4 Paint和Color的使用

绘图类绘制矩形图形如代码清单 7-4 所示。

代码清单 7-4：Example07_03\ GameViewDrawer

```
public class GameViewDrawer extends View implements Runnable
{  public final static String MSGLABEL = "Example_07_03_GameViewDrawer";
   /* 声明Paint对象 */
   private Paint myPaintPen = null;
   public GameViewDrawer(Context context)
   {   super(context); /* 构建对象 */
         myPaintPen = new Paint();
         /* 开启线程 */
         new Thread(this).start();
   }public void onDraw(Canvas canvas)
   {     super.onDraw(canvas);
         /* 设置Paint为无锯齿 */
         myPaintPen.setAntiAlias(true);
         /* 设置Paint的颜色 */
```

```
        myPaintPen.setColor(Color.YELLOW);
        myPaintPen.setColor(Color.GREEN);
        myPaintPen.setColor(Color.RED);
        myPaintPen.setColor(Color.BLUE);
        /* 同样是设置颜色 */
        myPaintPen.setColor(Color.rgb(0,255, 0));
        /* 提取颜色 */
        Color.red(0xcccccc);
        Color.green(0xcccccc);
        /* 设置paint的颜色和Alpha值(a,r,g,b) */
        myPaintPen.setARGB(0,0,255, 0);
        /* 设置paint的Alpha值 */
        myPaintPen.setAlpha(220);
        /* 这里可以设置为另外一个paint对象 */
        //mPaint.set(new Paint());
        /* 设置字体的尺寸 */
        myPaintPen.setTextSize(14);
        //设置paint的风格为"空心".
        //当然也可以设置为"实心"(Paint.Style.FILL)
        myPaintPen.setStyle(Paint.Style.STROKE);
        //设置"空心"的外框的宽度。
        myPaintPen.setStrokeWidth(5);
        /* 得到Paint的一些属性 */
        Log.i(MSGLABEL, "paint的颜色: " + myPaintPen.getColor());
        Log.i(MSGLABEL, "paint的Alpha: " + myPaintPen.getAlpha());
        Log.i(MSGLABEL, "paint的外框的宽度: " + myPaintPen.
getStrokeWidth());
        Log.i(MSGLABEL, "paint的字体尺寸: " + myPaintPen.getTextSize());
        /* 绘制一个矩形 */
        //肯定是一个空心的矩形
canvas.drawRect((320 - 80) / 2, 20, (320 - 80) / 2 + 80, 20 +
 40,myPaintPen);
        /* 设置风格为实心 */
        myPaintPen.setStyle(Paint.Style.FILL);
        myPaintPen.setColor(Color.RED);
        /* 绘制红色实心矩形 */
        canvas.drawRect(0, 20, 40, 20 + 40, myPaintPen);
    }//触笔事件、按键按下事件、按键弹起事件
    public void run()
    {while (!Thread.currentThread().isInterrupted())
        {try{Thread.sleep(100);} catch (InterruptedException e)
            {Thread.currentThread().interrupt();}
            //使用postInvalidate可以直接在线程中更新界面
            postInvalidate();
        }     }
```

图形绘制出之后，需要通过 Activity 类的 setContentView 方法来设置要显示的具体 View 类。

7.2.3 画布（Canvas）

当调整好画笔之后，需要绘制到画布上，这就需要用到 Canvas 类。onDraw 方法会传入一个 Canvas 对象，它就是用来绘制控件及视觉界面的画布。既然把 Canvas 当作画布，那么就可以在画布上绘制我们想要的任何东西。除了在画布上绘制之外，还需要设置一些关于画布的属性，比如画布的颜色、尺寸等。下面来看看 Android 中 Canvas 有哪些功能，Canvas 提供了如下一些方法。

- Canvas()：创建一个空的画布，可以使用setBitmap()方法来设置绘制具体的画布。
- Canvas(Bitmap bitmap)：以bitmap对象创建一个画布，则将内容都绘制在bitmap上，因此bitmap不得为null。
- Canvas(GL gl)：在绘制3D效果时使用，与OpenGL相关。
- drawColor：设置Canvas的背景颜色。
- setBitmap：设置具体画布。
- clipRect：设置显示区域，即设置裁剪区。
- isOpaque：检测是否支持透明。
- rotate：旋转画布。
- setViewport：设置在画布中显示窗口（视窗）。
- skew：设置偏移量。

上面列举了 Canvas 的几个常用的方法。在游戏开发中，可能需要对某个精灵执行缩放、旋转等操作。这可以通过旋转画布来实现，但是画布旋转时，画布上的所有对象都会旋转，而我们只需要旋转其中的一个游戏对象，这时就需要用到 save 方法来锁定需要操作的游戏对象，在操作之后通过 restore 方法来解除锁定。

- save：用来保存Canvas的状态。save之后，可以调用Canvas的平移、放缩、旋转、错切、裁剪等操作。
- restore：用来恢复Canvas之前保存的状态。防止save后对Canvas执行的操作对后续的绘制有影响。

save 和 restore 要配对使用，restore 可以比 save 少，但不能多；如果 restore 调用次数比 save 多，会引发 Error。save 和 restore 之间，往往是对 Canvas 特殊操作的程序代码。

案例运行效果如图 7-5 所示。完整代码参见本书资源所附代码 Example07_04。

这里只对左边的矩形执行了旋转操作，没有旋转右边的矩形，由于设置了裁剪（视窗）区域，因此左右两边的矩形都只能看到一部分，如代码清单 7-5 所示。

图7-5 Canvas基本操作

代码清单 7-5：Example07_04\ GameViewDrawer

```
public class GameViewDrawer extends View implements Runnable
{  /* 声明Paint对象 */
   private Paint myPaintPen = null;
   public GameViewDrawer(Context context)
   {       super(context);
           /* 构建对象 */
           myPaintPen = new Paint();
           /* 开启线程 */
           new Thread(this).start();
   }       public void onDraw(Canvas canvas)
   {       super.onDraw(canvas);
           /* 设置画布的颜色 */
           canvas.drawColor(Color.BLACK);
           /* 设置取消锯齿效果 */
           myPaintPen.setAntiAlias(true);
           /* 设置裁剪区域 */
           canvas.clipRect(10, 10, 200, 260);
           /* 线锁定画布 */
           canvas.save();
           /* 旋转画布 */
           canvas.rotate(45.0f);
           /* 设置颜色及绘制矩形 */
           myPaintPen.setColor(Color.GREEN);
           canvas.drawRect(new Rect(15, 15, 140, 70), myPaintPen);
           /* 解除画布的锁定 */
           canvas.restore();
           /* 设置颜色及绘制另一个矩形 */
           myPaintPen.setColor(Color.RED);
           canvas.drawRect(new Rect(150, 75, 360, 220), myPaintPen);
   }       //触笔事件
   public boolean onTouchEvent(MotionEvent event){return true;}
   //按键按下事件
   public boolean onKeyDown(int keyCode, KeyEvent event){return true; }
   //按键弹起事件
   public boolean onKeyUp(int keyCode, KeyEvent event){return false;  }
   public boolean onKeyMultiple(int keyCode, int repeatCount, KeyEvent
event){return true; }
   public void run()
   {while (!Thread.currentThread().isInterrupted())
           {try{Thread.sleep(100);} catch (InterruptedException e){Thread.
currentThread().interrupt();}
                   //使用postInvalidate可以直接在线程中更新界面
                   postInvalidate();}}
```

7.2.4 几何图形绘制

画笔调整好了及画布设置好了后，就需要在画布上绘制内容了。其实前面我们已经看到了在屏幕上显示的矩形、圆形、三角形等几何图形，Android 中可以绘制的部分几何图形如表 7-1 所示。

表7-1 Android中可以绘制的部分几何图形

方 法	说 明	方 法	说 明
drawRect	绘制矩形	drawPath	绘制任意多边形
drawCircle	绘制圆形	drawLine	绘制直线
drawOval	绘制椭圆	drawPoint	绘制点

在 onDraw() 中使用 Paint 将几何图形绘制在 Canvas 上，以 Paint 的 setColor() 方法改变图形颜色、以 Paint 的 setStyle() 方法控制画出的图形是空心还是实心。

下面通过一个实例来看看如何绘制这些几何图形，运行效果如图 7-6 所示，完整代码见 Example07_05。实例中分别绘制了空心和实心的几何图形，如代码清单 7-6 所示。

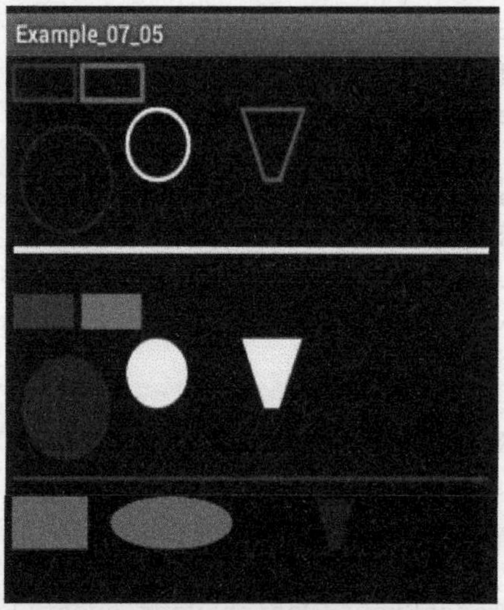

图7-6 几何图形绘制

代码清单 7-6：Example07_05\GameViewDrawer

```
public class GameViewDrawer extends View implements Runnable
{  /* 声明Paint对象 */
   private Paint myPaintPen = null;
   private GameViewDrawerExpand myGameViewDrawerExpand = null;
   public GameViewDrawer(Context context)
   {       super(context);
           /* 构建对象 */
           myPaintPen = new Paint();
           myGameViewDrawerExpand = new GameViewDrawerExpand(context);
           /* 开启线程 */
           new Thread(this).start();
```

```
    }       public void onDraw(Canvas canvas)
    {super.onDraw(canvas);
            canvas.drawColor(Color.BLACK); //设置画布为黑色背景
        myPaintPen.setAntiAlias(true);       //取消锯齿
            myPaintPen.setStyle(Paint.Style.STROKE);
            {       Rect rect1 = new Rect();//定义矩形对象
                    rect1.left = 5; //设置矩形大小
                    rect1.top = 5;
                    rect1.bottom = 25;
                    rect1.right = 45;
                    myPaintPen.setColor(Color.RED);
                    canvas.drawRect(rect1, myPaintPen); //绘制矩形
                    myPaintPen.setColor(Color.GREEN);
                    canvas.drawRect(50, 5, 90, 25, myPaintPen); //绘制矩形
                    myPaintPen.setColor(Color.BLUE);
     canvas.drawCircle(40, 70, 30, myPaintPen); //绘制圆形(圆心x,圆心y,半径r,p)
                    RectF rectf1 = new RectF();//定义椭圆对象
                    rectf1.left = 80; //设置椭圆大小
                    rectf1.top = 30;
                    rectf1.right = 120;
                    rectf1.bottom = 70;
                    myPaintPen.setColor(Color.WHITE);
                    canvas.drawOval(rectf1, myPaintPen); //绘制椭圆
                    Path path1 = new Path();//绘制多边形
                    /* 设置多边形的点 */
                    path1.moveTo(150 + 5, 80 - 50);
                    path1.lineTo(150 + 45, 80 - 50);
                    path1.lineTo(150 + 30, 120 - 50);
                    path1.lineTo(150 + 20, 120 - 50);
                    path1.close();//使这些点构成封闭的多边形
                    myPaintPen.setColor(Color.GRAY);
                    /* 绘制这个多边形 */
                    canvas.drawPath(path1, myPaintPen);
                    myPaintPen.setColor(Color.WHITE);
                    myPaintPen.setStrokeWidth(4);
                    /* 绘制直线 */
                    canvas.drawLine(5, 110, 315, 110, myPaintPen);
            }
            //下面绘制实心几何体……
            myGameViewDrawerExpand.DrawShape(canvas); //通过ShapeDrawable来绘
制几何图形
    }       //触笔事件
            //按键按下事件
            //按键弹起事件
    public void run()
    {while (!Thread.currentThread().isInterrupted())
```

```
            {try{Thread.sleep(100);} catch (InterruptedException e){Thread.
currentThread().interrupt();}
                    // 使用postInvalidate可以直接在线程中更新界面
                    postInvalidate();}  }}
```

扩展实践

Android 还可以通过 ShapeDrawable 设置画笔的形状并绘制图像。通过 getPaint() 方法可以得到 Paint 对象，可以像前面一样设置这个画笔的颜色、尺寸等属性。ShapeDrawable 提供了 setBounds() 方法来设置图形显示的区域，通过 ShapeDrawable 的 Draw 方法将图形显示到屏幕上，具体实现如代码清单 7-7 所示。

代码清单 7-7：Example07_05\GameViewDrawer

```
   //通过ShapeDrawable来绘制几何图形
   public class GameViewDrawerExpand extends View
   {    //声明ShapeDrawable对象
      ShapeDrawable myShapeDrawable = null;
      public GameViewDrawerExpand(Context context){super(context);}
   public void DrawShape(Canvas canvas)
      {      myShapeDrawable = new ShapeDrawable(new RectShape());//实例化
ShapeDrawable对象并说明是绘制一个矩形
             myShapeDrawable.getPaint().setColor(Color.GREEN); //得到画笔paint
对象并设置其颜色
             Rect bounds = new Rect(5, 250, 55, 280);
             myShapeDrawable.setBounds(bounds); //设置图像显示的区域
             myShapeDrawable.draw(canvas); //绘制图像
             myShapeDrawable = new ShapeDrawable(new OvalShape());//实例化
ShapeDrawable对象并说明是绘制一个椭圆
             myShapeDrawable.getPaint().setColor(Color.GREEN); //得到画笔paint
对象并设置其颜色
             myShapeDrawable.setBounds(70, 250, 150, 280); //设置图像显示的区域
             myShapeDrawable.draw(canvas); //绘制图像
             Path path1 = new Path();//设置多边形的点
             path1.moveTo(150 + 5, 80 + 80 - 50);
             path1.lineTo(150 + 45, 80 + 80 - 50);
             path1.lineTo(150 + 30, 80 + 120 - 50);
             path1.lineTo(150 + 20, 80 + 120 - 50);
             path1.close();//使这些点构成封闭的多边形
             //PathShape后面两个参数分别是宽度和高度
             myShapeDrawable = new ShapeDrawable(new PathShape(path1, 150,
150));
             myShapeDrawable.getPaint().setColor(Color.BLUE); //得到画笔paint对
象并设置其颜色
             myShapeDrawable.setBounds(100, 170, 200, 280); //设置图像显示的区域
             myShapeDrawable.draw(canvas); //绘制图像
      }}
```

7.2.5 双缓冲技术

双缓冲技术是游戏开发中的一个重要技术。游戏开发中，性能是必须要考虑的因素。双缓冲技术在游戏性能方面占有很重要的地位。双缓冲的优势在于，能够有效解决绘制过程中，出现的比如闪烁、图像更新缓冲等绘图不流畅的缺陷。双缓冲技术大量地运用于图像绘制、地图渲染等游戏模块。双缓冲技术就是当用户操作界面完成后，会有一个缓冲区保存用户操作的结果。

主要原理：当一个动画争先显示时，程序又在改变它，前画面还没有显示完，程序又请求重新绘制，这样屏幕就会不停闪烁。为了避免闪烁，将要处理的图片在内存中都处理好之后，再将其显示到屏幕上。这样显示出来的总是完整的图像，不会出现闪烁现象，这就是双缓冲技术。

Android 中的 SurfaceView 类其实就是一个双缓冲机制。因此，开发游戏时会比较多地使用 SurfaceView 类来完成，这样游戏运行的效率更高，而且 SurfaceView 类的功能也比较完善。下面主要介绍用 View 类实现双缓冲技术。先来看看通过双缓冲技术绘制的图像效果，如图 7-7 所示，完整代码见 Example07_06。

双缓冲的核心技术就是先通过 setBitmap() 方法将要绘制的所有图形绘制到一个 Bitmap 缓冲区上，然后再来调用 drawBitmap() 方法绘制出这个 Bitmap，显示在屏幕上。具体实现如代码清单 7-8 所示。

图7-7 双缓冲技术

代码清单 7-8：Example07_06\GameViewDrawer

```
public class GameViewDrawer extends View implements Runnable
{  Bitmap myBitmap = null; //声明Bitmap对象
   Paint myPaintPen = null;
   /* 创建一个缓冲区 */
   Bitmap bitmapBuffer = null;
   /* 创建Canvas对象 */
   Canvas myCanvas = null;
   public GameViewDrawer(Context context)
   {super(context);
        //装载资源
   myBitmap = ((BitmapDrawable) getResources().getDrawable(R.drawable.
qq)).getBitmap();
          //创建屏幕大小的缓冲区
```

```
            bitmapBuffer = Bitmap.createBitmap(320, 480, Config.ARGB_8888);
            //创建Canvas
            myCanvas = new Canvas();
            //设置将内容绘制在bitmapBuffer上
            myCanvas.setBitmap(bitmapBuffer);①
            myPaintPen = new Paint();
            //将myBitmap绘制到bitmapBufferp上
      myCanvas.drawBitmap(myBitmap, 0, 0, myPaintPen);②
            /* 开启线程 */
            new Thread(this).start();
      }public void onDraw(Canvas canvas)
      {super.onDraw(canvas);
      /* 将bitmapBuffer显示到屏幕上 */
      canvas.drawBitmap(bitmapBuffer, 0, 0, myPaintPen);③
      }//触笔事件……
      //按键按下事件……
      //按键弹起事件……
      public void run()//线程处理
      {while (!Thread.currentThread().isInterrupted())
            {try{Thread.sleep(100);} catch (InterruptedException e){Thread.
currentThread().interrupt();}
                  //使用postInvalidate可以直接在线程中更新界面
                  postInvalidate();}  }}
```

程序中① 号代码表示通过 Canvas 的 setBitmap() 方法的设置，通知下面通过该 Canvas 绘制的所有图形（比如 myBitmap）绘制到该 Canvas 设置的 Bitmap 缓冲区（bitmapBuffer）上。

程序中② 号代码表示使用 Canvas.drawBitmap() 方法绘制图形 myBitmap，由于①号代码的设置，会自动绘制到 Bitmap 缓冲区（bitmapBuffer）上。

程序中③ 号代码表示通过 Canvas.drawBitmap() 方法绘制图形（只不过参数表示是缓冲区 bitmapBuffer 中的图形）。

7.3 图形特效处理

前面介绍了一些基本的图形处理，为了让开发者开发出更加“绚丽多彩”的 UI 界面，Android 中有很多图形特效处理支持，比如圆角、倒影、扭曲等。

7.3.1 变换控制（Matrix）

在游戏开发过程中需要对图片做特殊的处理，比如将图片做出黑白的或者老照片的效果，有时候还要对图片进行变换，如拉伸，扭曲等。这些效果在 Android 中有很好的支持，通过颜色矩阵（ColorMatrix）和坐标变换矩阵（Matrix）可以完美地做出上面所说的效果。

如果用 Matrix 进行过图像处理，那么必须了解 Matrix 这个类。Android 中的 Matrix 是一个 3×3 的矩阵，它位于 android.graphics.Matrix 包下，是 Android 提供的一个矩阵工具类，它本身不能对图像或 View 进行变换，但它可与其他 API 结合来控制图形、View 的变换，如 Canvas。

Matrix 对图像的处理可分为 4 类基本变换：

① Translate 平移变换。

② Rotate 旋转变换。

③ Scale 缩放变换。

④ Skew 错切变换。

针对每种变换，Android 提供了 pre、set 和 post 三种操作方式。

- set用于设置Matrix中的值。
- pre是先乘，因为矩阵的乘法不满足交换律，因此先乘、后乘必须要严格区分。先乘相当于矩阵运算中的右乘。
- post是后乘，后乘相当于矩阵运算中的左乘。

除平移变换（Translate）外，旋转变换（Rotate）、缩放变换（Scale）和错切变换（Skew）都可以围绕一个中心点来进行，如果不指定，在默认情况下是围绕（0，0）来进行相应的变换的。

Matrix 提供了一些方法来控制图片变换。

- setTranslate(float dx,float dy)：控制Matrix进行平移。
- setSkew(float kx,float ky)：控制Matrix进行倾斜，kx、ky为*X*、*Y*方向上的倾斜距离。
- setSkew(float kx,float ky,float px,float py)：控制Matrix以px、py为轴心进行倾斜，kx、ky为*X*、*Y*方向上的倾斜距离。
- setRotate(float degrees)：控制Matrix进行depress角度的旋转，轴心为（0,0）。
- setRotate(float degrees,float px,float py)：控制Matrix进行depress角度的旋转，轴心为(px,py)。
- setScale(float sx,float sy)：设置Matrix进行缩放，sx、sy为*X*、*Y*方向上的缩放比例。
- setScale(float sx,float sy,float px,float py)：设置Matrix以(px,py)为轴心进行缩放，sx、sy为*X*、*Y*方向上的缩放比例。

其实，图片在内存中存放的就是一个一个的像素点，对每个像素点进行相应的变换，即可完成对图像的变换。

使用 Matrix 控制图像或组件变换的步骤如下：

① 获取 Matrix 对象，该 Matrix 对象既可以是新创建的，也可以是其他对象内封装的 Matrix（如 Transformation 对象内部就封装了 Matrix）。

② 调用 Matrix 的方法进行平移、旋转、缩放、倾斜等。

③ 将程序对 Matrix 所做的变换应用到指定图像或组件。

一旦对 Matrix 进行了变换，就可应用该 Matrix 变换对图像进行绘制。比如 Canvas 就提供了一个 drawBitmap(Bitmap bitmap, Matrix matrix,Paint paint) 方法，调用该方法即可在绘制 bitmap 时应用 Matrix 上的变换。

如下示例通过自定义的 View 可以检测用户的键盘事件，当用户单击方向键时，该自定义的 View 会用 Matrix 对绘制的图形进行旋转、倾斜变换。示例效果如图 7-8 所示，完整代码见 Example07_07。

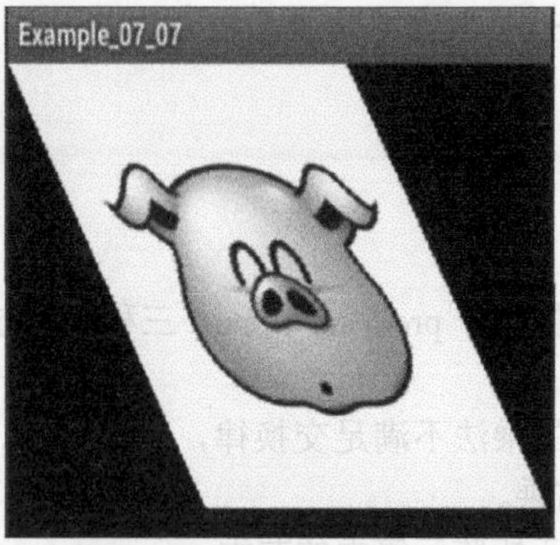

图7-8 使用Matrix实现变换

代码清单 7-9：Example07_07\GameViewDrawer

```
public class ViewDrawer extends View
{        private Bitmap myBitmap; //初始的图片资源
  private Matrix matrix = new Matrix();//Matrix 示例
  private float tiltDegree = 0.0f; //设置倾斜度
  private int width, height; //位图宽和高
  private float scale = 1.0f; //缩放比例
  private boolean isScale = false; //判断缩放还是旋转
  public ViewDrawer(Context context, AttributeSet set)
  {        super(context, set);
           //获得位图
           myBitmap = ((BitmapDrawable) context.getResources().
getDrawable(R.drawable.testb)).getBitmap();
           width = myBitmap.getWidth();//获得位图宽
           height = myBitmap.getHeight();//获得位图高
           this.setFocusable(true); //使当前视图获得焦点
           this.setOnTouchListener(new View.OnTouchListener()//触摸改变事件
           {public boolean onTouch(View view, MotionEvent mEvent)
                 {//获取屏幕分辨率
                       DisplayMetrics displayMetrics = getResources().
getDisplayMetrics();
                       int width = displayMetrics.widthPixels;
                       int height = displayMetrics.heightPixels;
                       //触摸点的坐标
                       double ex = mEvent.getX();
                       double ey = mEvent.getY();
                       //center
                       double center_x = width / 2;
                       double center_y = height / 2;
                       double L_x = (center_x - (width * 0.2));
                       double R_x = (center_x + (width * 0.2));
                       //上方向的判断
                       if (ey < center_y && (ex > L_x && ex < R_x))
```

```
                        {       isScale = true;if (scale < 2.0)scale += 0.1;
                        postInvalidate();Log.v("TAG", "执行了------上");
                        }if (ey > center_y && (ex > L_x && ex < R_x))
                        {isScale = true;
                                if (scale > 0.5)scale -= 0.1;
                        postInvalidate();Log.v("TAG", «执行了------下");
                        }if (ex > 0 && ex < L_x)
                        {       isScale  =  false;tiltDegree  +=  0.1;
postInvalidate();
                                Log.v("TAG", "执行了------左");
                        }if (ex > R_x)
                        {isScale = false;tiltDegree -= 0.1;
                        postInvalidate();Log.v("TAG", "执行了------右");
                        }return true;
                }});
        }
        protected void onDraw(Canvas canvas)
        {       super.onDraw(canvas);
                //重置Matrix
                matrix.reset();
                if (!isScale)
                {//旋转Matrix
                matrix.setSkew(tiltDegree, 0);①
                } else{
                        matrix.setScale(scale, scale); //缩放Matrix②
                }
                //根据原始位图和Matrix创建新图片
                Bitmap myBitmap2 = Bitmap.createBitmap(myBitmap, 0, 0, width,
height,matrix, true);③
                //绘制新位图
                canvas.drawBitmap(myBitmap2, matrix, null);④
        }public boolean onKeyDown(int keyCode, KeyEvent event)
        {switch (keyCode)
                {//向左倾斜
                case KeyEvent.KEYCODE_DPAD_LEFT:
                        isScale = false;
                        tiltDegree += 0.1;
                        postInvalidate();
                        break;
                //向右倾斜
                case KeyEvent.KEYCODE_DPAD_RIGHT:
                        isScale = false;
                        tiltDegree -= 0.1;
                        postInvalidate();
                        break;
                //放大
```

```
            case KeyEvent.KEYCODE_DPAD_UP:
                    isScale = true;
                    if (scale < 2.0)
                            scale += 0.1;
                    postInvalidate();
                    break;
            //缩小
            case KeyEvent.KEYCODE_DPAD_DOWN:
                    isScale = true;
                    if (scale > 0.5)
                            scale -= 0.1;
                    postInvalidate();
                    break;
            }
            return super.onKeyDown(keyCode, event);
    }}
```

程序中，

①号代码表示设置旋转变换矩阵。

②号代码表示设置缩放变换矩阵

③号代码表示根据原始位图和设置好的 Matrix 创建新图片。

④号代码表示使用设置好的 Matrix 绘制新位图。

⚠注意：Matrix变换注意事项如下。
对于一个从BitmapFactory.decodeXxx()方法加载的Bitmap对象而言，它是一个只读的对象，无法对其进行处理，必须使用Bitmap.createBitmap()方法重新创建一个Bitmap对象的复制，才可以对复制的Bitmap进行处理。
因为图像的变换是针对每一个像素点的，所以有些变换可能发生像素点的丢失，这里需要使用Paint.setAnitiAlias(boolean)设置来消除锯齿，这样图片变换后的效果会好很多。
在重新创建一个Bitmap对象的复制时，需要注意它的宽和高，如果设置不妥，很可能变换后的像素点已经移动到“图片之外”去了。

扩展实践

Bitmap 的 createBitmap() 方法可以“挖取”源位图的其中一块，如果通过定时器的控制不断“挖取”源位图不同位置的块，就可以制造背景在移动的“假象”。

那么如何实现游戏背景图片不断“下移”的效果呢？请看代码如下：

```
    Bitmap backGround2 = Bitmap.createBitmap(backGround, 0, startY,
WIDTH,HEIGHT); ①
                    canvas.drawBitmap(backGround2, 0, 0, null); ②
```

①号代码表示，通过“挖取”源位图 backGround 的一块 (0, startY, WIDTH,HEIGHT) 创建出新位图 backGround2。

②号代码表示绘制新位图 backGround2。

如果不断地修改①号代码中的 startY 值，即可实现游戏背景图片不断“下移”的效果。完整代码见 Example07_08。

该案例未为用户按键事件提供监听器，从而控制飞机飞行。为了进一步完善该案例，可以从以下三个方面进行改进：

① 控制随机出现的敌机及其坐标。

② 控制飞机所发出的子弹坐标。

③ 对各游戏对象的碰撞进行检测，并进行处理。

7.3.2 图像扭曲（drawBitmapMesh）

Canvas 提供了 DrawBitmapMesh() 方法，该方法的原理就是按照网格来重新拉伸图片，假设在一张图片上有很多网格，每个网格顶点的像素与图片上的像素是一一对应的，也就是网格怎么扭曲，像素点就会怎么扭曲，从而图片就会怎么扭曲。但是如何扭曲网格呢？在 Android 中很简单，设置网格顶点（网格线的交点）所在位置就可以了。但是网格顶点之间的连线也是扭曲的，需要我们计算出连线的弯曲方式吗？不需要。在 DrawBitmapMesh 中，只需要定义好网格顶点将要扭曲到哪个坐标点上，然后将网格顶点扭曲后的坐标点告诉 DrawBitmapMesh，便会自动计算出周边的线条扭曲形式，并根据结果扭曲图像。

总之，需要做三步。

① 根据图片，生成原始的、四四方方的网格（bitmap、meshWidth、meshHeight）。

② 根据上面生成的网格（顶点坐标），计算出将要扭曲的新网格（顶点坐标）（verts）。

③ 将上面的数据传入 drawBitmapMesh。

生成新网格的方式，就是重新定义每个网格顶点的 X、Y 坐标。

Canvas 的 drawBitmapMesh 定义如下：

```
    public void drawBitmapMesh(Bitmap bitmap, int meshWidth, int meshHeight,
float[] verts, int vertOffset, int[] colors, int colorOffset, Paint paint)
```

- bitmap：就是将要扭曲的图像。
- meshWidth：需要的横向网格数目
- meshHeight：需要的纵向网格数目
- verts：网格顶点坐标数组。
- vertOffset：控制verts数组中从第几个数组元素开始才对bitmap进行扭曲（跳过(x，y)对的数目，忽略vertOffset之前数据的扭曲效果）。

其中，verts 是个一维数组，保存所有（新）网格顶点坐标信息（扭曲后的网格顶点坐标信息）。偶数项保存 X 坐标，奇数项保存 Y 坐标。比如有 meshWidth*meshHeight 个网格（顶点），如果 vertOffset 为 0，那么算上两端就有（meshWidth+1）*（meshHeight+1）个网格顶点，verts 数组的长度应该至少为(meshWidth+1)*(meshHeight+1)*2(每个网格顶点有 X、Y 坐标)。

Android 中的许多图片特效都可以使用这个函数来实现。这个函数实现的是像素转移。将 width 和 height 所描述的网格顶点，对应到 verts 数组中的新的网格顶点上。这个函数本身只是实现了像素转移，但是如果精巧地构造 verts 数组，可以实现许多有趣的效果。

下面的案例通过 Canvas 的 DrawBitmapMesh() 方法实现图片的扭曲，当用户“触碰”图片上的指定范围的一点时，图片就会在这个点所在的位置凹下去——图片好像一张“极软的床”。

为了实现此效果，程序要在用户触碰图片上指定范围的一点时，动态地改变 verts 数组中每个元素的值（扭曲后的每个网格顶点的坐标）。这个改变不妨这样实现，程序计算图片上每个网格顶点与触碰点的距离，网格顶点与触碰摸点的距离越小，该网格顶点向触碰点移动的距离越大。

案例效果如图 7-9 所示，完整代码见 Example07_09。

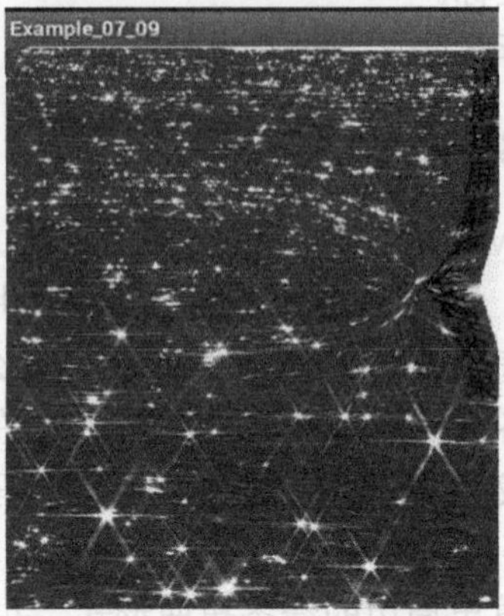

图7-9 drawBitmapMesh实现图片扭曲

```
    protected void onDraw(Canvas canvas)
      {//对bitmap按verts数组进行扭曲 从第一个点（由第5个参数0控制）开始扭曲
      canvas.drawBitmapMesh(this.imgDistortionActivity.bitmap, WIDTH,
HEIGHT,verts, 0, null, 0, null);
      }
      //工具方法，用于根据触摸事件的位置计算verts数组中各元素的值
      private void distort(float eventX, float eventY)
      {for (int i = 0; i < MESHVERTEXNUM * 2; i += 2)
              {       float dx = eventX - processArray[i + 0];
                      float dy = eventY - processArray[i + 1];
                      float dd = dx * dx + dy * dy;
                      //计算每个坐标点与当前点（cx、cy)之间的距离
                      float d = (float) Math.sqrt(dd);
                      //计算扭曲度，距离当前点（cx、cy)越远，扭曲度越小
                      float pull = 80000 / ((float) (dd * d));
                      //对verts数组（保存bitmap上31 * 31个点经过扭曲后的坐标）重新赋值
                      if (pull >= 1)
                      {       verts[i + 0] = eventX;
                              verts[i + 1] = eventY;
                      } else{
                              //控制各顶点向触摸事件发生点偏移
                              verts[i + 0] = processArray[i + 0] + dx * pull;
                              verts[i + 1] = processArray[i + 1] + dy * pull;
                      }
              }
              //通知View组件重绘
              invalidate();
      }
```

上述代码的 distort() 方法是本案例的关键，该方法根据触碰点的位置（由 eventX，eventY 坐标控制）动态修改 verts 数组中所有元素的值。

将修改后的 verts 数组及其他参数传入上述代码的 onDraw() 方法中，就实现了图片的扭曲效果。

7.3.3 图形填充（Shader）

Paint（画笔）包含一个 setShader(Shader s) 方法，该方法控制“画笔”的渲染效果：Android 不仅可以使用颜色来填充图形（比如圆、椭圆、正方形等几何图形），也可以用 Shader 对象指定的渲染效果来填充图形。

Shader 本身是一个抽象类，它提供了如下实现类。

- BitmapShader：图像渲染，使用位图平铺的渲染效果。
- LinearGradient：线性渐变，使用线性渐变来填充图形。
- RadialGradient：环形渐变，使用环形渐变来填充图形。
- SweepGradient：角度渐变（扫描渐变），围绕一个中心点扫描。
- ComposeShader：组合渲染，使用组合渲染来填充图形。

如果需要将一张图片裁剪成椭圆或圆形等形状展示给用户，这时可使用 BitmapShader 类来裁剪，要看到一些渐变的效果，可用 LinearGradient、RadialGradient、SweepGradient 等来完成。

Shader 类的使用，需要先构建 Shader 对象，然后通过 Paint 的 setShader 方法设置渲染对象，在绘制时使用这个 Paint 对象即可。当然，不同的渲染效果需要构建不同的渲染对象。

基本步骤如下：

① 创建好要设置的渲染对象、Shader 对象。

② 使用 Paint 对象的 setShader 方法传入该 Shader 对象，然后刷新页面，触发 onDraw 方法则可使用新的渲染对象画图。

例如如下代码：

```
    bm = BitmapFactory.decodeResource(getResources(), R.drawable.girl);
    paint = new Paint();
    colors = new int[]{Color.RED,Color.GREEN,Color.BLUE};
    //横向使用重复模式，纵向使用镜像模式绘制bm位图至整个屏幕
    bitmapShader = new BitmapShader(bm, TileMode.REPEAT, TileMode.MIRROR);
    //从（0,0)至（100,100)的位置设置color数组中的颜色的线性渐变，其他剩余空间为此空间的重
复模式
    linearGradient = new LinearGradient(0, 0, 100, 100, colors,
null, TileMode.REPEAT);
    //以（100,100)为圆心，80为半径，以color数组中的颜色绘制重复模式的光束渲染
    radialGradient = new RadialGradient(100, 100, 80, colors, null, TileMode.
REPEAT);
    //以（100,100)的位置为中心，以color数组中颜色绘制角度渲染
    sweepGradient = new SweepGradient(100, 100, colors, null);
    //混合以上多种渲染而成
    composeShader = new ComposeShader(linearGradient,
radialGradient,PorterDuff.Mode.DARKEN);
```

下面的案例包含5个按钮，当用户单击不同按钮时，系统会设置Paint使用不同的Shader，这样就能看到不同的Shader效果。

```
public class ShaderActivity extends Activity implements OnClickListener
{  //声明位图渲染对象
   private Shader[] shaders = new Shader[5];
   //声明颜色数组
   private int[] colors;
   MyViewDrawer myViewDrawer;
   //自定义视图类
   public void onCreate(Bundle savedInstanceState)
   {       super.onCreate(savedInstanceState);
           setContentView(R.layout.main);
           myViewDrawer = (MyViewDrawer) findViewById(R.id.my_view);
           //获得Bitmap实例
           Bitmap bm = BitmapFactory.decodeResource(getResources(),
R.drawable.waterimg);
           //设置渐变的颜色组，也就是按红、绿、蓝的方式渐变
           colors = new int[] { Color.RED, Color.GREEN, Color.BLUE };
           //实例化BitmapShader,X坐标方向重复图形，Y坐标方向镜像图形
           shaders[0] = new BitmapShader(bm, TileMode.REPEAT, TileMode.
MIRROR);①
           //实例化LinearGradient
           shaders[1] = new LinearGradient(0, 0, 100, 100, colors,
null,TileMode.REPEAT);
           //实例化RadialGradient
           shaders[2] = new RadialGradient(100, 100, 80, colors,
null,TileMode.REPEAT);
           //实例化SweepGradient
           shaders[3] = new SweepGradient(160, 160, colors, null);
           //实例化ComposeShader
           shaders[4] = new ComposeShader(shaders[1], shaders[2],PorterDuff.
Mode.DARKEN);
           Button bn1 = (Button) findViewById(R.id.bn1);
           Button bn2 = (Button) findViewById(R.id.bn2);
           Button bn3 = (Button) findViewById(R.id.bn3);
           Button bn4 = (Button) findViewById(R.id.bn4);
           Button bn5 = (Button) findViewById(R.id.bn5);
           bn1.setOnClickListener(this);
           bn2.setOnClickListener(this);
           bn3.setOnClickListener(this);
           bn4.setOnClickListener(this);
           bn5.setOnClickListener(this);
   }
 public void onClick(View source)
   {switch (source.getId())②
```

```
    {case R.id.bn1:myViewDrawer.paintPen.setShader(shaders[0]); break;
            case R.id.bn2:      myViewDrawer.paintPen.setShader(shaders[1]);
break;
            case R.id.bn3:      myViewDrawer.paintPen.setShader(shaders[2]);
break;
            case R.id.bn4:      myViewDrawer.paintPen.setShader(shaders[3]);
break;
            case R.id.bn5:      myViewDrawer.paintPen.setShader(shaders[4]);
break;
            }
            //重绘界面
            myViewDrawer.invalidate();
    }
}
```

①程序段代码表示，创建了多个 Shader 对象。

②程序段代码表示，程序根据用户按下的不同按钮来修改 View 对象的 Paint，View 对象会根据该画笔 Paint 来绘制一个矩形；随着 View 对象的 Paint 所使用的 Shader 对象不断改变，所绘制的矩形也随之改变。

如图 7-10 所示为 Shader 的 BitmapShader 渲染效果，如图 7-11 所示为 Shader 的 SweepGradient 渲染效果。

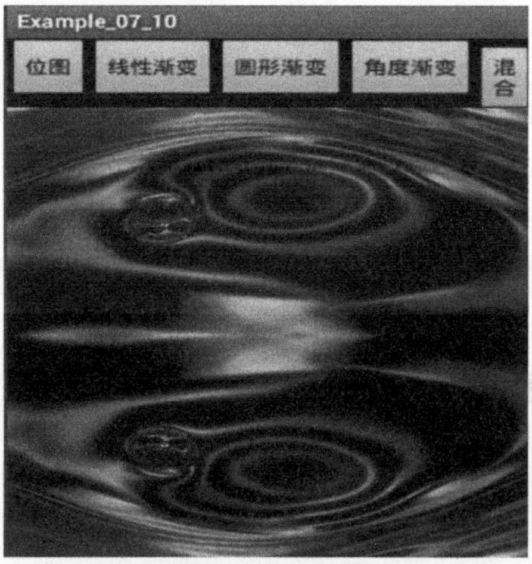

图7-10 BitmapShader渲染效果

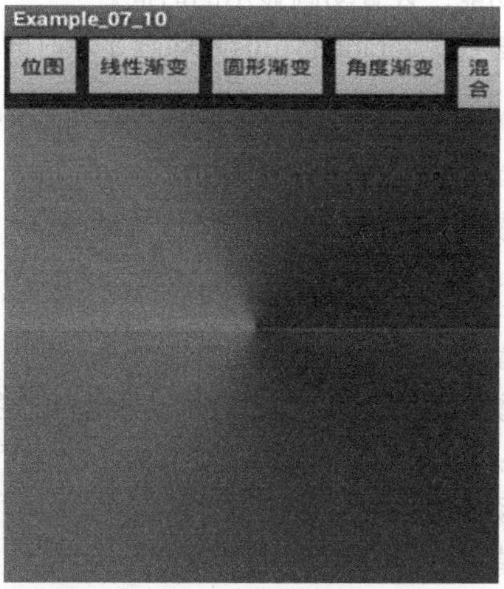

图7-11 SweepGradient渲染效果

7.4 动画实现

关于动画，在前面的章节已经做了简单的介绍，这里结合游戏开发作进一步探讨。Android 框架本身就使用了大量的动画效果，比如 Activity 切换的动画效果，Dialog 弹出和关闭时的渐变动画效果及 Toast 显示信息时的淡入、淡出效果等。Android 系统框架提供了一些动画类及其工具类，所以在 Android 应用中使用动画效果非常简单。Android 中可以在 xml 中定义 Animation，也可以在 java code 中定义。

Android 中动画的实现分两种方式，一种方式是补间动画 Tween Animation，开发者定义一个开始和结束，中间的部分由 Android 自身实现，即通过对场景中的对象不断进行图像变换（平移、缩放、旋转）来产生动画效果。另一种是逐帧动画 Frame Animation，一帧一帧地连续起来播放就变成了动画，即顺序播放事先做好的图像，和电影类似。

7.4.1 补间动画（Tween）

Tween 动画通过对 View 的内容完成一系列的图形变换（包括平移、缩放、旋转、改变透明度）来实现动画效果。它主要包括以下 4 种动画效果。

① Alpha：渐变透明度动画。

② Scale：渐变尺寸伸缩动画。

③ Translate：画面转换位置移动动画。

④ Rotate：画面转移旋转动画。

具体来讲，Tween 动画是通过预先定义一组指令来指定图形变换的类型、触发时间、持续时间。程序沿着时间线执行这些指令就可以实现动画效果。这些动画的执行步骤差不多，先定义 Animation 动画对象，然后设置动画的一些属性，最后通过 startAnimation() 方法启动动画。

```
(1) setDuration(long durationMillis);
```

- 功能：设置动画显示的时间。
- 参数：durationMillis为动画显示时间的长短，以毫秒为单位。

```
(2) startAnimation(Animation animation)
```

- 功能：开始播放动画。
- 参数：animation为要播放的动画。

```
(3) AlphaAnimation(float fromAlpha, float to Alpha)
```

- 功能：创建一个透明度渐变的动画。
- 参数说明：fromAlpha是动画起始时的透明度；toAlpha是动画结束时的透明度。

注：0.0 表示完全透明，1.0 表示完全不透明。

该动画有两种实现方式。

①直接在程序中创建动画。

```
//创建Alpha动画
Animation alpha = new AlphaAnimation(0.1f, 1.0f);
//设置动画时间为5秒
alpha.setDuration(5000);
//开始播放
img.startAnimation(alpha);
```

②通过 XML 来创建动画 alpha_anim.xml，在 res/anim 目录下。

```
<?xml version="1.0" encoding="utf-8"?>
<set xmlns:android="http://schemas.android.com/apk/res/android">
```

```
<alpha
android:fromAlpha="0.1"
android:toAlpha="1.0"
android:duration=»5000»>
</alpha>
</set>
```

(4) ScaleAnimation(float fromX, float toX, float fromY, float toY, int pivotXType, floatXValue,int pivotYType, float pivotYValue)

- 功能：创建一个渐变尺寸伸缩动画。
- 参数：fromX、toX分别是起始和结束时*X*坐标上的伸缩尺寸。fromY、toY分别是起始和结束时*Y*坐标上的伸缩尺寸。pivotXValue，pivotYValue分别为伸缩动画相对于*X*,*Y*坐标开始的位置，pivotXType、pivotYType分别为*X*、*Y*的伸缩模式。

该动画也有两种实现方式。

① 直接在程序中实现的方式，Java 代码如下：

```
Animation scale = new ScaleAnimation(0f, 1f, 0f, 1f, Animation.RELATIVE_TO_SELF, 0.5f, Animation.RELATIVE_TO_SELF, 0.5f);
//设置动画持续时间
scale.setDuration(5000);
//开始动画
img.startAnimation(scale);
```

② 在 XML 中创建动画 scale_anim.xml，在 res/anim 目录下，Java 代码如下：

```
<?xml version="1.0" encoding="utf-8"?>
<set xmlns:android="http://schemas.android.com/apk/res/android">
<scale
android:interpolator="@android:anim/accelerate_decelerate_interpolator"
android:fromXScale="0.0"
android:toXScale="1.0"
android:fromYScale="0.0"
android:toYScale="1.0"
android:pivotX="50%"
android:pivotY="50%"
android:fillAfter="false"
android:duration="5000"
/>
</set>
 Animation scale = AnimationUtils.loadAnimation(TweenActivity.this,
 R.anim.scale_anim);
```

src 中的 Java 代码：

```
//开始动画
img.startAnimation(scale);
```

(5) TranslateAnimation(float fromXDelta, float toXDelta, float YDelta, float

```
toYDelta)
```

- 功能：创建一个移动画面位置的动画。
- 参数：fromXDelta、fromYDelta分别是起始坐标；toXDelta、toYDelta分别是结束坐标。

该动画有两种实现方式。

① 直接在程序中实现，Java 代码如下：

```
Animation translate = new TranslateAnimation(10, 100, 10, 100);
//设置动画持续时间
translate.setDuration(3000);
//开始动画
img.startAnimation(translate);
```

② 在 XML 中创建动画，Java 代码如下：

```
<?xml version="1.0" encoding="utf-8"?>
<set xmlns:android="http://schemas.android.com/apk/res/android">
<translate
android:fromXDelta="10"
android:toXDelta="100"
android:fromYDelta="10"
android:toYDelta="100"
android:duration="5000"
/>
</set>
```

在程序中可以定义其实现，比如在 Button 中的按钮事件，Java 代码如下：

```
Animation translate = AnimationUtils.loadAnimation(TweenActivity.this,
R.anim.translate_anim);
//开始动画
img.startAnimation(translate);
```

```
(6) Rotate(float fromDegrees, float toDegrees, int pivotXType, float
pivotXValue, int pivotYType,float pivotYValue)
```

- 功能：创建一个旋转画面的动画.
- 参数：fromDegrees为开始的角度；toDegrees为结束的角度。pivotXType、pivotYType分别为(x,y)的伸缩模式。pivotXValue，pivotYValue分别为伸缩动画相对于(x,y)的坐标开始位置。

该动画有两种实现方式。

① 直接在程序中创建动画，相应的 Java 代码如下：

```
Animation rotate = new RotateAnimation(0f,+360f,
Animation.RELATIVE_TO_SELF,0.5f,Animation.RELATIVE_TO_SELF, 0.5f);
rotate.setDuration(3000);
img.startAnimation(rotate);
```

② 在 XML 中创建动画（文件），rotate_anim.xml 在 res/anim 目录下，相应的 Java 代码如下：

```
<?xml version="1.0" encoding="utf-8"?>
<set xmlns:android="http://schemas.android.com/apk/res/android">
<rotate
android:interpolator="@android:anim/accelerate_decelerate_interpolator"
android:fromDegrees="0"
android:toDegrees="+360"
android:pivotX="50%"
android:pivotY="50%"
android:duration="1000"
/>
</set>
 Animation rotate = AnimationUtils.loadAnimation(TweenActivity.this,
R.anim.rotate_anim);
```

相应的，在主程序中应添加的Java代码如下：

```
img.startAnimation(rotate);
```

在补间动画中，一般只定义关键帧（首帧或尾帧），然后由系统自动生成中间帧，生成中间帧的这个过程可以称为“插值”（Interpolator）。能够生成中间帧的机制称为插值器（Interpolator），下面讨论有关插值器（Interpolator）的几个问题。

（1）插值器（Interpolator）

插值器定义了动画变化的速率，Android提供了不同的函数定义插值相对于时间的变化规则，可以定义各种各样的非线性变化函数，如加速、减速等。常见的插值器如表7-2所示。

表7-2 常见的插值器

Interpolator对象	资源ID	功能作用
AccelerateDecelerateInterpolator	@android:anim/accelerate_decelerate_interpolator	先加速再减速
AccelerateInterpolator	@android:anim/accelerate_interpolator	加速
AnticipateInterpolator	@android:anim/anticipate_interpolator	先回退一小步然后加速前进
AnticipateOvershootInterpolator	@android:anim/anticipate_overshoot_interpolator	在上一个基础上超出终点一小步再回到终点
BounceInterpolator	@android:anim/bounce_interpolator	最后阶段弹球效果
CycleInterpolator	@android:anim/cycle_interpolator	周期运动
DecelerateInterpolator	@android:anim/decelerate_interpolator	减速
LinearInterpolator	@android:anim/linear_interpolator	匀速
OvershootInterpolator	@android:anim/overshoot_interpolator	快速到达终点并超出一小步最后回到终点

（2）插值器使用法

```
<set android:interpolator="@android:anim/accelerate_interpolator">...
</set>
```

（3）个性化插值器

如果系统提供的插值器不能满足需要，可以通过修改系统插值器的属性进行优化，从而实现个性化插值器，比如修改 AnticipateInterpolator 的加速速率、调整 CycleInterpolator 的循环次数等。

常见的插值器可调整的属性有如下几种：

```
    <accelerateDecelerateInterpolator> 无
    <accelerateInterpolator> android:factor 浮点值，加速速率，默认为1
    <anticipateInterploator> android:tension 浮点值，起始点后退的张力、拉力数，默认为2
    <anticipateOvershootInterpolator> android:tension 同上 android:extraTension
浮点值，拉力的倍数，默认为1.5 (2 * 1.5)
    <bounceInterpolator> 无
    <cycleInterplolator> android:cycles 整数值，循环的个数，默认为1
    <decelerateInterpolator> android:factor 浮点值，减速的速率，默认为1
    <linearInterpolator> 无
    <overshootInterpolator> 浮点值，超出终点后的张力、拉力，默认为2
```

修改属性后的插值器，我们就可以直接使用。比如，在 /res/anim 下创建一个 XML 文件，该 XML 文件为修改 overshootInterpolator 属性的自定义插值器，并将该 XML 文件命名为 my_overshoot_interpolator.xml，相应代码如下：

```
    <?xml version="1.0" encoding="utf-8"?>
    <overshootInterpolator xmlns:android="http://schemas.android.com/apk/res/
android"
    android:tension="7.0"/>
```

在如下代码中，就使用了上述自定义的插值器。

```
    <scale xmlns:android="http://schemas.android.com/apk/res/android"
android:interpolator="@anim/my_overshoot_interpolator"
    .../>
```

（4）自定义插值器

如果上述修改系统插值器属性仍无法满足需要，可以自定义插值器。

下面看一个案例，该案例包括两个动画资源文件，第一个动画资源文件控制图片以旋转的方式缩小图片，该动画资源文件如下。

程序清单 7-10：Example07_11\res\anim\ animation.xml

```
    <?xml version="1.0" encoding="UTF-8"?>
    <!-- 指定动画匀速改变 -->
    <set xmlns:android="http://schemas.android.com/apk/res/android"
       android:interpolator="@android:anim/linear_interpolator">①
       <!-- 定义缩放变换 -->
       <scale android:fromXScale="1.0"
              android:toXScale="0.01"
              android:fromYScale="1.0"
              android:toYScale="0.01"
              android:pivotX="50%"
```

```
        android:pivotY="50%"
        android:fillAfter="true"
        android:duration="3000"/>
    <!-- 定义透明度的变换 -->
    <alpha
        android:fromAlpha="1"
        android:toAlpha="0.05"
        android:duration="3000"/>
    <!-- 定义旋转变换 -->
    <rotate
        android:fromDegrees="0"
        android:toDegrees="1800"
        android:pivotX="50%"
        android:pivotY="50%"
        android:duration="3000"/>
</set>
```

上述动画资源文件指定动画匀速变化（如上面代码①所示），同时进行缩放、透明度改变、旋转三种改变，动画持续时间为 3 秒。

第二个动画资源文件则控制图片以动画的方式恢复回来。程序清单见 Example07_11\res\anim\ animationreverse.xml。此处略去具体程序清单。

动画资源文件定义好后，接下来就可以利用 AnimationUtils 工具类来加载指定的动画资源，加载成功后会返回一个 Animation，该对象即可控制图片或视图播放动画。

下面的程序负责加载动画资源，并使用 Animation 来控制图片播放动画。案例运行如图 7-12 所示，完整代码见 Example07_11。

图7-12 补间动画（Tween）

程序清单 7-11：Example07_11\TweenAnimActivity.java

```
public class TweenAnimActivity extends Activity
{public void onCreate(Bundle savedInstanceState)
   {       super.onCreate(savedInstanceState);
           setContentView(R.layout.main);
           final ImageView flower = (ImageView) findViewById(R.id.flower);
           //加载第一个动画资源文件
           final Animation animation = AnimationUtils.loadAnimation(this,
R.anim.animation);//①
           //设置动画结束后保留结束状态
           animation.setFillAfter(true);
           //加载第二个动画资源文件
           final Animation animationreverse = AnimationUtils.
loadAnimation(this,R.anim.animationreverse);
           //设置动画结束后保留结束状态
           animationreverse.setFillAfter(true);
           Button bn = (Button) findViewById(R.id.bn);
           final Handler handler = new Handler()
           {public void handleMessage(Message msg)
                  {if (msg.what == 0x001)
                         {flower.startAnimation(animationreverse);}//②
                  }
           };
           bn.setOnClickListener(new OnClickListener()
           {public void onClick(View arg0)
                  {flower.startAnimation(animation);//③
                         //设置4秒后启动第二个动画
                         new Timer().schedule(new TimerTask()
                         {public void run()
                                {handler.sendEmptyMessage(0x001);}
                         }, 4000);
                  }
           });
   }
}
```

① 号代码表示，加载第一个动画资源文件，加载成功后，返回一个 Animation 对象（即动画 animation）。

② 号代码表示，播放动画 animationreverse。

③ 号代码表示，播放动画 animation。

当用户单击程序中按钮时，程序对图片先播放动画 animation；程序使用定时器设置 4 秒后对图片播放 animationreverse 动画。

7.4.2 逐帧动画（Frame）

Frame 动画是最常见的动画，Android 中当然也少不了它。它是一系列图片按照一定的顺序展示的过程，和放电影的机制很相似，称为逐帧动画。Frame 动画可以被定义在 XML 文件中实现，也可以完全由编码实现。

（1）XML 文件实现

Frame 动画一般通过 XML 文件配置，如果被定义在 XML 文件中，可以放置在 /res 下的 anim 或 drawable 目录中（/res/[anim|drawable]/filename.xml），文件名可以作为资源 ID 在代码中引用；如在工程的 res/anim 目录下创建一个 XML 配置文件，该配置文件有一个 <animation-list> 根元素和若干个 <item> 子元素。

① <animation-list> 元素是必需的，并且必须要作为根元素，可以包含一个或多个 <item> 元素；android:onshot 如果定义为 true，此动画只会执行一次；如果为 false，则一直循环。

② <item> 元素代表一帧动画。

android:drawable 指定此帧动画所对应的图片资源。

android:druation 代表此帧持续的时间，整数，单位为毫秒。

（2）完全编码实现

如果完全由编码实现，需要用到 AnimationDrawable 类，AnimationDrawable 类有 start() 和 stop() 两个重要的方法来启动和停止动画。它的使用更加简单，只需要创建一个 AnimationDrawable 对象来表示 Frame 动画，然后通过 addFrame 方法把每一帧要显示的内容添加进去，最后通过 start 方法就可以播放这个动画，同时还可以通过 setOneShot 方法来设置该动画是否重复播放。

其实一旦程序获取了 AnimationDrawable 对象，接下来就可用 ImageView 把 AnimationDrawable 对象显示出来，习惯上把 AnimationDrawable 设置成 ImageView 的背景即可。下面是逐帧动画的简单案例，案例如图 7-13 所示，完整代码见 Example07_12。该案例先使用如下代码定义了一个逐帧动画资源文件。

程序清单 7-12：Example07_12\res\anim\bookmarkanim.xml

```
<?xml version="1.0" encoding="utf-8"?>
<!-- 指定动画循环播放 -->
<animation-list xmlns:android="http://schemas.android.com/apk/res/android"
    android:oneshot="false">
    <!-- 添加多个帧 -->
    <item android:drawable="@drawable/bookmark01" android:duration="60" />
    <item android:drawable="@drawable/bookmark02" android:duration="60" />
    //多个类似的item定义，此处省略
</animation-list>
```

bookmarkanim.xml 定义了一个逐帧动画资源，接下来可以在程序中使用 ImageView 显示该动画。

⚠注意：AnimationDrawable代表的动画默认是不播放的，必须在程序中启动动画播放才可以。相应的AnimationDrawable提供了两个方法。

案例程序中有两个按钮，一个按钮用于开始播放动画，另一个按钮暂停播放动画。

- start()：开始播放动画。
- stop()：停止播放动画。

程序清单 7-13：Example07_12\FrameActivity.java

```
public class FrameActivity extends Activity
{  public void onCreate(Bundle savedInstanceState)
   {       super.onCreate(savedInstanceState);
           setContentView(R.layout.main);
           //获取两个按钮
           Button play = (Button)findViewById(R.id.play);
           Button stop = (Button)findViewById(R.id.stop);
           ImageView imageView = (ImageView)findViewById(R.id.frameanim);
           //获取AnimationDrawable动画对象
           final AnimationDrawable frameanimanim = (AnimationDrawable)
imageView.getBackground();
           play.setOnClickListener(new OnClickListener()
           {public void onClick(View v){//开始播放动画
                   frameanimanim.start();     );//①
           stop.setOnClickListener(new OnClickListener()
           {public void onClick(View v)//停止播放动画
           {               frameanimanim.stop();      }});   //②
   }
}
```

①号代码表示，开始播放动画。

②号代码表示，停止播放动画。

图7-13 逐帧动画（Frame）效果

扩展实践

实际应用中，往往同时运行多个动画，比如我们要做一个小游戏：用户控制游戏中的主角前进，当主角移动时，不仅要控制它的位置改变，还应该在它移动时播放逐帧动画，从而让用户体验感更“逼真”。

下面一个案例就结合逐帧动画和补间动画来开发一个“蝴蝶飞舞”的效果。在这个案例中，蝴蝶飞舞时的振翅效果通过逐帧动画实现；蝴蝶飞舞时的位置改变通过补间动画实现。

先为该案例定义动画资源文件，见程序清单 7-14。

程序清单 7-14：Example07_13\res\anim\mixanimframe.xml

```
<?xml version="1.0" encoding="utf-8"?>
<!-- 定义动画循环播放 -->
<animation-list xmlns:android="http://schemas.android.com/apk/res/android"
   android:oneshot="false">
<item android:drawable="@drawable/butterfly_f01" android:duration="120" />
<item android:drawable="@drawable/butterfly_f02" android:duration="120" />
<item android:drawable="@drawable/butterfly_f03" android:duration="120" />
   //省略一些相似的item定义
</animation-list>
```

上述动画资源文件定义了逐帧动画，接下来在程序中使用一个 ImageView 显示该动画资源即可，这就可以看到蝴蝶“振翅”的效果了。由于蝴蝶飞舞主要是位移改变，在程序中用 Java 代码实现这个补间动画，即通过 TranslateAnimation 以动画的方式改变 ImageView 的位置，这样就可以实现“蝴蝶飞舞”的效果了。程序见 7-15。

程序清单 7-15：Example07_13\MixAnimActivity.java

```
public class MixAnimActivity extends Activity
{  //记录蝴蝶ImageView当前的位置
   private float currentX = 0;
   private float currentY = 30;
   //记录蝴蝶ImageView下一个位置的坐标
   float nextLocationX = 0;
   float nextLocationY = 0;
   public void onCreate(Bundle savedInstanceState)
   {      super.onCreate(savedInstanceState);
          setContentView(R.layout.main);
          //获取显示蝴蝶的ImageView组件
          final ImageView imageView = (ImageView) findViewById(R.id.mixanim);
          final Handler handler = new Handler()
          {public void handleMessage(Message msg)
                 {if (msg.what == 0x001)
                        {//横向上一直向右飞
                               if (nextLocationX > 320)
                               {currentX = nextLocationX = 0;} else
                               {nextLocationX += 8;}
                               //纵向上可以随机上下
```

```
                                nextLocationY = currentY + (float) (Math.
random() * 10 - 5);
                                //设置显示蝴蝶的ImageView发生位移改变
                TranslateAnimation mixAnimTween = new TranslateAnimation(current
    X,nextLocationX, currentY, nextLocationY);
                                currentX = nextLocationX;
                                currentY = nextLocationY;
                                mixAnimTween.setDuration(400);
                                //开始位移动画
                                imageView.startAnimation(mixAnimTween);//①
                            }                   }           };
                final AnimationDrawable mixAnimFrame = (AnimationDrawable)
imageView.getBackground();
                imageView.setOnClickListener(new OnClickListener()
                {public void onClick(View v)
                        {//开始播放蝴蝶振翅的逐帧动画
                            mixAnimFrame.start();//②
                                //通过定制器控制每0.4秒运行一次TranslateAnimation动画
                            new Timer().schedule(new TimerTask()
                            {public void run(){handler.sendEmptyMessage(0x001);}
                            }, 0, 400);} });}}
```

① 号代码表示，程序每隔 0.4 秒即对该 ImageView 执行一次位移动画。

② 号代码表示，用于播放动画。

案例运行效果如图 7-14 所示，完整代码见 Example07_13。

图7-14 扩展学习案例效果

7.4.3 动画实现（SurfaceView）

当使用 Android 开发一个复杂游戏，而且对程序的执行效率要求很高时，View 类就不能满足需求了，这时须使用 SurfaceView 类进行开发。

通常情况下，程序的 View 和用户响应都是在同一个线程中处理的，这也是为什么处理长时间事件（如访问网络）需要放到另外的线程中去（防止阻塞当前 UI 线程的操作和绘制）。但是在其他线程中却不能修改 UI 元素，例如，用后台线程更新自定义 View（调用自定义 View 中的 onDraw 函数）是不允许的。

如果需要在另外的线程绘制界面、需要迅速地更新界面或者渲染 UI 界面需要较长的时间，遇到这种情况时，就要使用 SurfaceView。SurfaceView 中包含一个 Surface 对象，而 Surface 是可以在后台线程中绘制的。游戏中的背景、人物、动画等都需要绘制在一个画布

（Canvas）上，而 SurfaceView 可以直接访问一个画布，SurfaceView 是提供给需要直接画像素而不是使用窗体部件的应用使用的。

SurfaceVie 与 View 不同，View 是在 UI 的主线程中更新画面，而 SurfaceView 是在一个新线程中更新画面。不可能写一个方法让主线程自己运动。View 的特性决定了其不适合做动画，因为如果更新画面时间过长，那么主 UI 线程就会被正在画的函数阻塞。SurfaceView 及其子类（如 TextView、Button）要画在 Surface 上。每个 Surface 创建一个 Canvas 对象（但属性时常改变），用来管理 View 和 Surface 上的绘图操作，如画点画线。

下面介绍有关 SurfaceView 的内容。

（1）定义

public class SurfaceView extends View

SurfaceView 是 View 的子类，它内嵌了一个专门用于绘制的 Surface，可以控制这个 Surface 的格式和尺寸，SurfaceView 控制 Surface 的绘制位置。Surface 是纵深排序（Z-ordered）的，说明它总在自己所在窗口的后面。SurfaceView 提供了一个可见区域，只有在这个可见区域内的 Surface 内容才可见。Surface 的排版显示受到视图层级关系的影响，它的兄弟视图结点会在顶端显示。这意味着 Surface 的内容会被它的兄弟视图遮挡，这一特性可以用来放置遮盖物（overlays）（如文本和按钮等控件）。注意，如果 Surface 上面有透明控件，那么每次 Surface 变化都会引起框架重新计算它和顶层控件的透明效果，这会影响性能。SurfaceView 默认使用双缓冲技术，它支持在子线程中绘制图像，这样就不会阻塞主线程了，所以它更适合于游戏的开发。

SurfaceView 可以直接从内存或者 DMA 等硬件接口取得图像数据，是一个非常重要的绘图容器。它的特性是：可以在主线程之外的线程中向屏幕上绘图。这样可以避免画图任务繁重时造成主线程阻塞，提高了程序的反应速度。在游戏开发中多用到 SurfaceView，游戏中的背景、人物、动画等尽量在画布 Canvas 中画出。SurfaceView 自带二级缓存，当写变换比较快的游戏时，二级缓存会让游戏画面的变化看起来比较连贯一些。二级缓存的作用就是提前把将要绘制的图片放到内存里面。

（2）使用

首先继承 SurfaceView 并实现 SurfaceHolder.Callback 接口，实现该接口的三个方法：surfaceCreated、surfaceChanged 和 surfaceDestroyed。

① surfaceCreated(SurfaceHolder holder)：surface 创建时调用，一般在该方法中启动绘图的线程。

② surfaceChanged(SurfaceHolder holder、int format、int width、int height)：Surface 尺寸发生改变时调用，如横、竖屏切换。

③ surfaceDestroyed(SurfaceHolder holder)：Surface 被销毁时调用，如退出游戏画面，一般在该方法中停止绘图线程。

还需要获得 SurfaceHolder，并添加回调函数，这样上述三个方法才会被执行。

使用接口的原因是，因为使用 SurfaceView 有一个原则，所有的绘图工作必须在 Surface 被创建之后才能开始（Surface——表面，这个概念在图形编程中常被提到）。基本上可以把它当作显存的一个映射，写入到 Surface 的内容，可以被直接复制到显存从而显示出来，这使得显示速度会非常快，而在 Surface 被销毁之前必须结束。

所以 Callback 中的 surfaceCreated 和 surfaceDestroyed 就成了绘图处理代码的边界。一个典型的 SurfaceView 设计模型包括一个由 Thread 所派生的类，它可以接收对当前的 SurfaceHolder 的引用，并独立地更新它。

总结一下，使用 SurfaceView 的整个过程如下。

① 继承 SurfaceView 并实现 SurfaceHolder.Callback 接口。

② 使用 SurfaceView.getHolder() 获得 SurfaceHolder 对象。

③ 使用 SurfaceHolder.addCallback(callback) 添加回调函数。

④ 使用 SurfaceHolder.lockCanvas() 获得 Canvas 对象并锁定画布。

⑤ 使用 Canvas 绘画。

⑥ 使用 SurfaceHolder.unlockCanvasAndPost(Canvas canvas) 结束锁定画图，并提交改变，将图形显示。

（3）关于 SurfaceHolder

这里用到了 SurfaceHolder 类，可以把它当成 surface 的控制器，用来操纵 surface。处理它的 Canvas 上画的效果和动画，控制表面、大小、像素等。几个需要注意的方法：

```
abstract void addCallback(SurfaceHolder.Callback callback);
```

给 SurfaceView 当前的持有者一个回调对象。

```
abstract Canvas lockCanvas();
```

该方法用于锁定画布，一般在锁定后就可以通过其返回的画布对象 Canvas，在其上面进行画图等操作。

锁定画布后，这样 Surface 中就可以指定 backbuffer 中的画布是哪一块画布，之后即可在画布上进行绘画。lockCanvas() 方法是对整个 Surface 进行重绘，但是很多情况下，只需要对 Surface 的一小部分进行重画时，则使用 lockCanvas(Rect dirty) 更为明智。

```
abstract Canvas lockCanvas(Rect dirty);
```

锁定画布的某个区域进行画图。因为画完图后，会调用下面的 unlockCanvasAndPost 来改变显示内容。相对部分内存要求比较高的游戏来说，可以不用重画 dirty 外的其他区域的像素，可以提高速度。

上述两个方法是对 Canvas 进行锁定，当 Canvas 绘制完毕之后，Surface 的 front buffer 就需要这个 Surface 进行显示。如果此时 Canvas 还在锁定状态，则 Surface 的 front buffer 将不能得到 Canvas。所以此时应该在 Canvas 绘画完毕之后，释放锁定。

```
abstract void unlockCanvasAndPost(Canvas canvas);
```

结束锁定画图，并提交改变。需要指出的是，当调用此方法后，该方法之前所绘制的图形还处于缓冲之中，下一次 lockCanvas 方法锁定的区域可能会“遮挡”它。

关于 SurfaceView 的使用，还需要注意如下几点。

①所有 SurfaceView 和 SurfaceHolder.Callback 的方法都应该在 UI 线程中调用，一般来说就是应用程序主线程。渲染线程所要访问的各种变量应该作同步处理。

②由于 Surface 可能被销毁，它只在 SurfaceHolder.Callback.surfaceCreated() 和 SurfaceHolder.

Callback.surfaceDestroyed() 之间有效，所以要确保渲染线程访问的是合法有效的 surface。

③虽然 Surface 保存了当前窗口的像素数据，但是在使用过程中不直接和 Surface 打交道，由 SurfaceHolder 的 Canvas lockCanvas() 或 Canvas lockCanvas(Rect dirty) 函数来获取 Canvas 对象，通过在 Canvas 上绘制内容来修改 Surface 中的数据。如果 Surface 不可编辑或尚未创建调用该函数会返回 null，在 unlockCanvas() 和 lockCanvas() 中 Surface 的内容是不缓存的，所以需要完全重绘 Surface 的内容，为了提高效率只重绘变化的部分则可以调用 lockCanvas(Rect dirty) 函数来指定一个 dirty 区域，这样该区域外的内容会缓存起来。在调用 lockCanvas 函数获取 Canvas 后，SurfaceView 会获取 Surface 的一个同步锁直到调用 unlockCanvasAndPost(Canvas canvas) 函数才释放该锁，这里的同步机制保证在 Surface 绘制过程中不会被改变（被摧毁、修改）。

当在 Canvas 中绘制完成后，调用函数 unlockCanvasAndPost(Canvas canvas) 来通知系统 Surface 已经绘制完成，这样系统会把绘制完的内容显示出来。为了充分利用不同平台的资源，发挥平台的最优效果可以通过 SurfaceHolder 的 setType 函数来设置绘制的类型，目前接收如下参数。

- SURFACE_TYPE_NORMAL：用RAM缓存原生数据的普通Surface。
- SURFACE_TYPE_HARDWARE：适用于DMA（Direct Memory Access）引擎和硬件加速的Surface。
- SURFACE_TYPE_GPU：适用于GPU加速的Surface。
- SURFACE_TYPE_PUSH_BUFFERS：表明该Surface不包含原生数据，Surface用到的数据由其他对象提供，在Camera图像预览中就使用该类型的Surface，由Camera负责提供给预览Surface数据，这样图像预览会比较流畅。如果设置这种类型就不能调用lockCanvas来获取Canvas对象。

④ 使用 SurfaceView 中的 Surface 对象进行绘图，其本质就是利用 SurfaceHolder 的 lockCanvas 获取到 Canvas 对象进行绘制，对于绘制动画来说，必须使用双缓冲，或者采用双线程，一个线程负责专门的预处理，比如图片数据读取，另外一个线程专门负责进行绘制图形。因为 SurfaceView 每次绘图都会锁定 Canvas，也就是说同一片区域这次没画完下次就不能画，因此要提高动画播放的效率，就得开一条线程专门画图，开另外一条线程做预处理的工作。

⑤ SurfaceView 对性能消耗比较大，生命周期很短。

下面的案例示范了 SurfaceView 的绘图机制。

程序清单 7-16：Example07_14\SurfaceViewAnimActivity.java

```
public void onCreate(Bundle savedInstanceState)
   {
         super.onCreate(savedInstanceState);
         setContentView(R.layout.main);
         paintPen = new Paint();
         SurfaceView surface = (SurfaceView) findViewById(R.id.show);
         //初始化SurfaceHolder对象
         myHolder = surface.getHolder();
```

```
            myHolder.addCallback(new Callback()
            {public void surfaceChanged(SurfaceHolder arg0, int arg1, int
arg2,int arg3)        {}
                   public void surfaceCreated(SurfaceHolder holder)
                   {//锁定整个SurfaceView
                          Canvas canvas = holder.lockCanvas();
                          //绘制背景
                   Bitmap back = BitmapFactory.decodeResource(
SurfaceViewAnimActivity.this.getResources(),R.drawable.sun);
                          //绘制背景
                          canvas.drawBitmap(back, 0, 0, null);
                          //绘制完成，释放画布，提交修改
                          holder.unlockCanvasAndPost(canvas);
                          //重新锁一次，"持久化"上次所绘制的内容
                          holder.lockCanvas(new Rect(0, 0, 0, 0));
                          holder.unlockCanvasAndPost(canvas);
                   }
                   public void surfaceDestroyed(SurfaceHolder holder)
                   {}          });
   //为Surface的触摸事件绑定监听器
            surface.setOnTouchListener(new OnTouchListener()
            {public boolean onTouch(View source, MotionEvent event)
                   {//只处理按下事件
                          if (event.getAction() == MotionEvent.ACTION_DOWN)
                          {int eventX = (int) event.getX();int eventY = (int)
event.getY();
                          //锁定SurfaceView的局部区域，只更新局部内容
                          Canvas canvas = myHolder.lockCanvas(new Rect(eventX
- 50,eventY - 50, eventX + 50, eventY + 50));
                                 //保存canvas的当前状态
                          canvas.save();
                                 //旋转画布
                                 canvas.rotate(30, eventX, eventY);
                          paintPen.setColor(Color.RED);
                                 //绘制红色方块
                          canvas.drawRect(eventX - 40, eventY - 40,eventX,
eventY, paintPen);
                                 //恢复Canvas之前的保存状态
                          canvas.restore();paintPen.setColor(Color.GREEN);
                                 //绘制绿色方块
                          canvas.drawRect(eventX, eventY, eventX + 40, eventY
+ 40, paintPen);
                                 //绘制完成，释放画布，提交修改
                          myHolder.unlockCanvasAndPost(canvas);
                          }return false;       }});
```

上述程序为SurfaceHolder添加了一个Callback实例，该Callback中定义了如下三个方法。

```
surfaceCreated(SurfaceHolder holder)
surfaceChanged(SurfaceHolder holder, int format, int width,int height)
surfaceDestroyed(SurfaceHolder holder)
```

上述程序重写了 Callback 对象的 surfaceCreated 方法，并在该方法中为 Surface View 绘制了一个背景。为了避免背景图片被下一次 lockCanvas 遮挡，程序最后调用了 holder.lockCanvas(new Rect(0, 0, 0, 0));，本次 lockCanvas 会“遮挡”上次 lockCanvas 所绘制的图形，但由于本次 lockCanvas 的区域为 new Rect(0, 0, 0, 0)，因此这里绘制的背景以后不会被遮挡了。

上述程序监听了触摸屏事件，每次触摸屏幕时，程序会锁定触碰周围的区域（只更新该区域的数据），而且本次 lockCanvas 会遮挡上次 lockCanvas 后绘制的图形。案例运行效果如图 7-15（a）、图 7-15（b）所示。

图7-15（a） SurfaceView的绘图机制

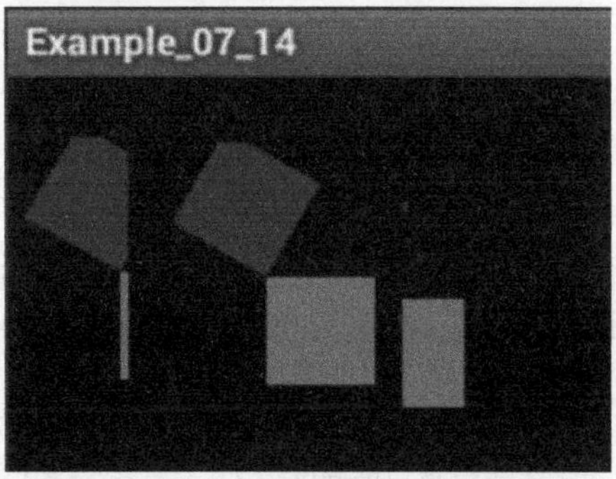

图7-15（b） SurfaceView的绘图机制

如图 7-15（b）所示，第一次绘制的图形被第二次 lockCanvas“遮挡”了；第三次 lockCanvas 时又可能“遮挡”第二次 lockCanvas 的区域，但不可能“遮挡”第一次 lockCanvas 的区域；如果第二次 lockCanvas“遮挡”的区域又被第三次 lockCanvas 所“遮挡”，那么原来第一次 drawCanvas 绘制的图形可能“显露”出来。

7.5 获取屏幕属性

在 Android 中，画布 Canvas 的宽度和高度其实是屏幕的宽度和高度。

市面上，手机样式繁多，而且屏幕大小不一，开发者都希望自己开发的游戏能自动适应各种屏幕大小的手机。这就需要在开发游戏时尽量不要把坐标设置为定值，而是通过计算得出（相对值）。这样游戏不管安装到什么手机上，不需要做很大的改动就能正常显示。要计算坐标等变量的相对值，肯定需要一个值作为参考，这里最好的参考值就是屏幕的宽度和高度。下面通过程序代码来获取屏幕的宽度和高度。

Android 中的 DisplayMetrics 定义了屏幕的一些属性，可以通过 getMetrics 方法得到当前屏幕的 DisplayMetrics 属性，从而取得屏幕的宽和高。下面将获得的屏幕的宽和高显示在手机屏幕上，运行效果如图 7-16 所示。具体实现如代码清单 7-17 所示。完整源码可参见本书资源所附代码 Example07_15。

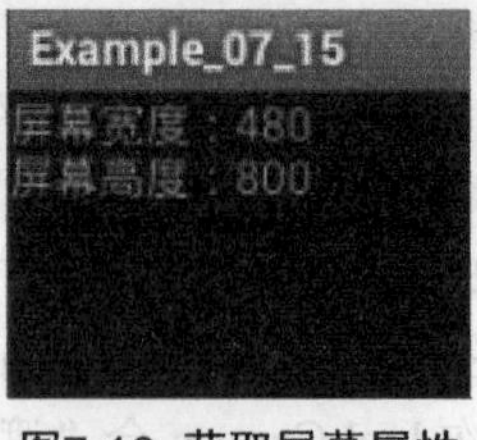

图7-16 获取屏幕属性

代码清单 7-17：rads_gd_gameDev14_ScreenAttribute\src\Rads\gd\ MyActivity

```
public class MyActivity extends Activity
{  TextView myTextView = null;
   public void onCreate(Bundle savedInstanceState)
   {      super.onCreate(savedInstanceState);
          setContentView(R.layout.main);
          //定义DisplayMetrics对象
          DisplayMetrics displayMetrics = new DisplayMetrics();
          /* 取得窗口属性 */
          getWindowManager().getDefaultDisplay().
getMetrics(displayMetrics);
          /* 窗口的宽度 */
          int screenWidth = displayMetrics.widthPixels;
          /* 窗口的高度 */
          int screenHeight = displayMetrics.heightPixels;
          myTextView = (TextView) findViewById(R.id.TextView01);
          myTextView.setText("屏幕宽度: " + screenWidth + "\n屏幕高度: " +
 screenHeight); }}
```

扩展实践

G1 是世界上第一款使用 Google Android 操作系统的商业性手机产品，它内置了加速感应器，可以让应用程序自动适应屏幕，比如当前是竖屏模式，当我们将手机横放时，应用程序会自动变为横屏模式。可以这样实现这个效果，在 Eclipse 中双击 AndroidManifest.xml 文件，选择 Application 选项卡，选中 Activity 类，然后在右边找到“Screen Orientation”选项，选择“sensor”，最后保存即可。

当然也可以直接在 AndroidManifest.xml 文件中修改 <activity> 来实现相同的效果。代码如下。

```
<activity android:name=".MyActivity"
android:label="@string/app_name" android:screenOrientation="sensor">
       <intent-filter>
           <action android:name="android.intent.action.MAIN" />
           <category android:name="android.intent.category.LAUNCHER" />
            </intent-filter>
        </activity>
```

最后归纳一下有关手机屏幕的几个问题。

（1）不同的 layout

Android 手机屏幕大小不一，有 480×320、640×360、800×480 等。为了让 App 自动适应不同的屏幕，只需在 res 目录下创建不同的 layout 文件夹，比如 layout-640×360、layout-800×480，所有的 layout 文件在编译之后都会写入 R.java，系统会根据屏幕的大小自动选择合适的 layout 使用。

（2）关于 hdpi、mdpi、ldpi

在以前的版本中，只有一个 drawable，为了支持多分辨率，2.1 以后的版本中有 drawable-mdpi、drawable-ldpi、drawable-hdpi 等，区别如下。

① drawable-hdpi 存放高分辨率的图片，如 WVGA（480×800）、FWVGA（480×854）。

② drawable-mdpi 存放中等分辨率的图片，如 HVGA（320×480）。

③ drawable-ldpi 存放低分辨率的图片，如 QVGA（240×320）。

系统会根据机器的分辨率来分别到这些文件夹中去找对应的图片。在开发程序时为了兼容不同平台的不同屏幕，建议在各自文件夹中根据需求存放相应的图片。

（3）横屏（landscape）、竖屏（portrait）自动切换

在 res 目录下建立 layout-port 和 layout-land 两个目录，分别放置竖屏和横屏两种布局文件，手机屏幕方向变化时系统会自动调用相应的布局文件，避免一种布局文件无法满足两种屏幕显示的问题。

每个 activity 都有属性 screenOrientation，每个 activity 都需要设置，可以设置为竖屏（portrait），也可以设置为无重力感应（nosensor）。要让程序界面保持一个方向，不随手机方向转动而变化的一个处理办法是，在 AndroidManifest.xml 加入下面一行代码。

```
android:screenOrientation="landscape"
```

（4）Android 全屏设置代码

开发游戏时可能需要全屏显示，代码很简单，有两步和一个注意点。

```
requestWindowFeature(Window.FEATURE_NO_TITLE); //隐藏标题
getWindow().setFlags(WindowManager.LayoutParams.FLAG_FULLSCREEN); //设置全屏
```

需要注意的是上述两步要放在 SetContentView() 方法前面，否则无法生效。

（5）获取 Android 屏幕方向及键盘状态

通过如下代码可以判断出横屏 landscape 和常规的 portrait 纵握方式，如果使用的是 G1 这样有 QWERTY 键盘硬件的，还可以判断屏幕方向及键盘的拉出状态。

在 Activity 中获取 Android 屏幕方向并处理相关事件。

```
Configuration config = getResources().getConfiguration();
 if (config.orientation == Configuration.ORIENTATION_LANDSCAPE){
//横屏，比如 480×320
  }else if(config.orientation == Configuration.ORIENTATION_PORTRAIT){
//竖屏，标准模式 320×480
  }else if(config.hardKeyboardHidden == Configuration.KEYBOARDHIDDEN_NO){
//横屏，物理键盘滑出了
  }else if(config.hardKeyboardHidden == Configuration.KEYBOARDHIDDEN_YES){
```

```
    //竖屏，键盘隐藏了
  }
```

本章小结

本章首先介绍了Android中的游戏开发框架，然后介绍了图形、图像的绘制和处理方法。最后着重介绍了Android中的两种动画的实现原理，以及在Android平台中如何播放GIF动画。这些知识基本能满足游戏开发的需求，当然，游戏开发还需要进行大量的图形、图像处理，以及动画的实现。每一节都提供实例以供参考，读者应在理解理论内容的同时，学会实际操作。对于复杂的游戏来说，还需要更高级的处理以及优化，后面的章节会对其进行专门的讨论，希望大家保持高度的热情继续后面的学习！

课后拓展实践

（1）实践 Path 类的绘制效果。Android 提供了 Path 类，它可以预先在 View 上将 *N* 个点连成一条"路径"，然后调用 Canvas 的 drawPath（path,paint）即可沿着路径绘制图形。Android 还为路径绘制提供了 PathEffect 来定义绘制效果，控制绘制轮廓（线条）的方式，请实践 PathEffect 的如下子类。

- CornerPathEffect：用圆角对基本图形的边角进行平滑处理。
- DashPathEffect：创建一个虚线的轮廓（短横线/小圆点），而不是使用实线。
- DiscretePathEffect：与DashPathEffect类似，但是添加了随机性。当绘制它时，需要指定每一段的长度和与原始路径的偏离度。
- PathDashPathEffect：这种效果可以定义一个新的形状（路径）并将其用作原始路径的轮廓标记。

下面的效果可以在一个 Paint 中组合使用多个 PathEffect。

- SumPathEffect：顺序地在一条路径中添加两种效果，这样每一种效果都可以应用到原始路径中，而且两种结果可以结合起来。
- ComposePathEffect：将两种效果组合起来应用，先使用第一种效果，然后在这种效果的基础上应用第二种效果。

（2）开发一个简单的弹球游戏。小球和球拍分别以圆形区域和矩形区域代替，小球开始以随机速度向下运动，遇到边框或球拍时小球反弹（碰撞检测）；球拍则由用户控制，当用户按下左、右键或触碰屏幕时，球拍将会向左、向右移动或随着触碰点移动。小球的坐标由定时器定时修改；球拍坐标则由键盘动作或屏幕触碰事件来修改。

第8章

Android OpenGL开发基础

本章目标

- OpenGL简介
- 多边形（Polygon）
- 颜色（Color）及旋转（Rotate）
- 3D空间（3D Space）
- 纹理映射（Texture mapping）
- 光照和事件
- 混合（Mixed）

项目实操

- 多边形（Polygon）实践
- 颜色（Color）及旋转（Rotate）实践
- 3D空间（3D Space）实践
- 纹理映射（Texture Mapping）实践
- 光照和事件实践
- 混合（Mixed）实践

早期的手机游戏以贪食蛇、五子棋、黑白棋等画面简单的益智类游戏为主。后来，技术进步催生了大量的动作、网络等类型的游戏，画面也随之变得愈发精细。如今，手机游戏更加向着高端的3D游戏发展。

随着全球3D技术的快速发展，手机3D游戏应用也在近两年成为业界关注的热点。由于技术厂商的不断创新，市场上以硬件加速3D图形功能为特色的手机早已不是新鲜事物，并已经逐步具备了与专业游戏设备相媲美的画面质量。面对这一市场机遇，越来越多的游戏开发商和发行商加入到了手机3D游戏的队伍中，合纵连横形成了多方位的产业链合作体系，这将进一步推动手机3D游戏市场的发展。随着技术的不断成熟，想要在手机3D游戏市场上有所作为的厂商开始了多个层次的合作，以期取长补短。这是一个全新的领域，从游戏功能到操作感觉、从支撑软件到游戏内容，都需要产业链各环节的紧密合作，所以形成一个完善的产业链至关重要。游戏内容是未来手机3D游戏市场健康发展的关键，众多的游戏开发商和发行商也在积极寻求与底层技术厂商的合作，在技术上推陈出新并合作推广炫目的移动3D游戏。

随着移动价值链上所有环节的领先厂商进一步加深彼此之间的合作，3D游戏必将获得更快的发展。在Android系统中提供了android.OpenGL包，专门用于3D的加速和渲染等，本章将学习OpenGL的基础知识。

8.1 OpenGL简介

OpenGL（Open Graphics Library）定义了一个跨编程语言、跨平台的编程接口的规格，是一个性能卓越的三维图形标准。OpenGL是一个专业的图形程序接口，是一个功能强大、调用方便的底层图形库。OpenGL的前身是SGI公司为其图形工作站开发的IRIS GL。IRIS GL是一个工业标准的3D图形软件接口，功能虽然强大但是移植性不好，于是SGI公司便在IRIS GL的基础上开发了OpenGL接口，虽然DirectX在家用市场领先，但在专业高端绘图领域，OpenGL是主角。

8.1.1 OpenGL的发展历程

1992年7月，SGI公司发布了OpenGL1.0版本，随后又与微软公司共同开发了Windows NT版本的OpenGL，从而使一些原来必须在高档图形工作站上运行的大型3D图形处理软件也可以在微机上运用。

2004年8月，OpenGL 2.0版本发布。OpenGL 2.0标准的主要制定者并非原来的SGI，而是逐渐在ARB中占据主动地位的3Dlabs。OpenGL 2.0支持OpenGL Shading Language，新的Shader扩展特性及其他多项增强特性。

2008年8月初，Khronos工作组在Siggraph 2008大会上宣布了OpenGL 3.0图形接口规范，GLSL 1.30 Shader语言和其他新增功能将再次为未来3D接口的发展指明方向。

OpenGL 3.0 API的开发代号为Longs Peak，和以往一样，OpenGL 3.0仍然作为一个开放性和跨平台的3D图形接口标准，在Shader语言盛行的今天，OpenGL 3.0增加了新版本的Shader语言：GLSL 1.3，可以充分发挥当前可编程图形硬件的潜能。同时，OpenGL 3.0还引入了一些新的功能，如顶点矩阵对象，全帧缓存对象功能，32位浮点纹理和渲染缓存，基于阻塞队列的条件渲染，紧凑行半浮点顶点和像素数据，四个新压缩机制等。

2009年3月，又公布了升级版新规范OpenGL 3.1，也是这套跨平台免费API有史以来的第9次更新。OpenGL 3.1将此前引入的OpenGL着色语言GLSL从1.30版升级到了1.40版，通过改进程序增强了对最新可编程图形硬件的访问，还有更高效的顶点处理、扩展的纹理功能、更弹性的缓冲管理等。宽泛地讲，OpenGL 3.1在3.0版的基础上对整个API模型体系进行了简化，可大幅提高软件开发效率。

8.1.2 OpenGL与OpenGL ES的区别

笔者在编写本书时，发现很多人分不清楚OpenGL与OpenGL ES之间的关系，因此这里对其进行介绍。OpenGL ES是专为内嵌和移动设备设计的一个2D/3D轻量图形库，它是基于OpenGL API设计的，是OpenGL三维图形API的子集，针对手机、PDA和游戏主机等嵌入式设备而设计。该API由Khronos集团定义、推广，Khronos是一个图形软/硬件行业协会，该协会主要关注图形和多媒体方面的开放标准。OpenGL ES是从OpenGL裁剪定制而来的，去除了glBegin/glEnd、四边形（GL_QUADS）、多边形（GL_POLYGONS）等许多非绝对必要的特性。经过多年的发展，现在OpenGL ES主要有两个版本：OpenGL ES 1.x针对固定管线硬件，OpenGl ES 2.x针对可编程管线硬件。OpenGL ES 1.0是以OpenGL 1.3规范为基础的，而 OpenGL ES 1.1 是以 OpenGL 1.5 规范为基础的，它们又分别支持 common 和 common lite 两种 profile。lite profile 只支持定点实数，而 common proflle 既支持定点数又支持浮点数。OpenGL ES 2.0 则是参照 OpenGL 2.0 规范定义的。下面列举了一些 OpenGL ES 相对于 OpenGL 删减的功能供参考。

（1）glBegin/glEnd。
（2）glArrayElement。
（3）显示列表。
（4）求值器。
（5）索引色模式。
（6）自定义裁剪平面。
（7）glRect。
（8）图像处理（一般显卡没有此功能，FireGL/Quadro显卡有此功能）。
（9）反馈缓冲。
（10）选择缓冲。
（11）累积缓冲。
（12）边界标志。
（13）glPolygonMode。
（14）GL_QUADS、GL_QUAD_STRIP、GL_POLYGON。
（15）glPushAttrib、glPopAttrib、glPushClientAttrib、glPopClientAttrib。
（16）TEXTURE_ID、TEXTURE_3D、TEXTURE_RECT、TEXTURE_CUBE_MAP。
（17）GL_COMBINE。
（18）自动纹理坐标生成。
（19）纹理边界。
（20）GL_CLAMP、GL_CLAMP_TO_BORDER。
（21）消失纹理代表。
（22）纹理LOD限定。
（23）纹理偏好限定。
（24）纹理自动压缩、解压缩。
（25）glDrawPixels、glPixelTransfer、glPixelZoom。
（26）glReadBufer、glDrawBuffer、glCopyPixels。

8.1.3 Android OpenGL ES

OpenGL ES 与 Android 有着密切的关系，主要体现在这两种接口的发展轨迹和研发公司，OpenGL ES 1.X 面向功能固定的硬件来设计并提供加速支持、图形质量及性能标准。OpenGL ES 2.X 则提供包括遮盖器技术在内的全可编程 3D 图形算法。OpenGL ES-SC 专为有高安全性需求的特殊市场精心打造。目前 Android SDK 1.5 只支持 OpenGL ES 1.0 和 OpenGL ES 1.1 的大部分功能，Android SDK 2.2 开始了对 OpenGL ES 2.0 的支持。目前 Android 平台上已经有不少的 3D 游戏，如图 8-1（a）、（b）所示为两款出色的 Android 平台 3D 游戏，无论游戏画面还是可玩性都值得一试：天空的荣耀（Skies of Glory）游戏采用 3D 画面设计，细节特效逼真出色，飞机的火力效果更是给力；陷阱猎人（TRAP HUNTER - LOST GEAR）是一款全 3D 画面的回合制策略游戏，玩家将扮演一名善于布置各种陷阱的猎人，在地牢中困住并杀死各种怪物。贴图纹理和光影效果均十分出色，并且运行起来也很流畅（高通 snapdragon QSD8250 1GHz），人物更换装备也会随时体现在外形上。

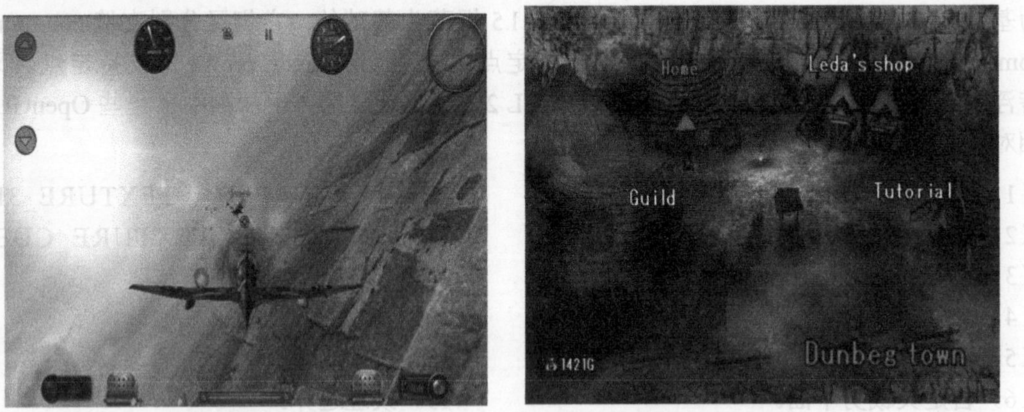

图8.1（a）天空的荣耀（Skies of Glory） 图8.1（b）陷阱猎人（TRAP HUNTER - LOST GEAR）

首先，来学习如何在 Android 平台上构建一个 3D 开发的基本框架，这里直接在工程中导入如下库：

```
import javax.microedition.khronos.opengles.GL10;
```

其次，直接实例化 OpenGLContext 的对象 mOpenGLContext 就创建了一个 3D 的支持接口，通过创建 OpenGLContext 对象，直接实例化 GL10，这里 10 代表 1.0 版本。代码如下：

```
    GL10  gl= (GL10)(mopenGLContext.getGL());
```

再次，在 onDraw 中处理 canvas，需要在开始和结束分别调用 canvas 绘制的 mOpenGLContext.waitNative 和 waitGL() 作为开始和结束。

通过上述方法可以操作 3D 接口，但是 Android 提供了 GLSurfaceView 来更好地显示 OpenGL 视图，而 GLSurfaceView 中则包含了一个专门用于渲染 3D 的接口 Renderer。所以这里先来构建一个自己的 Renderer 类，首先需要引入如下接口：

```
    import  android.opengl.GLSurfacaView.Renderer;
```

然后创建一个 GLRender 类实现 Renderer 接口，代码如下：

```
    public class GLRender implements Renderer    {    }
```

在 GLRender 中必须实现如下 3 个抽象方法：

```
public abstract void onDrawFrame (GL10 gl)
public abstract void onSurfaceChanged (GL10 gl, int width, int height)
public abstract void onSurfaceCreated (GL10 gl, EGLConfig config)
```

当窗口被创建时需要调用 onSurfaceCreated，所以可在里面对 OpenGL 做一些初始化工作，代码如下：

```
    //启用阴影平滑
        gl.glShadeModel(GL10.GL_SMOOTH);
        //黑色背景
        gl.glClearColor(0, 0, 0, 0);
        //设置深度缓存
```

```
        gl.glClearDepthf(1.0f);
        //启用深度测试
        gl.glEnable(GL10.GL_DEPTH_TEST);
        //所作深度测试的类型
        gl.glDepthFunc(GL10.GL_LEQUAL);
        //告诉系统对透视进行修正
        gl.glHint(GL10.GL_PERSPECTIVE_CORRECTION_HINT, GL10.GL_FASTEST);
```

其中，glHint 用于告诉 OpenGL 我们希望进行最好的透视修正，这会轻微地影响性能，但会使得透视图看起来好一点。glClearColor 设置清除屏幕时所用的颜色，色彩值的范围为 0.0f ～ 1.0f，0.0f 代表最黑的情况，1.0f 代表最亮的情况。glClearColor 后的第一个参数是 Red Intensity（红色分量），第二个参数是绿色分量，第三个参数是蓝色分量，最大值也是 1.0f, 代表特定颜色分量的最亮情况。最后一个参数是 Alpha 值。通过混合三种原色（红、绿、蓝），可以得到不同的色彩。因此，当使用 glClearColor(0.0f,0.0f,1.0f,0.0f) 时，将用亮蓝色来清除屏幕。如果使用 glClearColor(0.5f,0.0f,0.0f,0.0f)，将使用中红色来清除屏幕。要得到白色背景. 应该将所有的颜色设置成最亮 (1.0f)。要得到黑色背景，应该将所有的颜色设置为最暗（0.0f）。glShadeModel 用于启用 Smooth Shading（阴影平滑）。阴影平滑通过多边形精细地混合色彩，并对外部光进行平滑。

最后还需要做的一个最重要的步骤是关于 depth buffer（深度缓存）的。将深度缓存设想为屏幕后面的层，它不断地对物体进入屏幕内部的深度进行跟踪。本节的程序其实没有真正使用深度缓存，但几乎所有在屏幕上显示 3D 场景的 OpenGL 程序都使用了深度缓存，它的排序决定哪个物体先画。这样就不会将一个圆形后面的正方形画到圆形上来。深度缓存是 OpenGL 十分重要的部分，代码如下：

```
gl.glClearDepthf (1.0f);//设置深度缓存
gl.glEnable(GL10.GL_DEPTH_TEST);//启用深度测试
gl.glDepthFunc (GL10.GL_LEQUAL);//所做深度测试的类型
```

当窗口的大小发生改变时调用 onSurfaceChanged 方法，当然，不管窗口的大小是否已经改变，它在程序开始时至少运行一次，所以在该方法中设置 OpenGL 场景的大小，这里将 OpenGL 场景设置成它显示时所在窗口的大小，代码如下：

```
    //设置OpenGL场景的大小
    gl.glViewport(0,0,Width,height);
```

下面将为屏幕设置透视图，这意味着越远的东西看起来越小。这样可创建一个显示外观的场景。gl.glMatrixMode(GL10.GLPROJECTION) 指明接下来的代码将影响 projection matrix（投影矩阵），投影矩阵负责为场景增加透视。gl.glLoadIdentity() 近似于重置，它将所选的矩阵状态恢复成原始状态，调用 glLoadIdentity() 之后为场景设置透视图。gl.glMatrixMode(GL10.GL_MODELVIEW) 指明任何新的变换将会影响 modelview matrix（模型观察矩阵）。模型观察矩阵中存放了物体信息。最后重置模型观察矩阵，代码如下：

```
float ratio = (float) width / height;
        // 设置OpenGL场景的大小
        gl.glViewport(0, 0, width, height);
```

```
        //设置投影矩阵
        gl.glMatrixMode(GL10.GL_PROJECTION);
        //重置投影矩阵
        gl.glLoadIdentity();
        //设置视口的大小
        gl.glFrustumf(-ratio, ratio, -1, 1, 1, 10);
        //选择模型观察矩阵
        gl.glMatrixMode(GL10.GL_MODELVIEW);
        //重置模型观察矩阵
        gl.glLoadIdentity();
```

这里需要说明一下 glFrustumf 方法，前面 4 个参数用于确定窗口的大小，而后面两个参数分别是在场景中所能绘制深度的起点和终点。

最后所有的绘图操作都在 onDrawFrame 方法中进行，在绘图之前，需要将屏幕清除成前面所指定的颜色，清除深度缓存并且重置场景，然后可以进行绘图。代码如下：

```
//清除屏幕和深度缓存
        gl.glClear(GL10.GL_COLOR_BUFFER_BIT | GL10.GL_DEPTH_BUFFER_BIT);
        //重置当前的模型观察矩阵
        gl.glLoadIdentity();
```

最后只需调用 GLSurfaceView 类的 setRenderer 方法将构建的 GLRender 类设置为默认的 Renderer，通过 setContentView 方法使 Activity 显示一个 GLSurfaceView 即可，代码如下：

```
Renderer render = new GLRender();
        GLSurfaceView glView = new GLSurfaceView(this);
        glView.setRenderer(render);
        setContentView(glView);
```

8.1.4 渲染流水线简介

流水线是把一个重复的过程分为若干个子过程，每个子过程可以和其他子过程并行运作，如福特汽车生产线。渲染流水线的概念与此类似，汽车生产的流程变成了图形渲染的流程。

渲染流水线又称为绘制流水线或渲染管道，实质是图形芯（组）片中处理图形信号的相互独立的并行处理单元。图形渲染的过程可以看成一个流水线（见图 8-2）。下面简要介绍渲染流水线中部分处理单元。

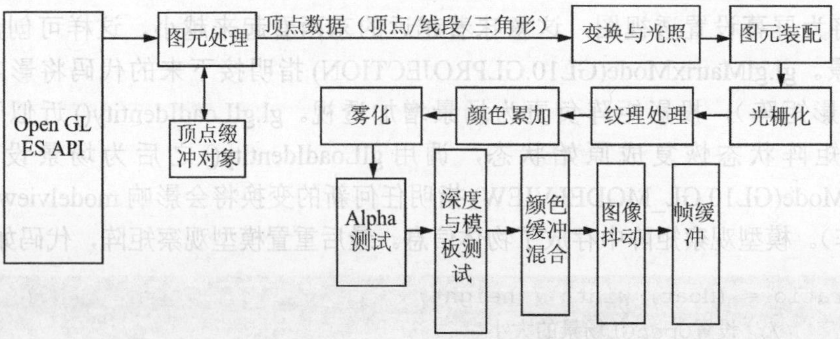

图8-2 OpenGL ES 1.x固定渲染流水线

（1）图元处理（Primitive Processing）

图元是一系列顶点的集合，是最基础的图形数据结合。图元处理是要对顶点数据进行运算。顶点数据包括位置（向量，标识顶点所在的空间位置）、位置向量大小、颜色、法向量、纹理坐标等。

（2）顶点缓冲对象（Vetex Buffer Object，VBO）

顶点缓冲对象是OpenGL的一个扩展部分，根据实际的情况，通过它来决定把顶点数据存放在显存还是存放在系统内存中。在没有VBO之前，主要是使用glVertexPoint/glNormalPoint来指定顶点的数据，此时顶点数据存放在系统的内存中，每当渲染时都要把数据从系统内存中复制到显存中，这增加了不少的系统开销。

其实许多复制都是不必要的，比如静态对象的顶点数据是不变的，如果把它们直接放在显存中，那么每次渲染时都不需要进行复制操作，因此使用VBO可以减少不必要的系统开销。

（3）变换与光照（Thransform and Lighting）

变换与光照主要是实现场景的各种变换以及给场景添加光照。其中变换包括视口变换、投影变换、模型变换和视图变换。然后在这一步流水线还会根据光源、材质、法向量等信息计算出场景中模型受光照情况，计算出每一个顶点的颜色值。

（4）图元装配（Primitive Assembly）

在图元装配过程中，所有的图形基础数据（顶点、线段和三角形面）将会组装在一起。同时还要对组装好的数据进行裁剪，剔除在场景中不能被显示的部分。

（5）光栅化（Resterizar）

在光栅化过程中流水线会把装配好的图元数据转化为屏幕上可以显示的二维片段（Fragment）。一般情况下，每个片段将对应帧缓存中的一个像素，每个片段具有各自的颜色和深度值。

光栅化的过程可以理解为用“扫描仪”对虚拟空间进行扫描，最终输出一张二维图像供设备屏幕显示。扫描仪把纸面上的内容扫描进电脑，纸面上的内容经过扫描仪扫描后就会转换成二维图像的像素信息，而设备屏幕也只能显示这些像素信息。

（6）雾化处理（Fog）

事实上，生成的场景常常出现过于清晰和锐利的情况，这反而会显得不太逼真；雾化处理过程将模拟场景中模糊、薄雾、烟等视觉特效，使场景融入到虚拟的雾中显得更加逼真。

（7）Alpha测试（Alpha Test）

Alpha测试过程将会对光栅化后的每一个片段（每一个像素）的Alpha值进行判断，当Alpha值满足某个判定条件时该片段才会被渲染出来。

举例理解，假如需要实现一个相框功能，那么需要两张图片，一张是相片，处于底层；一张是相框，处于上层。在相框中必须画出一个透明区域（假设该区域的Alpha值为0），当经过Alpha测试后相框图片中的透明区域将会被剔除（假设Alpha测试的通过/透过条件是Alpha=0），这样处于底层的相片就能正确地显示出来。

（8）深度测试和模板测试

深度测试就是通过检测像素的Z值从而确定该像素（片段）是否需要进行渲染。

有时需要在显示区域的某些片段（像素）上设置一些标记，在渲染时根据这些标记对相应的片段进行特殊的处理，而存储这些标记的地方就是模板缓冲区。模板测试的工作就是根据一定的条件过滤掉那些被标记的片段（当然也可能是保留）。

（9）颜色缓冲混合（Color Buffer Blend）

在该过程中每个片段的颜色将会与颜色缓冲区中的颜色进行混合（也可以理解为与背景色进行混合），混合后的颜色才是该片段最终显示在设备上的颜色。

（10）图像抖动（Dither）

在可用颜色数量较少的系统中，需要对颜色进行抖动处理，这样就可以在适当降低颜色质量的情况下模拟地增加颜色的数量。简单地说，图像抖动就是一种进行视觉欺骗的策略，同时使用在系统中可用的几种颜色来模拟一种系统并不支持的颜色。

假如系统中只支持黄色和蓝色，但需要绘制绿色，此时，可以用大量黄色和蓝色交替地组合在一起从而模拟绿色，由于屏幕上的像素极为细小，当两种颜色的像素交替组合地显示时就可以看出两种颜色混合后产生的颜色。早期的游戏机大多是 8 位或 16 位机，其所能显示的颜色极其有限，因此采用图像抖动的方法能模拟出更为绚丽多彩的游戏世界，使用此方法的同时屏幕显示的分辨率将会有所降低。

至此，基本完成了 Android 平台 OpenGL 开发的基本框架。从下一节开始，将在 Android 中使用 OpenGL 来进行 3D 开发。本节所讲的内容都是最基本的，但同时也是最重要的，后面的章节将按照这个框架来进行开发，读者应好好掌握。

8.2 多边形（Polygon）

在 OpenGL 中绘制的任何模型都会被分解为三角形和四边形这两种简单的图形，因此首先来学习如何使用 OpenGL 来绘制一个三角形和一个四边形。

8.2.1 多边形绘制

有了 8.1.3 节的框架，现在要绘制三角形和四边形就很简单了，只需要在 GLRender 类的 onDrawFrame 方法中添加绘制代码即可。但是在绘制之前，先要了解一下 OpenGL 中的坐标系。简单地说，当调用 gl.glLoadIdentity() 之后，实际上是将当前点移到了屏幕中心，*X* 坐标轴从左至右，*Y* 坐标轴从下至上，*Z* 坐标轴从里至外。OpenGL 屏幕中心的坐标值是 *X* 和 *Y* 轴上的 0.0f 点。中心左边的坐标值是负值，右边是正值。移向屏幕顶端是正值，移向屏幕底端是负值。移入屏幕深处是负值，移出屏幕则是正值。

三角形由 3 个顶点组成，这里三角形不再处于 2D 平面中，而是在 3D 空间中，所以每一个坐标点由（x，y，z）组成，定义三角形的顶点数组如下：

```
int one = 0x10000;
//三角形三个顶点
private IntBuffer triggerBuffer = Util.getIntBuffer(new int[]{
            0,one,0,              //上顶点
            -one,-one,0,     //左下点
            one,-one,0,});   //右下点
```

四边形有 4 个顶点，这里在左边绘制一个四边形，在右边绘制一个三角形，所以需要使用 glTranslatef（*X*，*Y*，*Z*）将当前的中点移至要绘制三角形的位置，例如，如下代码将沿着

X 轴右移 1.5 个单位，*Y* 轴不动 (0.0f)，最后移入屏幕 6.0f 个单位。

```
    //右移 1.5 单位，并移入屏幕 6.0
        gl.glTranslatef(1.5f, 0.0f, -6.0f);
```

现在已经移到了屏幕的右半部分，并且将视图推入屏幕背后足够的距离以便可以看见全部的场景，需要注意的是，屏幕内移动的单位数需小于前面通过 glFrustumf 方法所设置的最远距离，否则显示不出来。通过如下代码可以开启顶点设置功能：

```
    //设置顶点数组
        gl.glEnableClientState(GL10.GL_VERTEX_ARRAY);
```

要绘制三角形，还需要告诉 OpenGL 所需的各顶点数据。可以通过如下方法实现：

```
public static void glVertexPointer (int size, int type, int stride, Buffer pointer)
```

- 参数size为顶点的尺寸，这里使用*XYZ*坐标系，故为3；
- type为顶点类型，这里的数据是固定的，故使用GL_FIXED表示固定的顶点；
- stride描述步长。
- pointer为顶点缓存，即创建的顶点数组。

如下代码是设置三角形的顶点数组。

```
    //设置三角形顶点
        gl.glVertexPointer(3, GL10.GL_FIXED, 0, triggerBuffer);
```

顶点缓冲设置好后，通过 glDrawArrays (int mode, int first,int count) 方法绘制这些顶点。

- mode为绘制的模式，使用GL_TRIANGLES来表示绘制三角形。
- first为开始位置。
- count为要绘制的顶点计数。

绘制一个三角形的方法如下：

```
   //绘制三角形
        gl.glDrawArrays(GL10.GL_TRIANGLES, 0, 3);
```

然后绘制四边形，由于在绘制三角形时将中点移到了屏幕右边，所以需要先重置矩阵，将中点移动到三角形的左边，然后设置顶点，完成绘制。完整的绘制如代码清单 8-1 所示。

代码清单 8-1：Example08_01 \ onDrawFrame 方法

```
public void onDrawFrame(GL10 gl)
  {     //清除屏幕和深度缓存
        gl.glClear(GL10.GL_COLOR_BUFFER_BIT | GL10.GL_DEPTH_BUFFER_BIT);
        //重置当前的模型观察矩阵
        gl.glLoadIdentity();
        //右移 1.5 单位，并移入屏幕 6.0
        gl.glTranslatef(1.5f, 0.0f, -6.0f);
        //允许设置顶点
        gl.glEnableClientState(GL10.GL_VERTEX_ARRAY);
        //设置三角形
        gl.glVertexPointer(3, GL10.GL_FIXED, 0, triggerBuffer);
```

```
        //绘制三角形
        gl.glDrawArrays(GL10.GL_TRIANGLES, 0, 3);
        //重置当前的模型观察矩阵
        gl.glLoadIdentity();
        //左移 1.5 单位，并移入屏幕 6.0
        gl.glTranslatef(-1.5f, 0.0f, -6.0f);
        //设置和绘制正方形
        gl.glVertexPointer(3, GL10.GL_FIXED, 0, quaterBuffer);
        gl.glDrawArrays(GL10.GL_TRIANGLE_STRIP, 0, 4);
        //取消顶点设置
        gl.glDisableClientState(GL10.GL_VERTEX_ARRAY);
    }
```

⚠注意：使用glEnableClientState方法开启顶点设置功能，在使用完成之后，需要通过gl.glDisableClientSlate(GLlO.GL_VERTEX_ARRAY）方法关闭（取消）顶点设置功能。

如图 8-3 所示为 OpenGL 绘制的多边形。具体实现参见本书所附代码 Example08_01。

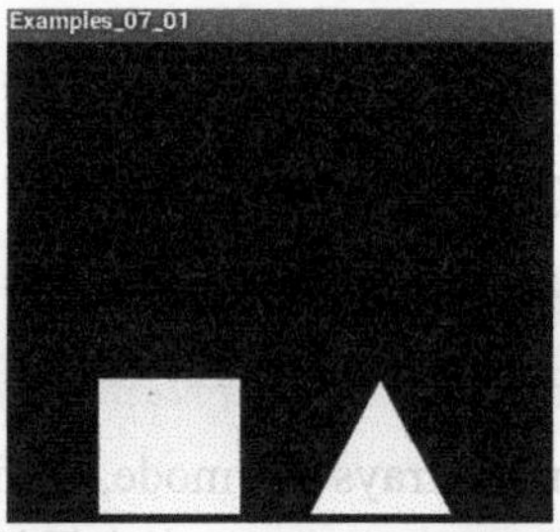

图8-3 OpenGL绘制的多边形

至此，我们了解了 OpenGL 绘图的流程、坐标，以及在 OpenGL 中绘制一些简单几何图形的方法。

8.2.2 更多绘制模式

关于更多的绘制模式，要从函数 glDrawArrays 说起，其原型为：

```
glDrawArrays (GLenum mode, GLint first, GLsizei count);
```

相似功能的函数是 glDrawElements，提供绘制功能，当采用顶点数组方式绘制图形时，使用该函数。该函数根据顶点数组中的坐标数据和指定的模式，进行绘制。

调用该函数之前需要调用 glEnableVertexAttribArray、glVertexAttribPointer 等设置顶点属性和数据。

参数说明：

（1）mode，绘制方式，OpenGL 2.0 以后提供以下参数：GL_POINTS、GL_LINES、GL_LINE_LOOP、GL_LINE_STRIP、GL_TRIANGLES、GL_TRIANGLE_STRIP、GL_TRIANGLE_FAN。

- GL_TRIANGLES，每三个顶点之间绘制三角形，之间不连接。
- GL_TRIANGLE_FAN，以V0V1V2、V0V2V3、V0V3V4……的形式绘制三角形。

- GL_TRIANGLE_STRIP，顺序在每三个顶点之间绘制三角形。这个方法可以保证从相同的方向上所有三角形均被绘制。以V0V1V2、V1V2V3、V2V3V4……的形式绘制三角形。
- GL_POINTS，单独地将顶点画出来。
- GL_LINES，单独地将直线画出来。行为和GL_TRIANGLES类似。
- GL_LINE_STRIP，连贯地将直线画出来。行为和GL_TRIANGLE_STRIP类似。
- GL_LINE_LOOP，连贯地将直线画出来。行为和GL_LINE_STRIP类似，但是会自动将最后一个顶点和第一个顶点通过直线连接起来。

（2）first，从数组缓存中的那一位开始绘制，一般为0。

（3）count，数组中顶点的数量。

值得注意的是，OpenGL中还有用于绘制多边形的GL_QUADS、GL_QUAD_STRIP和GL_POLYGON，在OpenGL ES中上述三种模式被简化掉了，未来的版本可能会支持，当前的版本只支持点、线和三角面的绘制。

扩展实践

试着在Android程序中导入第三方三维建模工具所建立的模型。

前面在介绍OpenGL与OpenGL ES的区别时已经指出：OpenGL ES剔除了OpenGL中的四边形（GL_QUADS）、多边形（GL_POLYGONS）支持，也就是OpenGL ES只能绘制三角形组成3D图形。

如果3D场景中每个物体的所有顶点都由程序员来计算、定义，那几乎是不可想象的，比如定义一个怪兽的头部，至少需要成千上万个顶点！所以让程序员去计算这样的每个顶点是不可能的。这时通常会借助于3ds max、Maya等三维建模工具，当把一个怪兽头部的模型建立成功后，这个物体的所有顶点坐标值及顶点的排列顺序都可以导出来，OpenGL甚至可以直接导入这些三维建模工具所建立的模型。

8.3 颜色（Color）

计算机颜色不同于绘画或印刷中的颜色，显示于计算机屏幕上每一个点的颜色都是由显示器内部的电子枪激发的三束不同颜色的光（红、绿、蓝）混合而成，因此，计算机颜色通常用R（Red）、G（Green）、B（Blue）三个值来表示，这三个值又称为颜色分量。

OpenGL颜色模式一共有两个：RGB（RGBA）模式和颜色表模式。在RGB模式下，所有的颜色定义全用R、G、B三个值来表示，有时也加上Alpha值（透明度），即RGBA模式。在颜色表模式下，每一个像素的颜色是用颜色表中的某个颜色索引值表示，而这个索引值指向了相应的R、G、B值。这样的一个表称为颜色映射（Color Map）。

在OpenGL ES中可以通过为顶点着色让绘制的图形呈现出色彩以摆脱单调，默认情况下，OpenGL ES使用白色绘制图形。下面介绍在OpenGL ES中如何对图形进行着色，并学习两种不同的着色方式，分别是光滑着色和平面着色，如图8-4所示，本实例代码参见Example08_02。

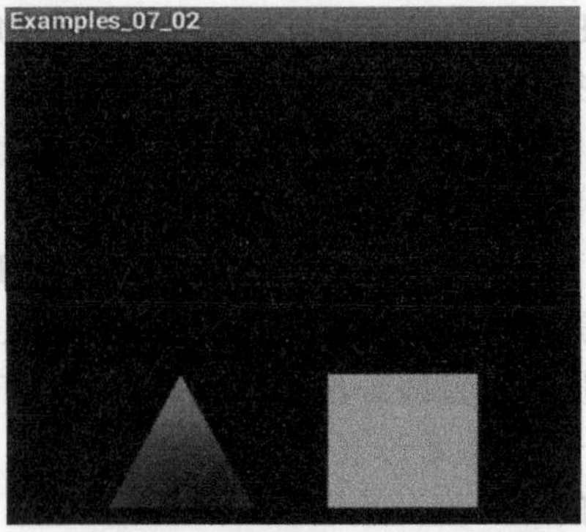

图8-4 经过着色的多边形

如图 8-4 所示的三角形使用了 Smooth Coloring（平滑着色）将三角形的三个顶点的不同颜色混合在一起，创建出漂亮的色彩混合。而四边形则使用了 Flat Coloring（单调着色）涂上一种固定的颜色。

Smooth Coloring（平滑着色），先设置三角形的每个顶点颜色，这个颜色和前面的清屏颜色一样，定义三角形的颜色数组代码如下：

```
        //三角形的顶点颜色值(r,g,b,a)
    private IntBuffer colorBuffer = Util.getIntBuffer(new int[]
    {0,one,0,one,one,0,0,one,0,0,one,one,});
```

同样，开启颜色渲染功能代码如下：

```
        gl.glEnableClientState(GL10.GL_COLOR_ARRAY);
```

Android 中通过 glColorPointer 方法来设置颜色，其参数类型类似于 glVertexPointer 方法，为三角形设置定义好的颜色代码：

```
    gl.glColorPointer(4, GL10.GL_FIXED, 0, colorBuffer);
```

最后，绘制方法和前面一样。

⚠注意，使用完颜色之后要记得关闭，即在OpenGL中使用glEnableClientState之后都需要使用gl.glDisableClientSlate(GLlO.GL_VERTEX_ARRAY)来关闭或取消对应的功能。

单调着色较简单，实际上是设置当前所使用的颜色，即设置当前颜色之后再绘制的所有内容都使用当前颜色。即使在完全采用纹理贴图时，仍然可以用来调节纹理的色调（纹理在后面会进行介绍）。

先将颜色一次性地设置为想采用的颜色（本例采用绿色），然后绘制场景。这时绘制的每个顶点都是绿色的，因为没有告诉 OpenGL 要改变顶点的颜色。这样就可以绘制出一个绿色的正方形，设置当前颜色代码如下：

```
      // 设置当前色为绿色
            gl.glColor4f(0.5f, 0.5f, 1.0f, 1.0f);
```

本节内容很简单，绘制方式和前节一样，只是在绘制之前设置了绘制要使用的颜色。需要注意的是，这里颜色的取值范围都是 0 ～ 1。

8.4 旋转（Rotate）

为三角形和四边形着色后，如何让彩色对象绕着坐标轴旋转呢？本节中将三角形沿 X 轴旋转，四边形沿 *Y* 轴旋转。运行效果如图 8-5 所示，具体实现参见本书所附代码 Example08_03。

图8-5 多边形旋转

首先使用两个变量控制这两个对象的旋转。它们是浮点类型的变量，使得操作者能够非常精确地旋转对象。浮点数是 OpenGL 编程的基础，浮点数有小数位置，意味着无须使用 1、2、3……的角度。新变量中的 rotateTri 用来旋转三角形，rotateQuad 用来旋转四边形，代码如下。

```
float rotateTri;//用于三角形的角度
float rotateQuad;//用于四边形的角度
```

下面是旋转函数，在 Android 中用 glRotatef (float angle,float X,float Y,float Z) 方法将某个物体沿指定的轴旋转。

- angle代表对象转过的角度。
- *X*、*Y*和*Z*，共同决定旋转轴的方向。比如(1,0,0)表示，矢量经过*X*坐标轴的1个单位处且方向向右。值得注意的是，旋转变换是以原点为基准的，也就是说，模型绕着原点进行旋转。glRotatef()方法的调用实质是创建了一个旋转变换矩阵并且把当前的矩阵与旋转变换矩阵相乘。

三角形沿 *X* 轴旋转 rotateTri 角度，四边形沿 *Y* 轴旋转 rotateQuad 角度，代码如下：

```
//旋转三角形
gl.glRotatef (rotateTri, 1.0f, 0.0f,0.0f);
//旋转四边形
 gl. glRotatef(rotateQuad, 0.0f, 1.0f,0.0f);
```

为了让物体不停地旋转，在 onDrawFrame 方法中不断改变角度的变量，分别改变三角形和四边形的旋转角度的代码如下：

```
    //改变旋转的角度
    rotateTri+=0.5f;
    rotateQuad-=0.5f;
```

可以试着更改旋转的轴和数值，观察旋转的效果，从而更好地理解3D的空间坐标轴。这是刚开始学习3D时的难点。

8.5 3D空间（3D Space）

前面所学的都是3D中的2D物体，本节开始接触真正的3D物体。立体几何（3D）是三维虚拟场景中最为基础的组成元素之一，复杂的模型和复杂的场景都是由若干基础的立体图形经过形变或者平移后所组成的。立体几何图形的绘制也是许多图形引擎的基础功能，图形程序员通常能够使用图形引擎所提供的立体几何绘制功能（封装为模型库）来创造出三维场景的原型。

8.5.1 四棱锥和立方体

使用三角形生成一个金字塔（四棱锥），使用正方形生成一个立方体。混合金字塔上的颜色，创建一个平滑着色的对象；给立方体的每一面加上不同的颜色。运行效果如图8-6所示，具体实现参见本书所附代码Example08_04。

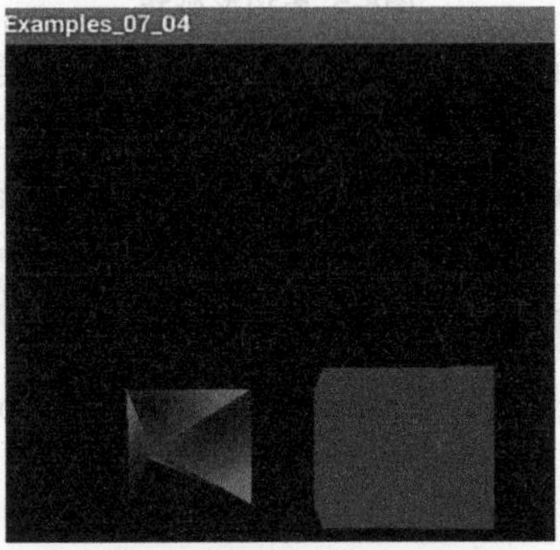

图8-6 四棱锥和立方体

绘制图8-6基本上和绘制三角形一样，重点在于构建四棱锥和立方体的顶点坐标。在构建这些顶点坐标时，要让对象绕自身的轴旋转，必须让对象的中心坐标总是为（0.0f,0.0f,0.0f）。三角形都是按逆时针次序绘制的，故在构建顶点坐标时，需要按照逆时针的顺序来绘制，不可既有逆时针的方向又有顺时针的方向。金字塔的构建代码如下，其上顶点高出原点一个单位，底面中心低于原点一个单位。上顶点在底面的投影位于底面的中心，如代码清单8-2所示。

代码清单8-2：Example08_04\triggerBuffer

```
int one = 0x10000;
private IntBuffer triggerBuffer =Util.getIntBuffer(new int[]
   { 0, one, 0, -one, -one, 0, one, -one, one,
   0, one, 0, one, -one, one, one, -one, -one,
   0, one, 0, one, -one, -one, -one, -one, -one,
   0, one, 0, -one, -one, -one, -one, -one, one   });
```

上顶点为所有的面所共享，所以上顶点在所有的三角形中都设置为红色。底边上的两个顶点的颜色则是互斥的。前侧面的左下顶点是绿色的，右下顶点是蓝色的。这样相邻右侧面的左下顶点是蓝色的，右下顶点是绿色的。所以，四棱锥的顶点颜色定义如代码清单 8-3 所示。

代码清单 8-3：Example08_04\colorBuer

```
int one = 0x10000;
private IntBuffer colorBuffer = Util.getIntBuffer(new int[]
   {                        // tri 4 face
                 one, 0, 0, one, 0, one, 0, one, 0, 0, one, one,
                 one, 0, 0, one, 0, one, 0, one, 0, 0, one, one,
                 one, 0, 0, one, 0, one, 0, one, 0, 0, one, one,
                 one, 0, 0, one, 0, one, 0, one, 0, 0, one, one, });
```

顶点和颜色的相关数据创建好后，就可以开始绘制这个四棱锥。四棱锥由 4 个三角形面组成，代码如下：

```
   //绘制四棱锥
    for (int i=0;i<4;i++)
  {gl.glDrawArrays(GL10.GL_TRIANGLE_STRIP,i*3,3);}
```

其他颜色和顶点的设置与三角形一样，当然绘制立方体也一样，只不过立方体是由 6 个正方形面组成的，所以需要分别绘制出 6 个正方形，代码如下：

```
    //绘制立方体
    for(int i=0;i<6;i++)
   {gl.glDrawArrays(GL10.GL_TRIANGLE_STRIP,i*4,4 );    }
```

8.5.2 圆锥体

圆锥体是三维建模中常用的立体多边形物体，以 *XOY* 平面为圆锥的截面，圆锥体可看成由半径和位置都变化的圆产生，这个圆在变化中始终与 *XOY* 平面平行，圆心沿着 *Z* 轴移动，半径则不断线性递减直至汇聚于一点。

如图 8-7 所示为本例的运行效果，案例代码参见 Example08_05。

图8-7 圆锥体

创建一个 Cylinder 类用于圆柱体的绘制，Cylinder 类的成员属性主要有：旋转面的细分行列数（row、column）、圆锥体底面的半径（radius）、圆锥体的高度（high）及用于存取旋转面的网格数据（planeBuffer）。

```
private int       row    = 10;              //行数
  private int   column = 20;          //列数
  private float radius = 3.0f;        //半径
  private float high     = 3.0f;      //高度
  private FloatBuffer planeBuffer;
```

在构造方法中，需要传入以下参数，旋转面的细分行列数（row、column）、圆锥体底面的半径（radius）、圆锥体的高度（high），同时还需在构造函数中调用 createGraphics() 方法创建圆锥体的图形数据，否则出现运行时错误。

createGraphics() 方法主要用于创建圆锥体的图形数据，需要创建一个二维数组 vertex 用于对网格顶点数据的存放（用于创建旋转面的数据），然后把网格中每一行的顶点数据组成一个封闭的圆形，图形半径随高度变化而变化，图形截面与 *XOY* 平面保持平行。具体代码参见 Example08_05\Cylinder\createGraphics() 方法。

draw() 方法用于实现对圆锥体的绘制。

```
public void draw(GL10 gl)
   {       //允许设置顶点
           gl.glEnableClientState(GL10.GL_VERTEX_ARRAY);
        //绘制平面
        gl.glVertexPointer(3, GL10.GL_FLOAT, 0, this.planeBuffer);
        gl.glDrawArrays(GL10.GL_TRIANGLES, 0, (this.row - 1) * (this.column
- 1) * 2 * 3);
            //取消顶点设置
        gl.glDisableClientState(GL10.GL_VERTEX_ARRAY);
         //绘制结束
        gl.glFinish();
   }
```

扩展实践

在程序中实现抛物面的绘制。

抛物面就是利用抛物线方程在空间中创造出的一种特殊曲面，由于是由基本的抛物线方程所创造，故又称为规则曲面或基本曲面。抛物面网格上的各顶点在 *XY* 平面上的坐标值主要是根据抛物线方程来确定，而 *ZX* 平面上的坐标值则主要是以原点为中心绕 *Y* 轴旋转 360° 组成一个圆环。

8.6 纹理映射（Texture Mapping）

前面介绍过的实例中所显示的立体对象其颜色都是单一的，其略显暗淡、缺乏真实感。在现实世界中的万物却是丰富多彩而且还会呈现出各式纹理，比如岩石的纹理、木头的肌理还有墙面砖块堆砌的纹路等（见图 8-8）。

图8-8 现实世界的物体纹理

纹理映射是计算机真实感图形技术中相当重要的部分，在这个过程中，OpenGL ES 将会把用户指定的纹理图片映射到指定的三维图形平面上从而模拟出逼真的物体对象。

前面已学习了在 3D 空间创建对象的方法，将 OpenGL 屏幕想象成由大量的点组成的立方体，这些点从上至下、从左至右、从前至后地布满了这个立方体，要想象出屏幕的深度方向。只是靠一些基本的几何体和一些颜色组成的游戏，玩家肯定不喜爱，本节将讨论如何将纹理映射到立方体上，运行效果如图 8-9 所示。具体实现参见本书所附代码 Example08_06。

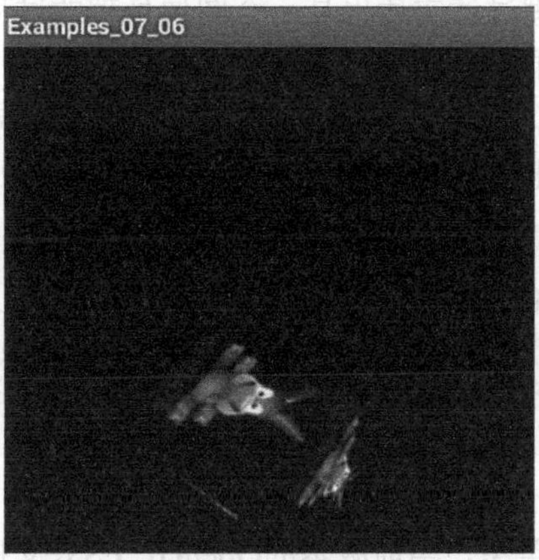

图8-9 纹理映射

从图 8-9 中可以看出，立方体的每一个面都贴上了纹理图片。为此，需要先创建一个纹理，并使用图片来生成一个纹理。创建一个纹理的代码如下：

```
IntBuffer intBuffer = IntBuffer.allocate(1);
    //创建纹理
    gl.glGenTextures(1, intBuffer);
    texture = intBuffer.get();
    //设置要使用的纹理
    gl.glBindTexture(GL10.GL_TEXTURE_2D, texture);
glGenTextures (int n, IntBuffer textures)函数说明。
```

- n: 为生成的纹理名称的数量。
- textures：为存储纹理名称数组的第一个元素的指针。

一个纹理名称，需要通过 glGenTextures 来获取，不可以直接使用。glBindTexture (int target,int texture）方法用于通知 OpenGL 将纹理名称 textures 绑定到纹理目标上。2D 纹理只有高度（在 Y 轴上）和宽度（在 X 轴上）。

要生成一个纹理，需要使用 Android 的 GLUtils 中的一个静态方法 texImage2D (int

target,int level,Bitmap bitmap,int border)。

- target为纹理的类型。
- level为纹理的详细程度，一般情况下设置为O。
- bitmap是用于纹理贴图的图像数据。
- border描述了边框效果。

```
//生成纹理
GLUtils.texImage2D(GL10.GL_TEXTURE_2D,0,GLImage.mBitmap, 0);
```

创建了一个纹理后，为了能有更好的效果，还需要设置纹理过滤。通常情况下，立体模型在三维场景中都会进行各种各样的变换，如平移、缩放、旋转，甚至更为复杂的组合变换。模型变换后，相应地指定在其各面上的纹理图片也将会产生形变，比如将模型放大若干倍，纹理图片同时也会被放大，当纹理图片的尺寸远大于原来的尺寸时，就会出现“马赛克”，纹理图案出现锯齿现象。同样的，纹理的尺寸远小于原来的尺寸时，纹理图片就有可能丢失细节而导致图案不清晰。纹理过滤实质也是一个图像处理的过程，主要解决纹理图片在经过变换后而产生的不良视觉效果。

OpenGL ES 允许指定具体的过滤选项从而让操作者可以确定过滤处理的计算细节，通过权衡速度和图像质量，而做出不同的选项。线形滤波设置代码如下：

```
//线形滤波
    gl.glTexParameterx(GL10.GL_TEXTURE_2D, GL10.GL_TEXTURE_MIN_FILTER,
GL10.GL_LINEAR);
    gl.glTexParameterx(GL10.GL_TEXTURE_2D, GL10.GL_TEXTURE_MAG_FILTER,
GL10.GL_LINEAR);
```

需要调用 glTexParameterx (int target, int pname, int param) 方法设置纹理过滤。

- target指定纹理贴图的类型，当前版本的OpenGL ES只支持二维的纹理贴图，也就是第一个参数必须为GL10.GL_TEXTURE_2D。
- pname可以使用GL_TEXTURE_MIN_FILTER或GL_TEXTURE_MAG_FILTER标示指定纹理是缩小还是放大。
- param为具体的纹理过滤方式，常用的有GL_NEAREST（最近采样点过滤）和GL_LINEAR（线性过滤）。GL_NEAREST表示在最靠近像素中心的那个纹理单元将会直接用于放大和缩小，这样纹理容易出现锯齿。GL_LINEAR表示OpenGL ES会对靠近像素中心的一个2×2的纹理单元进行加权平均处理，并把得到的平均值用于纹理的放大或缩小。GL_NEAREST的处理比GL_LINEAR简单，但其速度会快些，GL_LINEAR会牺牲一点效率但会得到更加平滑、清晰的良好视觉效果。

纹理设置好后，还要绑定当前需要使用的纹理。使用 glBindTexture (int target,int texture) 方法来绑定纹理。target 表示要绑定的纹理的类型。texture 表示纹理的名称（代号），如果在场景中使用多个纹理，则应该使用 glBindTexture 方法来选择要绑定的纹理。当改变纹理时，可以绑定新的纹理。需要注意的是，绑定纹理操作必须在绘图之前。绑定上面创建的纹理的代码如下。

```
//绑定纹理
gl.glBindTxture(GL10.GL_TEXTURE_2D,texture);
```

纹理的使用与颜色类似，需使用 glEnableClientState 方法开启纹理 (GL_TEXTURE_COORD_ARRAY)，用完后需使用 gDisableClientState 关闭，代码如下。

```
gl.glEnableClientState(GL10.GL_TEXTURE_COORD_ARRAY);
 //……
gl.glDisableClientState(GL10.GL_TEXTURE_COORD_ARRAY);
```

为了将纹理正确地映射到四边形上，将纹理的左上角映射到四边形的左上角，纹理的右上角映射到四边形的右上角，纹理的左下角映射到四边形的左下角，纹理的右下角映射到四边形的右下角。如果映射有误，显示时可能上下颠倒或者显示不出。立方体的每一个面（共6个面）所设置的纹理映射数据如下：

```
//共6个面，每个面4个顶点
    IntBuffer texCoords = Util.getIntBuffer (new int[]
    { one, 0, 0, 0, 0, one, one, one,
0, 0, 0, one, one, one, one, 0,
one, one, one, 0, 0, 0, 0, one,
0, one, one, one, one, 0, 0, 0,
0, 0, 0, one, one, one, one, 0,
one, 0, 0, 0, 0, one, one, one, });
```

映射数据设置好后，使用 glTexCoordPointer (int size, int type, int stride, Buffer pointer) 方法。将纹理绑定到要绘制的物体上。size 是纹理的坐标类型，这里使用的是 2D 纹理，只有 *X* 和 *Y* 两个坐标，所以是 2；type 描述了所使用的是固定的纹理数据；stride 是步长；pointer 是定义的纹理映射数据。

```
    //指定纹理映射
    gl.glTexCoordPointer(2,GL10.GL_FIXED,0,texCoords);
```

最后，同多边形绘制一样，将其绘制到屏幕上即可。这里使用 glDrawElements 方法来绘制多边形。

```
glDrawElements (int mode,int count,int type,Buffer indices).
```

- mode是类型，count是点数目，type指的是indices的类型。indices是三角形的索引数据。拿四边形来举例，有点（v1，v2，v3，v4）保存在数组中，count就是4，即有4个顶点数据,这4个顶点数据如何组成两个三角形呢?indices就是一个索引数组，它的数目应该是6个，每个值记录着对应四边形数据中的某个点，如indices[0]=1，indices[1]=2，indices[2]=3，即第一个三角形是使用（v1，v2，v3）来构成，这里要注意type参数，OpenGL ES只支持GL_UNSIGNED_BYTE和GL_UNSIGNED_SHORT，不支持GL_UNSIGNED_INT，因为INT占4字节，BYTE占1个字节，SHORT占两个字节。

```
//绘制，一个面4个顶点，共24个顶点
gl.glDrawElements(GL10.GL_TRIANGLE_STRIP,24, GL10.GL_UNSIGNED_
BYTE,indices);
```

至此就实现了本节开始所展示的效果。

8.7 光照和事件

现实世界绚丽多彩，没有了光，世界就会变得暗淡与死寂，本节的任务就是为虚拟的世界带来光与希望，为场景添加逼真的光照效果。8.6 节中给立方体贴上了纹理，这里用程序来模拟光照的效果，学习如何添加光照和通过按键来控制物体的旋转等操作。如图 8-10（a）、（b）所示，绘制一个立方体并贴上纹理，按上、下、左、右键时，该立方体向指定的方向旋转；按 OK 键控制光照的开关，当打开光照时，离光源位置较远的地方光线较暗，当关闭光照时，屏幕上几乎看不到什么。

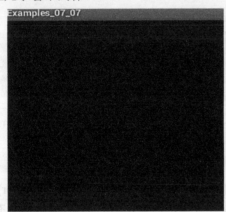

图8-10（a） 关闭光照效果

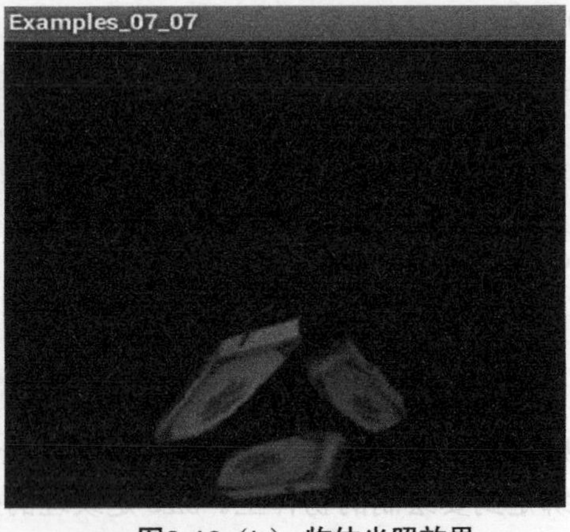

图8-10（b） 物体光照效果

8.7.1 光照（Light）

当光线照射到物体表面时，它可以被吸收、反射或折射。从物体表面反射出来的光取决于光源中光的成分、光线的方向、光源的几何属性及物体表面的朝向和表面性质。

Phong 是一个"古老"的逼近光照模型，在真实感图形技术领域中应用很广泛，OpenGL ES 在处理模型着色的过程中使用的就是一种改进型的 Phong 模型。在 Phong 模型中一个顶点的明暗程度是由 4 个方面的原因共同确定的，其分别是环境光反射光（环境光）、漫反射光（漫射光）、镜面反射光（镜面光）及材质的发射光（自发光）。Phong 模型使用的是 RGB 颜色模型，由于光源具有叠加性，来自多个光源的光线是可以叠加在一起的，每个顶点的明暗程度都是由所有光源及顶点材质共同决定的，在进行光栅化时 OpenGL ES 就是通过顶点的明暗程度来获取每个片段（像素）的颜色。

在 OpenGL ES 中实现光照需要以下步骤：

① 设定光源属性（环境光颜色、漫射光颜色、反射光颜色及光源的位置等）。

② 指定使用的光源，OpenGL ES 支持 8 个光源，其编号由 0 到 7。

③ 计算三维模型的各个顶点的法向量。

④ 设置材质属性。

⑤ 开启光照状态。

本案例使用两种不同的光，即环境光和漫射光。环境光来自于四面八方，照射场景中所有的对象。漫射光由特定的光源产生，并在场景中的对象表面产生反射，漫射光直接照射的对象表面都会变得很亮，几乎未被照射到的表面就显得要暗一些，这样，就会产生很不错的阴影效果。光源的创建过程和颜色的创建过程一致。前 3 个参数分别是 RGB 三色分量，最后一个是 alpha 通道参数。因此，下面的代码得到的是半亮（0.5f）的白色环境光。如果没有环境光，未被漫射光照到的地方会变得十分黑暗。

```
    //定义环境光(r,g,b,a)
    FloatBuffer lightAmbient=FloatBuffer.wrap(new  float[]
{0.5f,0.5f,0.5f,1.0f});
```

所有的参数值都取 1.0f，定义最亮的漫射光。代码如下：

```
    //定义漫射光(r,g,b,a)
    FloatBuffer lightDiffuse=FloatBuffer.wrap(new  float[]{1.0f, 1.0f,
 1.0f,1.0f});
```

光源数组设置好后，定义光源在场景中的位置。光源的位置由 4 个数值组成，前 3 个参数同 glTranslate 中的一样，分别是 *X*、*Y*、*Z* 轴上的位移。由于需要光线直接照射在立方体的正面，所以 *X*、*Y* 轴上的位移都是 0.0f。为了保证光线总在立方体的前面，故将光源的位置朝着观察者挪出屏幕，屏幕（也就是显示器的屏幕玻璃）所处的位置称为 *Z* 轴的 0.0f 点，故这里 *Z* 轴上的位移最后定为 2.0f（假如能够看见光源，它就浮在显示器的前方，当然，如果立方体不在显示器的屏幕玻璃后面，也无法看见箱子）。最后一个参数取 1.0f，意思是告诉 OpenGL ES，此处指定的坐标就是光源的位置。准备光源所需要的数据的代码如下。

```
    //光源的位置
    FloatBuffer lightPosition=FloatBuffer.wrap(new float[]
{0.0f,0.0f,2.0f,1.0f});
```

下面设置光源，可以通过 glLightfv (int light, int pname,FloatBuffer params) 方法来设置一个光源，如下代码分别是设置一个环境光和一个漫射光。light 为光源的 ID，当程序中包含多个光源时，可以通过 ID 加以区分；pname 为光源的类型，GL_AMBIENT 为环境光，GL_DIFFUSE 为漫射光；params 是光源数组。

```
   //设置环境光
         gl.glLightfv(GL10.GL_LIGHT1, GL10.GL_AMBIENT, lightAmbient);
         //设置漫射光
         gl.glLightfv(GL10.GL_LIGHT1, GL10.GL_DIFFUSE, lightDiffuse);
```

下面设置光源的位置，光源的位置也使用 glLightfv 方法来设置，只是将 pname 参数设置为 GL_POSITION。代码如下：

```
    //设置光源的位置     gl.glLightfv(GL10.GL_LIGHT1,GL10.GL_
POSITION,lightPosition);
```

最后开启光源。

```
    //启用序号为 1 号光源
    gl.glEnable(GL10.GL_LIGHT1);
```

当然，在不需要光源时，可以将光源关掉。

```
    //禁用一号光源
    gl.glDisable(GL10.GL_LIGHT1);
```

8.7.2 事件（Events）

事件的处理和以前一样，通过 onKeyUp 和 onKeyDown 分别处理按键弹起和按下，本例中的按键事件处理如代码清单 8-4 所示。具体实现参见本书所附代码 Example08_07。

代码清单 8-4：Example08_07\GLRender\onKeyDown

```
public boolean onKeyDown(int keyCode, KeyEvent event)
   {switch (keyCode)
          {case KeyEvent.KEYCODE_DPAD_UP:
                key = true;  xspeed = -step;break;
          case KeyEvent.KEYCODE_DPAD_DOWN:
                key = true;xspeed = step;break;
          case KeyEvent.KEYCODE_DPAD_LEFT:
                key = true;yspeed = -step;break;
          case KeyEvent.KEYCODE_DPAD_RIGHT:
                key = true;yspeed = step;break;
          case KeyEvent.KEYCODE_DPAD_CENTER:
                light = !light;     break;
          }return false;
   }
   public boolean onKeyUp(int keyCode, KeyEvent event)
   {key = false;return false; }
```

扩展实践：实现物体的材质。

现实世界中，所有的物体都是由各种各样的材料组成的，不同的材料有不同的材质，光照效果不仅仅是光源属性起作用，还同时受到物体材质属性的影响，比如同样性质的光投射到金属平面和塑料平面上的效果是不一样的。

材料属性和光源属性相辅相成，每种材料对不同类型的光都具有不同的反射规则。要让东西看起来有质感，就需要调整渲染时物体的材质属性，即让东西看上去有金属、木质、玻璃、塑料等材料上的区别。

在 OpenGL ES 中材质的定义由 API 函数 glMaterial 实现，与很多其他 OpenGL 函数一样，该函数也有几个不同的 fx/v 的变体。Java 实现的定义如下：

```
void glMaterialf(int face, int pname, float param)
void glMaterialfv(int face, int pname, float[] params, int offset)
void glMaterialfv(int face, int pname, FloatBuffer params)
void glMaterialx(int face, int pname, int param)
void glMaterialxv(int face, int pname, IntBuffer params)
void glMaterialxv(int face, int pname, int[] params, int offset)
```

名称扩展名中的 f、x 表示设置的值为浮点值还是整数值，v 表示值是数组类型。

- face：要应用材质的面，只接受 GL_FRONT_AND_BACK 常量。
- Pname：要设置的材质属性，可以是GL_AMBIENT、GL_DIFFUSE、GL_SPECULAR、

GL_EMISSION、GL_SHININESS、GL_AMBIENT_AND_DIFFUSE 中的一个，分别表示环境光、漫射光、镜面光、自发光、镜面反射强度、环境光与漫射光。

- param：要设置的单个标量值，目前仅适用于GL_SHININESS属性，官方文档表示只接受 0～128 之间的值。
- Params：要设置的向量（数组）值。用于除 GL_SHININESS 之外的其他几个属性。而且这些属性都要求一组由4个浮点或整数组成的颜色值。整数的值会被线性映射为 0～1 之间的浮点数。
- Offset：在 params 为数组的情况下表示值在数组上的起始位置。这个参数及 Buffer 类型的 params 都是从 C 到 Java 的过程中加入的，以减少Java 没有指针的不便。

要设置物体的材质，只需在调用 draw 函数前调用 glMaterialfv() 函数进行设置即可。例如：

```
    gl.glMaterialfv(GL10.GL_FRONT_AND_BACK, GL10.GL_AMBIENT_AND_DIFFUSE, new
float[] { 0.4f, 0.2f, 0.2f, 1f }, 0);
    gl.glMaterialfv(GL10.GL_FRONT_AND_BACK, GL10.GL_SPECULAR, new float[] { 1,
1, 1, 1f }, 0);
    gl.glMaterialf(GL10.GL_FRONT_AND_BACK, GL10.GL_SHININESS, 10.0f);
```

材质与纹理贴图可以一起使用。另外使用材质需要法线数据以进行光照计算。

请在场景中创建 4 个小球，4 个小球分别使用不同的材质，4 个小球在相同的光照条件下呈现出不同的明暗效果。

8.8 混合（Mixed）

混合就是把两种颜色混在一起，它是许多半透明特效的基础，就是把某一像素位置原来的颜色和将要画上去的颜色，通过某种方式混在一起，从而实现特殊效果。

比如绘制这样一个场景：透过红色的玻璃去看绿色的物体，可以先绘制绿色的物体，再绘制红色玻璃。在绘制红色玻璃时，利用“混合”功能，把将要绘制上去的红色和原来的绿色进行混合，于是得到一种新的颜色，看上去就好像玻璃是半透明的。

OpenGL ES 不支持多重纹理，故需要通过使用混合的方式去模拟多重纹理的效果。要使用 OpenGL 的混合功能，调用 glEnable(GL_BLEND) 即可；要关闭 OpenGL 的混合功能，调用 glDisable(GL_BLEND) 即可。

⚠注意：只有在RGBA模式下，才可以使用混合功能，颜色索引模式下无法使用混合功能。

8.8.1 源因子和目标因子

混合需要把原来的颜色和将要画上去的颜色，经过某种方式混合后得到一种新的颜色。这里把将要画上去的颜色称为“源颜色”，把原来的颜色称为“目标颜色”。

OpenGL ES 会把源颜色和目标颜色各自取出，并乘以一个系数（源颜色乘以的系数称为“源因子”，目标颜色乘以的系数称为“目标因子”），然后相加，这样就得到了新的颜色（也可以不相加，新版本的 OpenGL ES 可以设置运算方式，有加、减、取两者中较大的、取两者中较小的、逻辑运算等）。

把这个运算方式用数学公式来表达一下。假设源颜色的4个分量（指红色、绿色、蓝色、和alpha值）是(Rs, Gs, Bs, As)，目标颜色的4个分量是(Rd, Gd, Bd, Ad)，又设源因子为(Sr, Sg, Sb, Sa)，目标因子为(Dr, Dg, Db, Da)。则混合产生的新颜色可以表示为：

(Rs*Sr+Rd*Dr, Gs*Sg+Gd*Dg, Bs*Sb+Bd*Db, As*Sa+Ad*Da)

如果颜色的某一分量超过了1.0，则它会被自动截取为1.0，不需要考虑越界的问题。

源因子和目标因子可以通过glBlendFunc (int sfactor, int dfactor)函数来设置。sfactor表示源因子，dfactor表示目标因子。这两个参数可以取多种值。下面介绍几种比较常用的参数。

- GL_ZERO：表示使用0.0作为因子，相当于不使用这种颜色参与混合运算。
- GL_ONE：表示使用1.0作为因子，相当于完全使用这种颜色参与混合运算。
- GL_SRC_ALPHA：表示使用源颜色的alpha值来作为因子。
- GL_DST_ALPHA：表示使用目标颜色的alpha值来作为因子。
- GL_ONE_MINUS_SRC_ALPHA：表示用1.0减去源颜色的alpha值来作为因子。
- GL_ONE_MINUS_DST_ALPHA：表示用1.0减去目标颜色的alpha值来作为因子。

除此以外，还有GL_SRC_COLOR（把源颜色的4个分量分别作为因子的4个分量）、GL_ONE_MINUS_SRC_COLOR、GL_DST_COLOR、GL_ONE_MINUS_DST_COLOR等。

举例来说：

- glBlendFunc(GL_ONE, GL_ZERO);表示完全使用源颜色，完全不使用目标颜色，因此画面效果和不使用混合的时候一致（当然效率会降低）。默认情况就是没有设置源因子和目标因子。
- glBlendFunc(GL_ZERO, GL_ONE);表示完全不使用源颜色，因此无论操作者想画什么，最后都画不上去（这样设置有时候可能有特殊用途）。
- glBlendFunc(GL_SRC_ALPHA,GL_ONE_MINUS_SRC_ALPHA);表示源颜色乘以自身的alpha值，目标颜色乘以1.0减去源颜色的alpha值，这样一来，源颜色的alpha值越大，则产生的新颜色中源颜色所占比例就越大，而目标颜色所占比例则减小。这种情况下，可以简单地将源颜色的alpha值理解为“不透明度”。这也是混合时最常用的方式。

⚠注意：所谓的源和目标，跟绘制的顺序有关。假如先绘制了一个绿色的物体，再在其上绘制红色的物体。则红色是源颜色，绿色是目标颜色。

8.8.2 启用混合

下面通过实例演示混合功能，实例中有三个纹理矩形平面，其图案和透明度皆不相同，三个纹理平面呈部分重叠的状态，如图8-11所示。具体实现参见随书所附代码Example08_08。

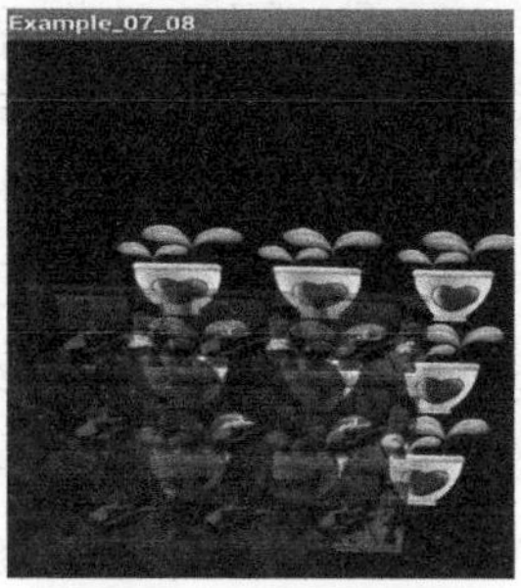

图8-11　混合效果

本案例的混合处理涉及颜色和透明度，因此在RectanglePlane类中首先要定义Color4f类型的属性color，用于指定图形对象的绘制颜色，图形的透明度也是通过这个值来体现。

```
    private Color4f color = new Color4f(1.0f, 1.0f, 1.0f, 1.0f);
    public RectanglePlane(float width, float height, int row, int column, Bitmap
texImage, int wrapMode, int n, Color4f color)
        {this.width   = width;
              this.height   = height;
              this.row              = row;
              this.column   = column;
              this.texImage = texImage;  //获取纹理贴图
              this.wrapMode = wrapMode;  //获取纹理填充模式
              this.n = n;                         //获取纹理坐标重复次数
              if(color != null)
              {this.color = color;}
              //创建图形数据
              this.createGraphics();
        }
```

在RectanglePlane类的draw()方法中，调用glColor4f方法指定绘制颜色，否则无法正确显示透明效果。

```
    public void draw(GL10 gl)     {
    gl.glColor4f(this.color.r, this.color.g, this.color.b, this.color.a);
    //……
    //绘制结束
           gl.glFinish();
        }
```

在GLRender类中，首先创建三个纹理矩形，rect1为白色，Alpha值为1.0；rect2也为白色，但Alpha值为0.5；rect3使用红色绘制，Alpha值为0.5。

```
    //创建第一个纹理矩形
        private RectanglePlane rect1 = new RectanglePlane
    (5.0f,   5.0f, 2, 2, GLImage.img2, S_REPEAT_AND_T_REPEAT, 3, new
Color4f(1.0f, 1.0f, 1.0f, 1.0f));
        //创建第二个纹理矩形
```

```
    private RectanglePlane rect2 = new RectanglePlane
  (5.0f, 5.0f, 2, 2, GLImage.img1,S_REPEAT_AND_T_REPEAT, 3, new
Color4f(1.0f, 1.0f, 1.0f, 0.5f));
    //创建第三个纹理矩形
    private RectanglePlane    rect3 = new RectanglePlane
  (5.0f,5.0f,2,2,GLImage.img3,S_REPEAT_AND_T_REPEAT,3, new Color4f(1.0f,
0.0f, 0.0f, 0.5f));
```

在 GLRender 类的 onSurfaceCreated() 方法中，调用 glEnable(GL10.GL_BLEND) 方法开启混合功能，调用 glBlendFunc() 方法指定混合因子。

```
  // 开启混合
  gl.glEnable(GL10.GL_BLEND);
  gl.glBlendFunc(GL10.GL_SRC_ALPHA, GL10.GL_ONE_MINUS_SRC_ALPHA);
```

最后，在 onDrawFrame(GL10 gl) 方法中按照偏移量把三个纹理矩形绘制出来，以便三个纹理矩形重叠一部分，体现混合效果。

```
  public void onDrawFrame(GL10 gl)
    {//清除屏幕和深度缓存
  gl.glClear(GL10.GL_COLOR_BUFFER_BIT | GL10.GL_DEPTH_BUFFER_BIT);
    //重置当前的模型观察矩阵
          gl.glLoadIdentity();
        //重置当前的模型观察矩阵
        gl.glLoadIdentity();
  //设置3个方向的旋转
          gl.glRotatef(xrot, 1.0f, 0.0f, 0.0f);
          gl.glRotatef(yrot, 0.0f, 1.0f, 0.0f);
          gl.glRotatef(zrot, 0.0f, 0.0f, 1.0f);
          //绘制纹理矩形
          this.rect1.draw(gl);
          gl.glTranslatef(1.0f, 1.0f, 0.0f);
          //绘制纹理矩形
          this.rect2.draw(gl);
          gl.glTranslatef(1.0f, 1.0f, 0.0f);
          //绘制纹理矩形
          this.rect3.draw(gl);gl.glLoadIdentity();}
```

本章小结

通过本章的学习，读者可学会设置一个 OpenGL ES 窗口的每个细节、在旋转的物体上贴图并加上光线及混色（透明）处理。OpenGL ES 是跨平台的软件接口，支持 OpenGL 的软件具有很好的移植性，可以获得广泛的应用。

OpenGL ES 是 3D 图形的底层图形库，没提供几何实体图元，故不能直接用于场景描述。但是，通过转换软件，可以很方便地将 AutoCAD、3DSMAX 等 3D 图形设计软件制作的 DFX 和 3DS 模型文件转换成 OpenGL ES 的顶点数组，因此目前 OpenGL 的应用非常广泛。

课后拓展实践

（1）为机器臂模型建模。在三维建模中常会将一个结构嵌套到另外一个结构当中形成一个树形结构，这样的建模方式称为层次建模。

在许多模型中，各部分之间都有明确的依赖关系，假如对模型的一部分进行三维变换，则该部分产生的变化将导致其他部分也发生变化。在大多数图形应用程序中所使用的模型都呈现着各种层次性，这样的模型的各部分可以按照树形数据结构进行组织，该结构由节点与节点之间的连接组成。

在这样的层次结构中，在某父节点的对象产生变化时其子节点上的对象也会相应地发生变化。

如图 8-12 所示为机器臂模型及动画效果，BArm 带动 LArm 的转动，LArm 也会带动 UArm 的转动。请建立此机器臂模型。

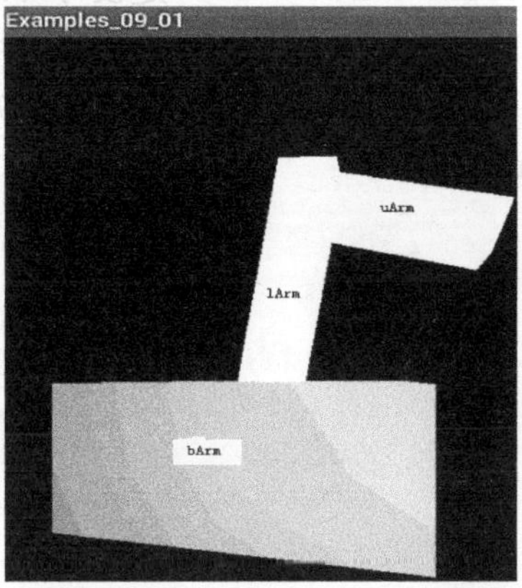

图8-12 机器臂模型及动画效果

（2）实现镭射激光灯效果。通过使用不同类型的混合处理还可以实现许多绚丽多彩的效果，请模拟镭射激光灯投影到一片草地上的效果，其中五光十色的纹理通过使用多张纹理图像经过颜色混合得到。

使用不同的颜色与透明度绘制这些纹理图片，通过颜色混合模拟镭射灯投影出五颜六色的图案。然后组合使用缩放、旋转等变换控制多层次纹理矩形从而实现图案闪烁的动态效果。

第9章

Android OpenGL应用案例

本章目标

- 建模与动画（Model and Animation）
- 构建简单场景
- 荡漾的水波
- 粒子系统（Particle system）
- 雾（fog）

项目实操

- 建模与动画（Model and Animation）实践
- 构建简单场景实践
- 荡漾的水波实践
- 粒子系统（Particle system） 实践
- 雾（fog）实践

3D 物体绘制过程大致如下，用大量三角形构造 3D 物体，指定物体位置、朝向，设置物体颜色、材质，设定光源，计算光照结果，投影，刷新显示。OpenGL ES 的实际绘制过程包含比这些要多的内容，比如裁剪、纹理等，但其本质不变。本章学习一些新的 OpenGL ES 渲染技术及其应用。

9.1 建模与动画（Model and Animation）

对于大量的 3D 场景物体建模，可以用现有的 3D 建模工具导出数据（外部模型），然后用 OpenGL ES 写一个导入即可。本节给出一个直接使用 OpenGL ES 实现建模与动画的案例。

本案例使用 OpenGL ES 实现机器臂的建模并实现相应的动画效果。图 9-1（a）和（b）所示为本案例机器臂模型及动画效果，bArm 带动 lArm 的转动，lArm 也会带动 uArm 的转动。

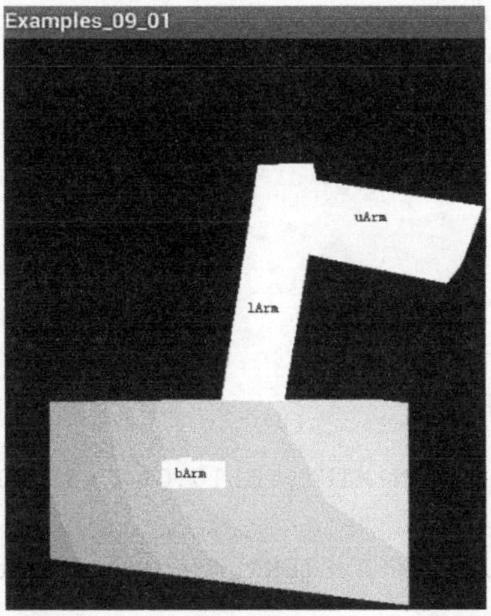

图9-1（a） 机器臂模型及动画 效果

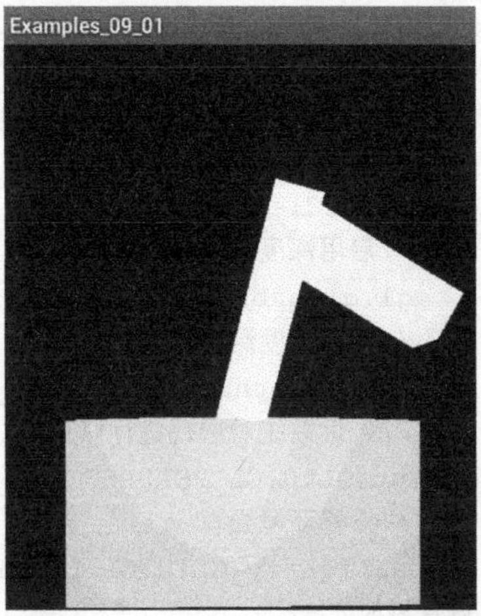

图9-1（b） 机器臂模型及动画效果

对机器臂的各个部分独立观察，bArm 以自身局部坐标的原点为中心绕 Y 轴旋转，lArm 和 uArm 均以各自局部坐标的原点为中心绕 Z 轴旋转。

本案例实现代码见 Example09_01，在 GLRender 类中先创建三个 Cube 对象，分别为机器臂的 bArm（基础臂）、lArm（下臂）和 uArm（上臂）；然后创建三个 float 对象，用于记录机器臂各部分旋转的角度；为了使机器臂呈现立体效果，加入了一个简单的光照效果，具体代码如下。

```
    public class GLRender implements Renderer
    {  private Cube bArm   = new Cube(4.0f, 2);
       private Cube lArm   = new Cube(4.0f, 2);
       private Cube uArm   = new Cube(4.0f, 2);

       private float angle01 = 0.0f;
       private float angle02 = 0.0f;
       private float angle03 = 0.0f;
       //定义环境光(r,g,b,a)
       private FloatBuffer lightAmbient = FloatBuffer.wrap(new float[]{0.5f,
0.5f, 0.5f, 1.0f});

       //定义漫射光
       private FloatBuffer lightDiffuse = FloatBuffer.wrap(new float[]{1.0f,
1.0f, 1.0f, 1.0f});
       //光源的位置
       private FloatBuffer lightPosition = FloatBuffer.wrap(new float[]{0.0f,
 0.0f, 2.0f, 1.0f});
```

对渲染进行初始化操作主要在 onSurfaceCreated() 方法中进行，在这里设定各种渲染状态及光源的开启。

```
    public void onSurfaceCreated(GL10 gl, EGLConfig config)
       {//启用阴影平滑
```

```
        gl.glShadeModel(GL10.GL_SMOOTH);
        //黑色背景
        gl.glClearColor(0, 0, 0, 0);
        //设置深度缓存
        gl.glClearDepthf(1.0f);
        //启用深度测试
        gl.glEnable(GL10.GL_DEPTH_TEST);
        //所作深度测试的类型
        gl.glDepthFunc(GL10.GL_LEQUAL);
        //告诉系统对透视进行修正
    gl.glHint(GL10.GL_PERSPECTIVE_CORRECTION_HINT, GL10.GL_FASTEST);
        //设置环境光
      gl.glLightfv(GL10.GL_LIGHT1, GL10.GL_AMBIENT, lightAmbient);
   //设置漫射光
      gl.glLightfv(GL10.GL_LIGHT1, GL10.GL_DIFFUSE, lightDiffuse);
      //设置光源的位置
      gl.glLightfv(GL10.GL_LIGHT1, GL10.GL_POSITION, lightPosition);
      //启用一号光源
      gl.glEnable(GL10.GL_LIGHT1);
       //开启光源
        gl.glEnable(GL10.GL_LIGHTING);
    }
```

本案例的动画效果主要在 onDrawFrame() 方法中实现，比较重要。对镜头进行基本的设置后，要对三个控制机器臂旋转角度的变量进行操作，angle01 对应的是 bArm 的旋转角度，取值范围为 0 ～ 360°; angle02 对应的是 lArm 的旋转角度，取值范围为 0 ～ 20°；angle03 对应的是 uArm 的旋转角度，取值范围为 0 ～ 20°。

接下来绘制机器臂的各个部分。首先调用 glRoatef() 方法设置旋转变换，gl.glRotatef(this.angle01, 0.0f, 1.0f, 0.0f)；其中 angle01 指定 bArm 旋转的角度。接着调用 glPushMatrix() 方法保存当前矩阵 (gl.glPushMatrix())；调用 glScalef() 方法和 glTranslatef() 方法对 bArm 进行几何变换，gl.glScalef(1.0f, 0.5f, 1.0f);gl.glTranslatef(0.0f,-2.0f, 0.0f)，以便 bArm 缩放到适当的大小和平移到指定的位置；调用 base 对象的 draw() 方法把机器臂底座绘制出来，最后调用 glPopMatrix() 方法恢复原来的矩阵。

lArm 和 uArm 均是通过同样的方式绘制，如此，就实现了 lArm 对 bArm 的依附以及 uArm 对 lArm 的依附，即当 bArm 旋转时带动 lArm 的转动，当 lArm 旋转时带动 uArm 的转动。

```
public void onDrawFrame(GL10 gl)
  {//清除屏幕和深度缓存
        gl.glClear(GL10.GL_COLOR_BUFFER_BIT | GL10.GL_DEPTH_BUFFER_BIT);
        //重置当前的模型观察矩阵
        gl.glLoadIdentity();
      //重置当前的模型观察矩阵
      gl.glLoadIdentity();
       //移入屏幕一段距离
      gl.glTranslatef(0.0f, 0.0f, -6.0f);
```

```
        //设置3个方向的旋转
          gl.glRotatef(xrot, 1.0f, 0.0f, 0.0f);
          gl.glRotatef(yrot, 0.0f, 1.0f, 0.0f);
          gl.glRotatef(zrot, 0.0f, 0.0f, 1.0f);
          //控制base旋转的角度
          if(this.angle01 >= 360.0f)
          {this.angle01 = 0.0f;}
          else
          {this.angle01 += 1; }
          //控制lowerArm旋转的角度
          if(this.angle02 >= 0)
          {this.sign01 = -0.5f; }
          if(this.angle02 < -20)
          {this.sign01 = 0.5f; }
this.angle02 += this.sign01;
          //控制upperArm旋转的角度
          if(this.angle03 >= 0)
          {this.sign02 = -0.5f; }
          if(this.angle03 < -20)
          {this.sign02 = 0.5f; }
this.angle03 += this.sign02;
          //绘制机器臂底座
          gl.glRotatef(this.angle01, 0.0f, 1.0f, 0.0f);
          gl.glPushMatrix();
          gl.glScalef(1.0f, 0.5f, 1.0f);
          gl.glTranslatef(0.0f, -2.0f, 0.0f);
          this.bArm.draw(gl);
          gl.glPopMatrix();
          //绘制机器臂下臂
          gl.glRotatef(this.angle02, 0.0f, 0.0f, 1.0f);
          gl.glPushMatrix();
          gl.glScalef(0.2f, 1.2f, 0.2f);
          gl.glTranslatef(0.0f, 1.0f, 0.0f);
          this.lArm.draw(gl);
          gl.glPopMatrix();
          //绘制机器臂上臂
          gl.glRotatef(this.angle03, 0.0f, 0.0f, 1.0f);
          gl.glPushMatrix();
          gl.glScalef(0.7f, 0.2f, 0.2f);
          gl.glTranslatef(1.0f, 15.0f, 0.0f);
          this.uArm.draw(gl);
          gl.glPopMatrix();
          gl.glLoadIdentity();
   }
```

OnSurfaceChanged() 方法主要是处理渲染表面产生变化时而进行的处理。代码及注释如下。

```
public void onSurfaceChanged(GL10 gl, int width, int height)
    {float ratio = (float) width / height;
            //设置视口的大小
            gl.glViewport(0, 0, width, height);
            //设置投影矩阵
            gl.glMatrixMode(GL10.GL_PROJECTION);
            //重置投影矩阵
            gl.glLoadIdentity();
            //设置透视投影
            gl.glFrustumf(-ratio, ratio, -1, 1, 1, 10);
            //选择模型观察矩阵
            gl.glMatrixMode(GL10.GL_MODELVIEW);
            //重置模型观察矩阵
            gl.glLoadIdentity();                    }
```

9.2 构建场景

本节将使用 OpenGL ES 逐步构建游戏场景，首先构建一个简单小场景，然后逐步添加纹理、光照。

9.2.1 构建简单场景

首先编写几何立体绘制类，然后创建若干个几何体，从而构成一个简单的三维虚拟小场景，其中主要使用了矩形平面与圆柱体绘制的类。案例效果如图 9-2 所示，具体代码参见 Example09_02。

场景由一个矩形平面与 8 个圆柱体构成，4 个圆柱为一组分立于矩形平面的两侧。本案例调用 gluLookAt() 方法模拟摄像机的取景活动，并呈一定角度以俯视的方式观察场景。

项目工程目录如图 9-3 所示，src 文件夹中共有 3 个包，分别是 com.android.chapter09、models 及 util。主要的实现代码文件存放在 com.android.chapter09 包中，几何立体绘制的类存放在 models 包中，项目使用的工具类存放在 util 包中。渲染实现的主要代码写在 GLRender.java 文件中。

图9-2 简单场景构建效果

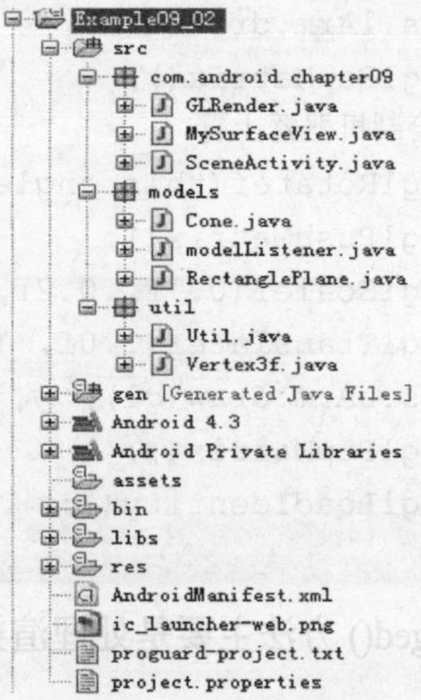

图9-3 项目工程目录

在GLRender.java文件中，首先引入需要的各种程序包，创建一个RectanglePlane类型的对象ground，用于矩形平面的绘制；创建一个Cone类型的对象pillar，用于柱形的绘制。此时，本案例的场景没有用到贴图，为了体现立体感效果，需要给场景添加一些简单的光照效果。

```
    import java.nio.FloatBuffer;
    import javax.microedition.khronos.egl.EGLConfig;
    import javax.microedition.khronos.opengles.GL10;
    import models.Cone;
    import models.RectanglePlane;
    import models.modelListener;
    import android.opengl.GLSurfaceView.Renderer;
    import android.opengl.GLU;
    public class GLRender implements Renderer
    {  public float xrot;
       public float yrot;
       public float zrot;
       //创建地面
       private RectanglePlane ground = new RectanglePlane(10.0f, 10.0f, 10,
10);
       //创建柱子
       private modelListener pillar = new Cone(0.5f, 2.0f, 10, 50);
       //定义环境光(r,g,b,a)
       private FloatBuffer ambientLight = Util.getFloatBuffer(new float[]{0.5f,
0.5f, 0.5f, 1.0f});
       //定义漫射光
       private FloatBuffer diffuseLight =Util.getFloatBuffer(new float[]{1.0f,
1.0f, 1.0f, 1.0f});
       //光源的位置
       private FloatBuffer lightPosition =Util.getFloatBuffer(new float[]{0.0f,
 0.0f, 2.0f, 1.0f});
```

对渲染场景的初始化主要在onSurfaceCreated()方法中实现，依次执行阴影平滑启用、绘制背景清空、深度缓存清空、深度测试启用、设置深度测试类型、透视投影修正和环境光设置等操作。

```
    public void onSurfaceCreated(GL10 gl, EGLConfig config)
       {//启用阴影平滑
              gl.glShadeModel(GL10.GL_SMOOTH);
              //黑色背景
              gl.glClearColor(0, 0, 0, 0);
              //清除深度缓存
              gl.glClearDepthf(1.0f);
              //启用深度测试
              gl.glEnable(GL10.GL_DEPTH_TEST);
              //设置深度测试的类型
```

```
            gl.glDepthFunc(GL10.GL_LEQUAL);
            //告诉系统对透视进行修正
            gl.glHint(GL10.GL_PERSPECTIVE_CORRECTION_HINT, GL10.GL_FASTEST);
            //设置环境光
        gl.glLightfv(GL10.GL_LIGHT1, GL10.GL_AMBIENT, ambientLight);
//设置漫射光
        gl.glLightfv(GL10.GL_LIGHT1, GL10.GL_DIFFUSE, diffuseLight);
//设置光源的位置
        gl.glLightfv(GL10.GL_LIGHT1, GL10.GL_POSITION, lightPosition);
         //启用一号光源
        gl.glEnable(GL10.GL_LIGHT1);
        //开启光源
            gl.glEnable(GL10.GL_LIGHTING);     }
```

场景绘制在 onDrawFrame() 方法中实现。首先，通过调用 ground 对象的 draw() 方法，绘制出一个矩形平面；然后以循环的方式绘制 8 个圆柱体，这些圆柱体分立在矩形平面的两侧。

需要对 glPushMatrix() 方法说明一下，它是在绘制圆柱体之前使用，其含义为把 OpenGL ES 当前的变换矩阵压入矩阵堆栈，然后通过模型变换从原点位置平移到相应的位置，再把圆柱体绘制出来。相应地，调用 glPopMatrix() 方法恢复原来的变换矩阵，通过这样的处理方式，可以独立实现用于绘制每个圆柱体所进行的变换，也就不受绘制其他对象所进行的变换的影响。

```
public void onDrawFrame(GL10 gl)
   {//清除屏幕和深度缓存
        gl.glClear(GL10.GL_COLOR_BUFFER_BIT | GL10.GL_DEPTH_BUFFER_BIT);
        //重置当前的模型观察矩阵
        gl.glLoadIdentity();
    //移入屏幕一段距离
    //gl.glTranslatef(0.0f, 0.0f, -6.0f);
        //设置3个方向的旋转
        gl.glRotatef(xrot, 1.0f, 0.0f, 0.0f);
        gl.glRotatef(yrot, 0.0f, 1.0f, 0.0f);
        gl.glRotatef(zrot, 0.0f, 0.0f, 1.0f);
        //绘制地面
        this.ground.draw(gl);
        //绘制柱子
        float dy = -3.0f;
        for(int i = 0; i < 4; i++)
        {//绘制左列的柱子
              gl.glPushMatrix();
              gl.glTranslatef(-2.0f, dy, 1.0f);
              this.pillar.draw(gl);
              gl.glPopMatrix();
              //绘制右列的柱子
              gl.glPushMatrix();
              gl.glTranslatef(2.0f, dy, 1.0f);
```

```
                this.pillar.draw(gl);
                gl.glPopMatrix();
                dy += 2.0f;   }
            gl.glLoadIdentity();    }
```

最后，进行一些必要的视觉设置，这些设置在 onSurfaceChanged() 方法中实现，比如视口变换设置、透视投影变换设置及 gluLookAt() 方法的调用。

通过调用 gluLookAt() 方法，实现摄像机取景的模拟，在调用该方法的程序中可以知道，将观察点的位置设置在（0.0f,-4.0f,5.0f）的位置，观察点方向朝向原点（0.0f,0.0f,0.0f）。

```
    public void onSurfaceChanged(GL10 gl, int width, int height)
       {float ratio = (float) width / height;
            //设置视口的大小
            gl.glViewport(0, 0, width, height);
            //设置投影矩阵
            gl.glMatrixMode(GL10.GL_PROJECTION);
            //重置投影矩阵
            gl.glLoadIdentity();
            //设置透视投影
            gl.glFrustumf(-ratio, ratio, -1, 1, 1, 10);
            GLU.gluLookAt(gl, 0.0f, -4.0f, 5.0f, 0.0f, 0.0f, 0.0f, 0.0f,
1.0f, 0.0f);
            //选择模型观察矩阵
            gl.glMatrixMode(GL10.GL_MODELVIEW);
            //重置模型观察矩阵
            gl.glLoadIdentity();}
```

扩展实践

为场景添加视图变换和摄像机。

函数原型：

```
    void gluLookAt(GLdouble eyex,GLdouble eyey,GLdouble eyez,GLdouble
centerx,GLdouble centery,GLdouble centerz,GLdouble upx,GLdouble upy,GLdouble
 upz)
```

参数说明：

eyex、eyey、eyez 指定视点的位置。

centerx、centery、centerz 指定参考点的位置。

upx、upy、upz 指定视点向上的方向。

函数说明：

gluLookAt() 指定一个视图矩阵，它并不是 OpenGL ES 基本的函数，而是属于 OpenGL ES 工具函数的一部分，gluLookAt() 方法实质是封装了 glTranslatef() 方法与 glRotatef() 方法实现观察点变换，省了不少工夫，一般在执行命令 glMatrixMode(GL_MODELVIEW) 和 glLoadidentity() 之后使用。该函数定义了视点矩阵，并用该矩阵乘以当前矩阵。eyex、eyey、eyez 定义了视点的位置；centerx、centery 和 centerz 变量指定了参考点的位置，该点通常为相机所瞄准的场景中心轴线上的点，为视点（摄像机）的“朝向”；upx、upy、upz 变量指定了视点向上的方向（向量）。

通常，视点转换操作在模型转换操作之后发生，以便模型变换先对物体发生作用。场景中物体的顶点经过模型变换之后移动到操作者所希望的位置，然后再对场景进行视点定位等操作。模型变换和视点变换共同构成模型视景矩阵。

该函数是对模型矩阵进行变换（GL_MODELVIEW），为视图变换（类似于设置摄像机的位置）；而 gluPerspective 函数是对投影矩阵进行变换（GL_PROJECTION），为投影变换（类似于设置摄像机的属性），这一点一定要搞清楚。在实际应用时，可以用 gluPerspective 函数设置近平面、远平面。

9.2.2 添加纹理

在上一节的案例中，用一个矩形平面和 8 个圆柱体构建了一个简单的三维小场景，案例中的各个立体对象并未使用任何纹理，只是使用了单一颜色填充，这显得过于单调。在本节继续完善这个案例，需要做的就是，给这个简单的三维小场景中的各个立体对象添加相应的纹理，从而使场景显得更加真实。

为地面指定一个草地的纹理，8 个圆柱体则贴上砖墙的纹理，效果如图 9-4 所示，具体代码参见 Example09_03。

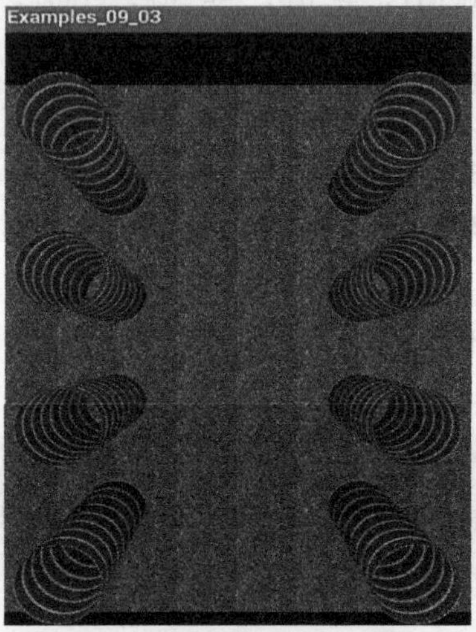

图9-4 带纹理的简单小场景

本案例的项目工程目录与上一节的简单小场景案例基本相同（见图 9-5），项目中最主要的工作就是拓展 Cone 和 RectanglePlane 两个类，并为这两个类添加相应的纹理图片。

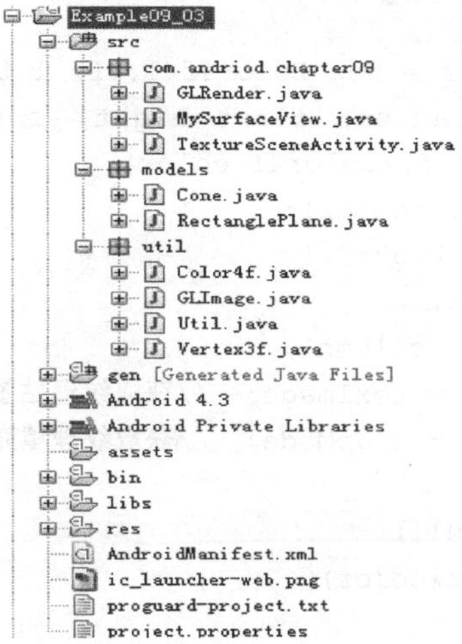

图9-5 项目的工程目录

RectanglePlane类的功能扩展与Cone类的功能扩展类似，这里不再赘述，主要分析Cone类的功能扩展。

在Cone类中，首先添加若干属性，主要有用于存放纹理坐标数据的texCoordsBuffer（FloatBuffer类型）、用于指定纹理对象的textture（int类型）、用于指定纹理图片的texImage（Bitmap类型）、用于指定纹理映射模式的wrapMode（int类型）、用于指定纹理重复次数的n（int类型）、用于指定图形的绘制颜色及透明度的color（Color4f类型）。

在Cone类的构造方法中，添加若干参数，包括用于设置纹理图片的texImage（Bitmap类型）、用于纹理的映射模式的wrapMode（int类型）、用于设置纹理的重复次数的n（int类型）、用于设置图形的绘制颜色及透明度的color（Color4f类型）。

```
package models;
import java.nio.FloatBuffer;
import java.nio.IntBuffer;
import javax.microedition.khronos.opengles.GL10;
import util.Color4f;
import util.Util;
import util.Vertex3f;
import android.graphics.Bitmap;
import android.opengl.GLUtils;
public class Cone
{private int     row    = 10;              //行数
   private int   column = 50;         //列数
   private float radius = 3.0f;       //半径
   private float height   = 5.0f;     //高度
   private FloatBuffer planeBuffer;
   private FloatBuffer texCoordsBuffer;
   private int texture = -1;
   private Bitmap texImage = null;
   private int wrapMode = 0;
```

```
    private int n = 1;
    private Color4f color = new Color4f(1.0f, 1.0f, 1.0f, 1.0f);
    public Cone(float radius, float hight, int row, int column, Bitmap
texImage, int wrapMode, int n, Color4f color)
    {       this.setRadius(radius);
            this.height = hight;
            this.row = row;
            this.setColumn(column);
            this.texImage = texImage;  //获取纹理贴图
            this.wrapMode = wrapMode;  //获取纹理填充模式
            this.n = n;                        //获取纹理坐标重复次数
            if(color != null)
            {this.setColor(color);     }
            //创建图形数据
            this.createGraphics();     }
```

在 createGraphics() 方法中，扩展的主要代码有，为图形顶点生成纹理坐标数据缓冲并指定纹理图片。先创建一个数组 texCoords（float 类型），用于纹理坐标数据的存放；对当前使用的纹理映射模式进行判断（使用一个 switch 语句），并根据不同的映射模式为图形的每一个顶点指定一个纹理坐标。

```
  public void createGraphics()
    {//……
        //计算纹理坐标
   int len3 = (this.getColumn() - 1) * (this.row - 1) * 2 * 3 * 2;
        float texCoords[] = new float[len3];
         //根据填充模式分配纹理坐标
        switch(this.wrapMode)
        {         case 0:
         case 1:
         case 2:
         case 3:
                for(int t = 0; t < len3; t += 12)
                {texCoords[t]      = 1.0f * this.n;
                texCoords[t + 1] = 1.0f * this.n;
                texCoords[t + 2] = 0.0f * this.n;
                texCoords[t + 3] = 1.0f * this.n;
                texCoords[t + 4] = 0.0f * this.n;
                texCoords[t + 5] = 0.0f * this.n;
                texCoords[t + 6] = 0.0f * this.n;
                texCoords[t + 7] = 0.0f * this.n;
                texCoords[t + 8] = 1.0f * this.n;
                texCoords[t + 9] = 0.0f * this.n;
                texCoords[t + 10] = 1.0f * this.n;
                texCoords[t + 11] = 1.0f * this.n;  }
                break;
                case 4:
```

```
            //纹理坐标顶点
Vertex3f tex[][] = new Vertex3f[this.row][this.getColumn()];
            //生成纹理坐标
            for(int i = 0; i < this.row; i++)
            {for(int j = 0; j < this.getColumn(); j++)
            {float x = j * (1 / ((float)this.getColumn() - 1));
                float y = i * (1 / ((float)this.row - 1));
                float z = 0;
                tex[i][j] = new Vertex3f(x, y, z);      }
            }
             int w = 0;
            //分配纹理坐标
            for(int i = 0; i < this.row - 1; i++)
            {for(int j = 0; j < this.getColumn() - 1; j++)
            {       texCoords[w]   = tex[j + 1][i + 1].x;
                texCoords[w + 1] = tex[j + 1][i + 1].y;
                texCoords[w + 2] = tex[j][i + 1].x;
                texCoords[w + 3] = tex[j][i + 1].y;
                texCoords[w + 4] = tex[j][i].x;
                texCoords[w + 5] = tex[j][i].y;
                texCoords[w + 6] = tex[j][i].x;
                texCoords[w + 7] = tex[j][i].y;
                texCoords[w + 8] = tex[j + 1][i].x;
                texCoords[w + 9] = tex[j + 1][i].y;
                texCoords[w + 10] = tex[j + 1][i + 1].x;
                texCoords[w + 11] = tex[j + 1][i + 1].y;
                w += 12; }
            } break;
      case 5:
            for(int t = 0; t < len3; t += 12)
            {texCoords[t]      = 1.0f;
            texCoords[t + 1] = 1.0f;
            texCoords[t + 2] = 0.0f;
            texCoords[t + 3] = 1.0f;
            texCoords[t + 4] = 0.0f;
            texCoords[t + 5] = 0.0f;
            texCoords[t + 6] = 0.0f;
            texCoords[t + 7] = 0.0f;
            texCoords[t + 8] = 1.0f;
            texCoords[t + 9] = 0.0f;
            texCoords[t + 10] = 1.0f;
            texCoords[t + 11] = 1.0f;
            }
            break; }
     this.texCoordsBuffer = Util.getFloatBuffer(texCoords);
     this.planeBuffer = Util.getFloatBuffer(plane); }
```

在 Cone 类中新增了一个 creatTexture() 方法，其作用就是为图形对象创建纹理。在 creatTexture() 方法中首先进行一个判定，如果用户为图形对象指定的纹理图片为空，则不做任何处理，直接返回。

接着，开启纹理映射功能（调用 glEnable(GL10.GL_TEXTURE_2D)），创建纹理（调用 glGenTextures() 方法），绑定纹理对象（调用 gllBindTexture() 方法）。判断当前用户指定的纹理映射模式（使用一个 switch 语句），设置纹理的映射模式（根据不同的情况分别调用 glTexParameterf() 方法）。最后，设置纹理的过滤模式（调用 glTextParameterf() 方法），并最终生成纹理（调用 texImage2D() 方法）。

```
    public void createTexture(GL10 gl)
      {//如果没有指定贴图则返回
            if(this.texImage == null)
            {return; }
            //开启纹理映射功能
            gl.glEnable(GL10.GL_TEXTURE_2D);
            IntBuffer intBuffer = IntBuffer.allocate(1);
            //创建纹理
            gl.glGenTextures(1, intBuffer);
            this.setTexture(intBuffer.get());
            //绑定纹理
            gl.glBindTexture(GL10.GL_TEXTURE_2D, this.getTexture());
            //设置纹理映射模式
            switch(this.wrapMode)
            {     case 0:
                        //S重复T重复
      gl.glTexParameterf(GL10.GL_TEXTURE_2D, GL10.GL_TEXTURE_WRAP_S, GL10.GL_
REPEAT);
      gl.glTexParameterf(GL10.GL_TEXTURE_2D, GL10.GL_TEXTURE_WRAP_T, GL10.GL_
REPEAT);
                        break;
                        case 1:
                        //S重复T延伸
                        gl.glTexParameterf(GL10.GL_TEXTURE_2D, GL10.GL_
TEXTURE_WRAP_S, GL10.GL_REPEAT);
            gl.glTexParameterf(GL10.GL_TEXTURE_2D, GL10.GL_TEXTURE_WRAP_T,
GL10.GL_CLAMP_TO_EDGE);
                        break;
                        case 2:
                        //S延伸T重复
            gl.glTexParameterf(GL10.GL_TEXTURE_2D, GL10.GL_TEXTURE_WRAP_S,
GL10.GL_CLAMP_TO_EDGE);
                        gl.glTexParameterf(GL10.GL_TEXTURE_2D, GL10.GL_
TEXTURE_WRAP_T, GL10.GL_REPEAT);
                        break;
                        case 3:
```

```
                //S延伸T延伸
            gl.glTexParameterf(GL10.GL_TEXTURE_2D, GL10.GL_TEXTURE_WRAP_S, 
GL10.GL_CLAMP_TO_EDGE);
            gl.glTexParameterf(GL10.GL_TEXTURE_2D, GL10.GL_TEXTURE_WRAP_T, 
GL10.GL_CLAMP_TO_EDGE);
                break;       }
            //设置线性过滤
            gl.glTexParameterf(GL10.GL_TEXTURE_2D, GL10.GL_TEXTURE_MIN_
FILTER, GL10.GL_LINEAR);
            gl.glTexParameterf(GL10.GL_TEXTURE_2D, GL10.GL_TEXTURE_MAG_
FILTER, GL10.GL_LINEAR);
            //生成纹理
    GLUtils.texImage2D(GL10.GL_TEXTURE_2D, 0, this.texImage, 0); }
```

在draw()方法中，首先要指定图形绘制的颜色和透明度（调用glColor4f()），接着开启纹理绘制状态（调用glEnableClientState(GL10.GL_TEXTURE_COORD_ARRAY)），并对纹理对象实现绑定（调用glBindTexture()）。此时，为了程序的严谨性，需要增加一个判断，如果当前用户指定的纹理图片不为空，才进行下一步（即向OpenGL ES指定一个纹理坐标数据缓冲）。纹理绘制结束后，需要关闭纹理绘制状态（调用glDisableClientState(GL10.GL_TEXTURE_COORD_ARRAY)）。

```
    public void draw(GL10 gl)
      {gl.glColor4f(this.getColor().r, this.getColor().g, this.getColor().b, 
this.getColor().a);
            //开启顶点绘制状态
            gl.glEnableClientState(GL10.GL_VERTEX_ARRAY);
            //开启纹理绘制状态
            gl.glEnableClientState(GL10.GL_TEXTURE_COORD_ARRAY);
          //绘制平面
          gl.glVertexPointer(3, GL10.GL_FLOAT, 0, this.planeBuffer);
          //绑定纹理
            gl.glBindTexture(GL10.GL_TEXTURE_2D, this.getTexture());
          //如果图形指定了纹理
          if(this.texImage != null)
          {//指定纹理坐标数据缓冲
      gl.glTexCoordPointer(2, GL10.GL_FLOAT, 0, this.texCoordsBuffer); }
           gl.glDrawArrays(GL10.GL_TRIANGLES, 0, (this.row - 1) * (this.
getColumn() - 1) * 2 * 3);
          //关闭顶点绘制状态
          gl.glDisableClientState(GL10.GL_VERTEX_ARRAY);
          //关闭纹理绘制状态
          gl.glDisableClientState(GL10.GL_TEXTURE_COORD_ARRAY);
            //绘制结束
          gl.glFinish();}
```

在主渲染类GLRender.java中需要注意的是，在创建地面和圆柱对象时要注意构造方法参数的传递不能错。

此外，在 onSurfaceCreated() 方法的最后，需要为图形对象创建纹理（分别调用 ground 对象和 pillar 对象的 createTexture() 方法）。

```
package com.andriod.chapter09;
import javax.microedition.khronos.egl.EGLConfig;
import javax.microedition.khronos.opengles.GL10;
import util.Color4f;
import util.GLImage;
import models.Cone;
import models.RectanglePlane;
import android.opengl.GLSurfaceView.Renderer;
import android.opengl.GLU;
public class GLRender implements Renderer
{public float xrot;
   public float yrot;
   public float zrot;
   private int S_REPEAT_AND_T_REPEAT = 0;
   //创建草地……
   //创建柱子……
   public void onSurfaceCreated(GL10 gl, EGLConfig config)
   {//…… }
public void onDrawFrame(GL10 gl)
   {// ……        }
public void onSurfaceChanged(GL10 gl, int width, int height)
   {//……}
```

扩展实践为场景实现深度测试。

OpenGL ES 中 Depth Buffer 保存了像素与观测点之间的距离信息，在绘制 3D 图形时，将只绘制可见的面而不绘制隐藏的面，这个过程称为“Hidden surface removal”，采用的算法为“The depth buffer algorithm”。

一般来说，填充的物体的顺序和其顺序是一致的，而要准确地显示绘制物体在 *Z* 轴的前后关系，就需要先绘制距离观测点（ViewPoint）最远的物体，再绘制距离观测点较远的物体，最后绘制距离观测点最近的物体，因此需要对所绘制物体进行排序。OpenGL ES 中使用 Depth Buffer 存放需绘制物体的相对距离。

The depth buffer algorithm 在 OpenGL ES 3D 绘制的过程中这个算法是自动被采用的，但是了解这个算法有助于理解 OpenGL ES 部分 API 的使用。

这个算法的基本步骤如下：

①将 Depth Buffer 中的值使用最大值清空整个 Depth Buffer，这个最大值默认值为 1.0，为距离 viewPoint 最远的裁剪面的距离。最小值为 0，表示距离 viewPoint 最近的裁剪面的距离。距离大小为相对值而非实际距离，这个值越大表示与 Viewpoint 之间的距离越大。因此将初值设置为 1.0，相当于清空 Depth Buffer。当 OpenGL 栅格化所绘制的基本图形（Primitive），将计算该 Primitive 与 viewPoint 之间的距离，保存在 Depth Buffer 中。

②比较所要绘制的图形的距离和当前 Depth Buffer 中的值，如果这个距离比 Depth Buffer 中的值小，表示这个物体离 viewPoint 较近，OpenGL 则更新相应的 Color Buffer 并使用这个距离更新 Depth Buffer，否则，表示当前要绘制的图形在已绘制的物体后面，则无须绘制该图形（删除）。这个过程也称为“Depth Test”（深度测试）。

OpenGL ES 中与 Depth Buffer 相关的几个方法如下：

```
    gl.Clear(GL10.GL_DEPTH_BUFFER_BIT)  //清空Depth Buffer（赋值为1.0），通常清空Depth Buffer和Color Buffer同时进行
    gl.glClearDepthf(float depth)    //指定清空Depth Buffer是使用的值，默认为1.0，通常无须改变这个值
    gl.glEnable(GL10.GL_DEPTH_TEST)  //打开depth Test
    gl.glDisable(GL10.GL_DEPTH_TEST)  //关闭depth Test
```

9.2.3 添加光照

本案例是一个综合性的案例，程序框架基于前两节的简单小场景案例和带纹理的小场景案例，在此基础上，本节会给这一个案例增添光照的效果。本案例的项目工程目录如图 9-6 所示，案例运行效果如图 9-7 所示，项目完整代码参见 Example09_04。

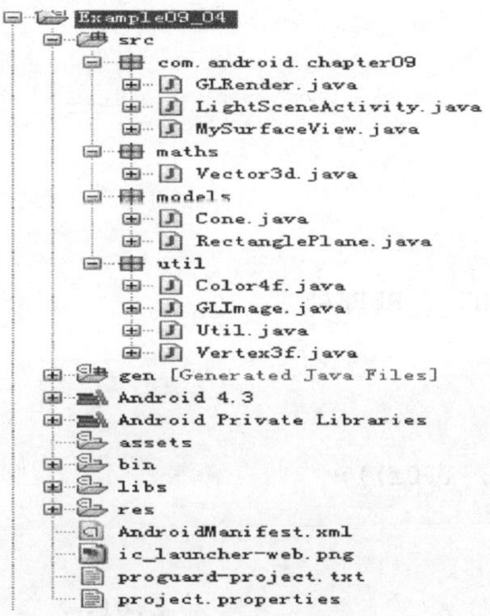

图9-6 项目工程目录

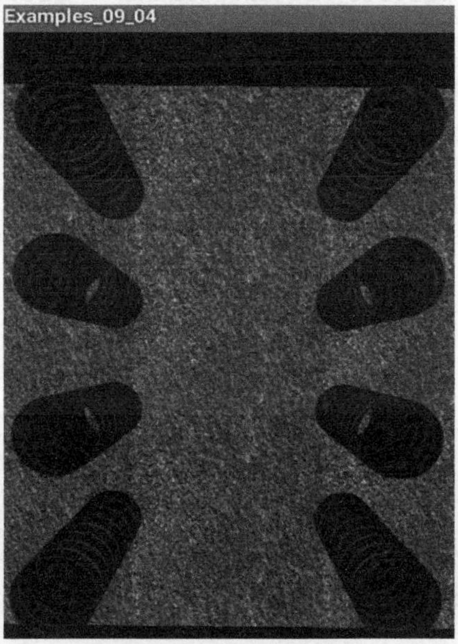

图9-7 添加光照的小场景

本案例的项目工程目录与简单小场景案例及带纹理的小场景案例的工程目录大致相同，比起前两个案例增添了一个 maths 包。Vector3d 类在 maths 包中，它主要用于向量的计算，由于本案例中需要为物体顶点计算法向向量（添加光照效果需要），因此 Vector3d 类必不可少。

本案例中的场景同样有一个草地，草地两侧分立了两列圆柱。但不同的是，本案例在原来的基础上添加了光照效果；在进行渲染之前，需要设置材质与光照。

在 GLRender 类中，先创建一个对象 ground（RectanglePlane 类型）用于地面的绘制，此

外还需要有一个对象 pillar（Cone 类型），用于 8 个圆柱的绘制。代码如下：

```
package com.android.chapter09;
import java.nio.FloatBuffer;
import javax.microedition.khronos.egl.EGLConfig;
import javax.microedition.khronos.opengles.GL10;
import util.Color4f;
import util.GLImage;
import models.Cone;
import models.RectanglePlane;
import android.opengl.GLSurfaceView.Renderer;
import android.opengl.GLU;
public class GLRender implements Renderer
{public float xrot;
   public float yrot;
   public float zrot;
   private int S_REPEAT_AND_T_REPEAT = 0;
   //创建地面
   //private RectanglePlane   _ground = new RectanglePlane(10.0f, 10.0f, 2,
2);
   private RectanglePlane    ground = new RectanglePlane(10.0f,

          10.0f,

          2,

          2,

          GLImage.grassTex, S_REPEAT_AND_T_REPEAT,

          3,

          new Color4f(1.0f, 1.0f, 1.0f, 1.0f));
   //创建柱子
   private Cone pillar = new Cone(0.5f,
                                                2.0f,
                                          2,
                              50,
                              GLImage.wallTex,
                              S_REPEAT_AND_T_REPEAT,
                              1,
                              new Color4f(1.0f, 0.0f, 0.0f, 1.0f));
```

接着，在 GLRender 类中，设置场景光源，即通过创建一个 initLight() 方法。

```
private void initLight(GL10 gl)
   {//定义环境光(r,g,b,a)
```

```
            FloatBuffer lightAmbient = FloatBuffer.wrap(new float[]{1.0f,
1.0f, 1.0f, 1.0f});
            //定义漫射光
            FloatBuffer lightDiffuse = FloatBuffer.wrap(new float[]{1.0f,
1.0f, 1.0f, 1.0f});
            //定义发射光
            FloatBuffer lightSpecular = FloatBuffer.wrap(new float[]{1.0f,
1.0f, 1.0f, 1.0f});
            //光源的位置
            FloatBuffer lightPosition = FloatBuffer.wrap(new float[]{0.0f,
0.0f, 6.0f, 1.0f});
            //设置环境光
          gl.glLightfv(GL10.GL_LIGHT0, GL10.GL_AMBIENT, lightAmbient);
   //设置漫射光
          gl.glLightfv(GL10.GL_LIGHT0, GL10.GL_DIFFUSE, lightDiffuse);
          //设置反射光
          gl.glLightfv(GL10.GL_LIGHT0, GL10.GL_SPECULAR, lightSpecular);
   //设置光源的位置
          gl.glLightfv(GL10.GL_LIGHT0, GL10.GL_POSITION, lightPosition);
          //启用序号为0的光源
          gl.glEnable(GL10.GL_LIGHT0);
     }
```

在完成光照设置后，分别为草地和圆柱设置材质属性，代码如下：

```
   private void initMaterialGround(GL10 gl)
     {//定义材质环境光属性
            FloatBuffer materialAmbient = FloatBuffer.wrap(new float[]{0.5f,
0.5f, 0.5f, 1.0f});
            //定义材质漫射光属性
            FloatBuffer materialDiffuse = FloatBuffer.wrap(new float[]{0.5f,
0.5f, 0.5f, 1.0f});
            //定义材质反射光属性
            FloatBuffer materialSpecular = FloatBuffer.wrap(new float[]{0.5f,
0.5f, 0.5f, 1.0f});
            //定义高光反射区域
            FloatBuffer materialShininess = FloatBuffer.wrap(new float[]
{1.5f});
            //材质环境光属性
            gl.glMaterialfv(GL10.GL_FRONT_AND_BACK, GL10.GL_AMBIENT,
materialAmbient);
            //设置材质漫射光属性
            gl.glMaterialfv(GL10.GL_FRONT_AND_BACK, GL10.GL_DIFFUSE,
materialDiffuse);
            //设置材质反射光属性
            gl.glMaterialfv(GL10.GL_FRONT_AND_BACK, GL10.GL_SPECULAR,
materialSpecular);
```

```
            //设置高光反射区域
            gl.glMaterialfv(GL10.GL_FRONT_AND_BACK, GL10.GL_SHININESS,
materialShininess);
        }
        //初始化石柱的材质
         private void initMaterialPillar(GL10 gl)
        {//定义材质环境光属性
            FloatBuffer materialAmbient = FloatBuffer.wrap(new float[]{0.3f,
0.3f, 0.3f, 1.0f});
            //定义材质漫射光属性
            FloatBuffer materialDiffuse = FloatBuffer.wrap(new float[]{0.3f,
0.3f, 0.3f, 1.0f});
            //定义材质反射光属性
            FloatBuffer materialSpecular = FloatBuffer.wrap(new float[]{0.2f,
0.2f, 0.2f, 1.0f});
            //定义高光反射区域
            FloatBuffer materialShininess = FloatBuffer.wrap(new float[]
{2.0f});
            //材质环境光属性
            gl.glMaterialfv(GL10.GL_FRONT_AND_BACK, GL10.GL_AMBIENT,
materialAmbient);
            //设置材质漫射光属性
            gl.glMaterialfv(GL10.GL_FRONT_AND_BACK, GL10.GL_DIFFUSE,
materialDiffuse);
            //设置材质反射光属性
            gl.glMaterialfv(GL10.GL_FRONT_AND_BACK, GL10.GL_SPECULAR,
materialSpecular);
            //设置高光反射区域
            gl.glMaterialfv(GL10.GL_FRONT_AND_BACK, GL10.GL_SHININESS,
materialShininess); }
```

在 onSurfaceCreated() 方法中，初始化序号为 0 的光源（调用 initLight() 方法），接着开启光照状态（调用 glRnable(GL10.GL_LIGHTING)）。代码如下：

```
    public void onSurfaceCreated(GL10 gl, EGLConfig config)
        {//启用阴影平滑
            gl.glShadeModel(GL10.GL_SMOOTH);
            //黑色背景
            gl.glClearColor(0, 0, 0, 0);
            //设置深度缓存
            gl.glClearDepthf(1.0f);
            //启用深度测试
            gl.glEnable(GL10.GL_DEPTH_TEST);
            //所作深度测试的类型
            gl.glDepthFunc(GL10.GL_LEQUAL);
```

```
        //告诉系统对透视进行修正
        gl.glHint(GL10.GL_PERSPECTIVE_CORRECTION_HINT, GL10.GL_FASTEST);
        //初始化光源
        this.initLight(gl);
    //开启光源
        gl.glEnable(GL10.GL_LIGHTING);
        //创建纹理贴图
        this.ground.createTexture(gl);
        this.pillar.createTexture(gl);}
```

在 onDrawerFrame() 方法中，需要注意的是，在绘制草地（调用 this.ground.draw(gl)）和绘制石柱（调用 this.pillar.draw(gl)）之前，需要分别为草地（通过调用 initMateriaGround(gl) 方法）和石柱（通过调用 initMateriallar(gl) 方法）指定相应的材质。代码如下：

```
public void onDrawFrame(GL10 gl)
    {//清除屏幕和深度缓存
        gl.glClear(GL10.GL_COLOR_BUFFER_BIT | GL10.GL_DEPTH_BUFFER_BIT);
        //重置当前的模型观察矩阵
        gl.glLoadIdentity();
// 重置当前的模型观察矩阵
      gl.glLoadIdentity();
      //移入屏幕一段距离
      //gl.glTranslatef(0.0f, 0.0f, -6.0f);
      //设置3个方向的旋转
        gl.glRotatef(xrot, 1.0f, 0.0f, 0.0f);
        gl.glRotatef(yrot, 0.0f, 1.0f, 0.0f);
        gl.glRotatef(zrot, 0.0f, 0.0f, 1.0f);
        //设置草地的材质
        this.initMaterialGround(gl);
        //绘制地面
        this.ground.draw(gl);
        //绘制柱子
        float dy = -3.0f;
        //设置石柱的材质
        this.initMaterialPillar(gl);
        for(int i = 0; i < 4; i++)
        {//绘制左列的柱子
              gl.glPushMatrix();
              gl.glTranslatef(-2.0f, dy, 1.0f);
              this.pillar.draw(gl);
              gl.glPopMatrix();
              //绘制右列的柱子
              gl.glPushMatrix();
              gl.glTranslatef(2.0f, dy, 1.0f);
              this.pillar.draw(gl);
              gl.glPopMatrix();
```

```
                dy += 2.0f;            }
            gl.glLoadIdentity();       }
```

限于篇幅，在这里只贴出了本案例的关键代码，更具体的内容可查看本书资源所附的完整工程文件。

9.3 荡漾的水波

在实际三维应用开发中，经常会碰到需要创建湖面或海平面的情况，比如要做航海类型的游戏，需要使用计算机模拟那些在阳光照射下波光粼粼的水面效果。但是要构造出这样逼真的动态效果，需要惊人的计算开销，遗憾的是，在手机上要进行这样的模拟运算几乎是不可能的。对开发者来说，这样的模拟运算也是一个极大的挑战，因为要实现对水面的真实模拟需要大量流体动力学方面的专业物理知识。

一般情况下，当项目主导地位并不是水面效果时，可以通过一些取巧的方式模拟简单的水波荡漾效果。水面的水波荡漾效果是由多个水波相互叠加后的结果，虽然在某一时刻水面在某一位置的起伏状态，理论上是有规律可循的，但当叠加的水波达到一定数量时，这种规律就很难抓住了，因为整个水面似乎都在做杂乱无章的起伏运动。鉴于此，通过使用一定范围的随机数可以控制水面的某一位置在某一时刻的起伏高度，从而模拟出水波荡漾的动画效果（见图 9-8）。

下面将通过一个案例讲述水面效果的模拟。首先需要一张水面的纹理图片，把这张纹理图片复制到 res\drawable 目录下（项目工程目录见图 9-9），然后为项目指定相应的图片资源（通过 GLImage 类）。

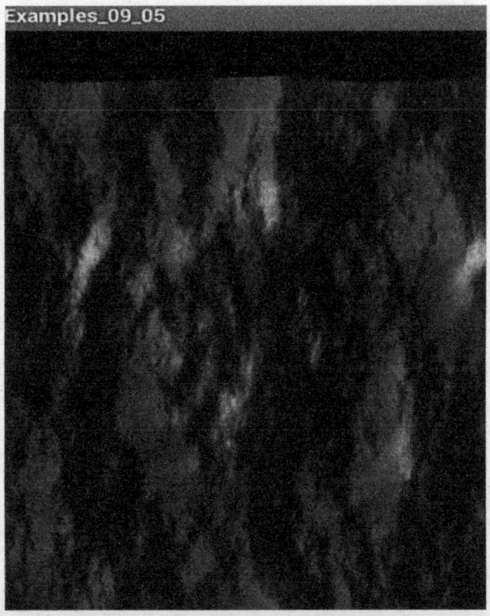

图9-8 水波荡漾的动画效果

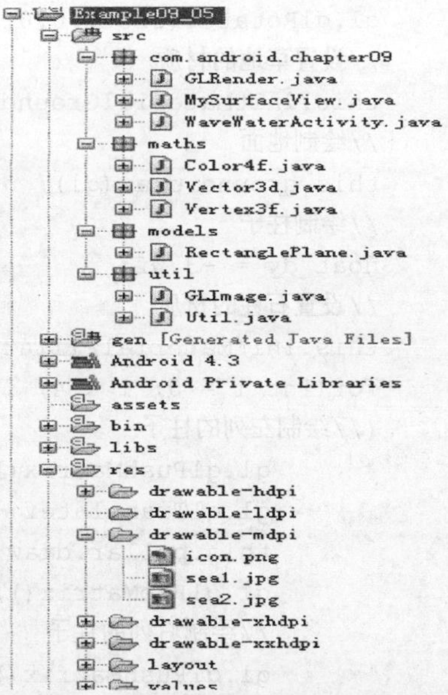

图9-9 项目工程目录

GLImage 类的具体代码如下。

```
package util;
```

```
import com.gl.WaterWave.R;
import android.content.res.Resources;
import android.graphics.Bitmap;
import android.graphics.BitmapFactory;
public class GLImage
{public static Bitmap sea1;
  public static Bitmap sea2;
  public static void load(Resources resources)
  {sea1  = BitmapFactory.decodeResource(resources, R.drawable.sea1);
sea2  = BitmapFactory.decodeResource(resources, R.drawable.sea2);}}
```

实现水波荡漾动画效果的代码主要是通过修改 RectanglePlane 类实现的。改写 RectanglePlane 类的 draw() 方法即可。

在 draw() 方法中，每一次绘制时，实现更新水面的每一个顶点的位置，顶点起伏的幅度由生成的随机数确定。当顶点位置数据更新完成后，为图形重新指定纹理坐标，否则绘制时会出现异常。此外，需要一个 count 变量（Int 类型）用于降低顶点数据更新频率，如果顶点数据的更新过于频繁，将会导致大量的系统开销，而且还可能导致画面绘制延时；在这里，每完成绘制 10 次水面，更新一次顶点数据。代码如下：

```
public void draw(GL10 gl)
  {this.count++;
        if(this.count >= 10)
        {      //更新顶点坐标
         for(int i = 0; i < this.getRow(); i++)
         {for(int j = 0; j < this.column; j++)
              {float nearX = this.vertex[i][j].x;
                    float nearY = this.vertex[i][j].y;
                    //float nearZ = this._vertex[i][j].z;
                    float nearZ = (float) (Math.random() / 5);
       this.vertex[i][j] = new Vertex3f(nearX, nearY, nearZ);
              }       }
         //设置三角形顶点
       int len = (this.getRow() - 1) * (this.column - 1) * 2 * 3;
         Vertex3f tri[] = new Vertex3f[len];
          int index = 0;
         for(int i = 0; i < this.getRow() - 1; i++)
         {     for(int j = 0; j < this.column - 1; j++)
              {// plane
                    tri[index + 0] = this.vertex[i + 1][j + 1];
                    tri[index + 1] = this.vertex[i + 1][j];
                    tri[index + 2] = this.vertex[i][j];
                    tri[index + 3] = this.vertex[i][j];
                    tri[index + 4] = this.vertex[i][j + 1];
                    tri[index + 5] = this.vertex[i + 1][j + 1];
                    index += 6;   }
         }
```

```
            //设置顶点缓冲
            int len2 = len * 3;
            float []plane = new float[len2];
            int index2 = 0;
            for(int e = 0; e < len; e++)
            {    plane[index2] = tri[e].x;
                 plane[index2 + 1] = tri[e].y;
                 plane[index2 + 2] = tri[e].z;
    index2 += 3;
            }
            planeBuffer = Util.getFloatBuffer(plane);
            this.count = 0;    }
                 gl.glEnable(GL10.GL_TEXTURE_2D);
           gl.glColor4f(this.getColor().r, this.getColor().g, this.
getColor().b, this.getColor().a);
           //开启顶点绘制状态
           gl.glEnableClientState(GL10.GL_VERTEX_ARRAY);
           //开启纹理绘制状态
           gl.glEnableClientState(GL10.GL_TEXTURE_COORD_ARRAY);
        //绘制平面
        gl.glVertexPointer(3, GL10.GL_FLOAT, 0, planeBuffer);
        //绑定纹理
           gl.glBindTexture(GL10.GL_TEXTURE_2D, this.texture);
        //如果图形指定了纹理
        if(this.texImage != null)
        {   gl.glTexCoordPointer(2, GL10.GL_FLOAT, 0, texCoordsBuffer);
        }
         gl.glDrawArrays(GL10.GL_TRIANGLES, 0, (this.getRow() - 1) * (this.
column - 1) * 2 * 3);
        //关闭顶点绘制状态
        gl.glDisableClientState(GL10.GL_VERTEX_ARRAY);
        //关闭纹理绘制状态
        gl.glDisableClientState(GL10.GL_TEXTURE_COORD_ARRAY);
          //绘制结束
        gl.glFinish();
        gl.glDisable(GL10.GL_TEXTURE_2D);    }
```

9.4 粒子系统（Particle System）

粒子系统可以产生各种各样的自然效果，如烟火和闪光灯等，也可以产生随机的和高科技风格的图形效果。可以说，粒子系统是一类令人激动而又十分有趣的动画程序，它的实现方式主要需要用基于粒子系统构建的图形学、动力学及数字艺术等多方面的知识。

粒子系统是一个相对独立的造型系统，主要用于表现动态的效果，与时间、速度的关系非常紧密，一般用于动画制作。粒子系统常用来表现下面的特殊效果。

（1）雨雪：使用喷射和暴风雪粒子系统，可以创建各种雨景和雪景，在加入风力的影响后可制作斜风细雨和狂风暴雪的景象。

（2）泡沫：可以创建各种气泡、水泡效果。

（3）爆炸和礼花：如果将一个 3D 造型作为发射器，粒子系统可以将它炸成碎片，加入特殊的材质和合成特技就可以制作成美丽的礼花。

（4）群体效果：Blizzard（暴风雪）、Parry（粒子阵列）、Pcloud（粒子云）和 SupersPray（超级喷射）这 4 种粒子系统都可以用 3D 造型作为粒子，因此可以表现出群体效果，如人群、马队、飞蝗和乱箭等。

9.4.1 基本原理

粒子系统（Particle System）是迄今为止模拟不规则模糊物体最为成功的一种图形生成算法。很多自然现象可以被精确或近似地使用粒子系统模拟，如火焰、喷泉、爆炸、鱼群、气体、星空等。它们的原理相似。

一个粒子系统由带有不同属性的物体对象（Object）和一些它们必须遵守的行为规则组成。确切地说，这些属性和规则依赖于所模拟的现象。一些粒子系统可能需要大量的属性和复杂的规则，然而有些可能极为简单。

每个粒子需要一些属性来和其他粒子区别。通常在一个系统中的所有粒子有一个相同的属性集。有一些是粒子的典型属性。

（1）位置（Position）：粒子在哪里

处理运动粒子的每个粒子系统都需要知道每个粒子的位置。二维空间需要二维坐标 (x,y)，三维空间需要三维坐标 (x,y,z)。

（2）速度（Velocity）：包括速率（Speed）和方向（Direction）

位置的改变依赖于速度。速度是一个矢量，表明粒子系统有多快和粒子的运动方向。每经过一个时间间隔，速度还可以用于改变粒子的位置。

（3）加速度（Acceleration）

和速度作用于位置类似，加速度作用于速度。粒子的加速度通常适用于外力作用。外力经常是重力，或者是粒子间的引力或斥力。

（4）生命值（Life）

每个粒子都有着自己的生命值，随着时间的推移，粒子的生命值不断减小，直到粒子死亡（生命值为 0）。一个生命周期结束时，另一个生命周期随即开始；有时为了使粒子能够源源不断地涌出，必须使一部分粒子在初始后立即死亡。

（5）衰减（Decay）

每个粒子有它自己的生命周期，Decay 就是用来控制粒子生命周期的一个物理量。

9.4.2 模拟飘落的雪花

下面将通过一个简单的案例介绍粒子系统的具体应用，在场景中实现一个雪花飘落的效果，为了体现空间特征，在场景中还会加上一块草地，效果如图 9-10 所示，项目完整代码参见 Example09_06。

如图 9-11 所示，首先创建两个类，雪花粒子类（SnowParticle.java）和雪花类（Snow.

java）。SnowParticle 类用于记录雪花粒子的基本属性，Snow 类为雪花粒子的集合类，主要用于对雪花粒子行为的控制。

图9-10　雪花飘落效果

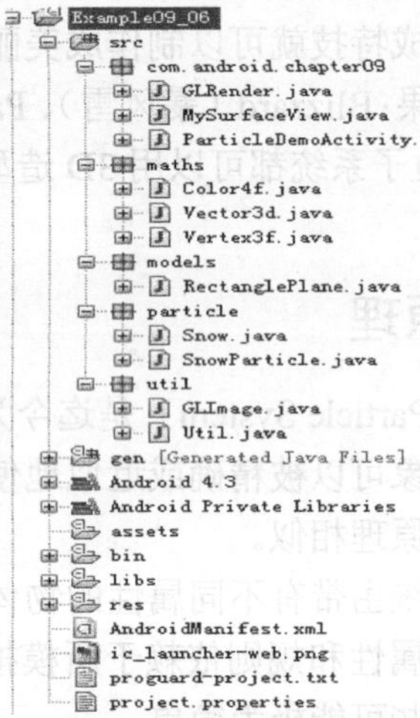

图9-11　项目工程目录文件

在 SnowParticle 类中共有 4 个成员属性，其中包括三个位置信息分量 x、y、z（float 类型）和一个属性 speed 分量（float 类型），speed 用于记录雪花的初始运动速度大小。代码如下：

```
package particle;
public class SnowParticle
{public float x = 0.0f;
  public float y = 0.0f;
  public float z = 0.0f;
  public float speed = 0.0f;
  public SnowParticle(float x, float y, float z, float speed)
  {  this.x = x;
      this.y = y;
      this.z = z;
      this.speed = speed; }}
```

在 Snow.java 类中，首先创建以下的成员属性，其中包括 maxNumber（int 类型，用于记录雪花粒子的最大生成数目）、number（int 类型，用于记录当前雪花粒子的数目）、snow 数组（SnowParticle 类型，用于保存雪花粒子对象）、snowSize（float 类型，用于记录雪花粒子的大小）、dir（Vector3d 类型，用于记录雪花飘落的初始方向与速度）。

在构造方法中初始化雪花数组，确保粒子生成数量不超过上限，确定每个粒子的大小、初始位置和速度，具体代码如下所示。

```
package particle;
import java.nio.FloatBuffer;
import javax.microedition.khronos.opengles.GL10;
import util.Util;
```

```
import maths.Vector3d;
public class Snow
{  private final int            maxNumber = 200;
//最大粒子数
   private int                  number;
   private FloatBuffer          snowBuffer;
   private float[]              snowv;
   private SnowParticle         snow[];
   //雪花粒子
   private float                snowSize = 3;
   //雪花大小
   private Vector3d             dir = new Vector3d(0.0f, 0.0f, 1.0f);
//雪花飘落方向与速度
          public Snow(int number, float size, Vector3d vec)
   {//设置雪花粒子数量
          this.number = number;
          //保证不超过最大粒子数
          if(this.number > this.maxNumber)
          {      this.number = this.maxNumber;}
          //设置雪花初始方向与速度
          if(vec != null)
          {this.dir = vec;}
          //设置雪花大小
          this.snowSize = size;
          this.snow = new SnowParticle[this.number];
          this.snowv = new float[this.number * 3];
          //初始化雪花位置
          this.initSnow();}}
```

雪花粒子的初始化通过 Snow 类的 initSnow() 方法实现，在这里使用随机数确定雪花飘落的具体位置，这个位置须在规定的范围中，实例中 *X* 方向的范围是 [-5，5]，*Y* 方向的范围是 [-5，5]，*Z* 方向的范围是 [0，10]。

```
public void initSnow()
   {//初始化雪花位置
          for(int i = 0; i < this.number; i++)
          {float x = (float)(Math.random() * 10 - 5);
                 float y = (float)(Math.random() * 10 - 5);
                 float z = (float)(Math.random() * 10);
                 float speed = (float)(5 + Math.random() % 2);
                 this.snow[i] = new SnowParticle(x, y, z, speed);
                 System.out.println("XYZ:" + this.snow[i].x + " " + this.
snow[i].y + " " + this.snow[i].z);          }        }
```

Snow 类的 draw() 方法主要是实现雪花粒子的运动控制和渲染工作。如前文所述，系统中每个粒子都具有固定的生命周期。在本案例中，雪花粒子的生命周期是从生成到飘出显示范围的过程，当雪花粒子飘落至地面或飘出 *XY* 平面的固定范围后就会实现自我销毁。代码如下：

```
    public void draw(GL10 gl)
       {//关闭纹理
            gl.glDisable(GL10.GL_TEXTURE_2D);
            int index = 0;
            //计算每个雨点的当前位置
            for(int i = 0; i < this.number; i++)
            {if(this.snow[i].z < 0)
                 {this.snow[i].z = (float)(Math.random() * 10);          }
                 if(this.snow[i].x > 10.f || this.snow[i].x < -10.0f)
       {this.snow[i].x = (float)(Math.random() * 10 - 5);     }
                 if(this.snow[i].y > 10.f || this.snow[i].y < -10.0f)
                 {this.snow[i].y = (float)(Math.random() * 10 - 5);}
            this.snow[i].x += this.snow[i].speed * this.dir.x * 0.02f;
            this.snow[i].y += this.snow[i].speed * this.dir.y * 0.02f;
            this.snow[i].z -= this.snow[i].speed * this.dir.z * 0.02f;
            this.snowv[index]     = this.snow[i].x;
            this.snowv[index + 1] = this.snow[i].y;
            this.snowv[index + 2] = this.snow[i].z;
            index += 3;}
            this.snowBuffer = Util.getFloatBuffer(this.snowv);
    gl.glPointSize(this.snowSize);
            gl.glColor4f(1.0f, 1.0f, 1.0f, 1.0f);
            //开启顶点绘制状态
            gl.glEnableClientState(GL10.GL_VERTEX_ARRAY);
            //指定顶点缓冲
          gl.glVertexPointer(3, GL10.GL_FLOAT, 0, this.snowBuffer);
          //绘制雨点
          gl.glDrawArrays(GL10.GL_POINTS, 0, this.number);
          //关闭顶点绘制状态
          gl.glDisableClientState(GL10.GL_VERTEX_ARRAY);
          //开启纹理
            gl.glEnable(GL10.GL_TEXTURE_2D);}
```

9.5 雾（Fog）

在生活中常能见到雾，那么在 OpenGL ES 中能实现雾的效果吗？本节将学习三种不同的雾的计算方法，以及设置雾的颜色和雾的范围的方法。项目运行效果如图 9-12 所示，项目完整代码参见 Example09_07。项目工程文件如图 9-13 所示。

为实现三种雾的效果，需要将这三种雾的效果保存到一个数组中，并且定义好雾的颜色，代码如下：

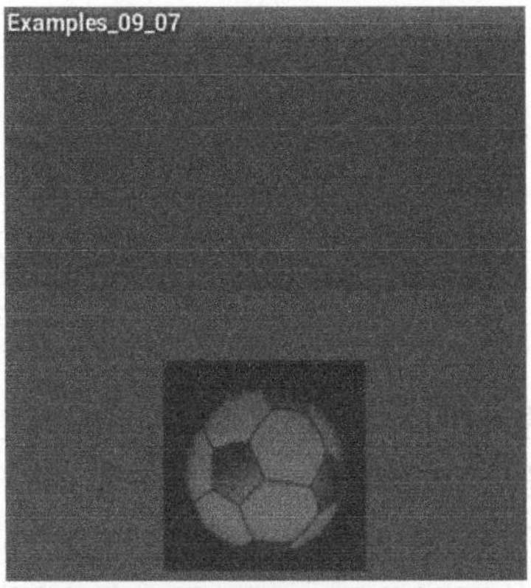

图9-12 雾效果

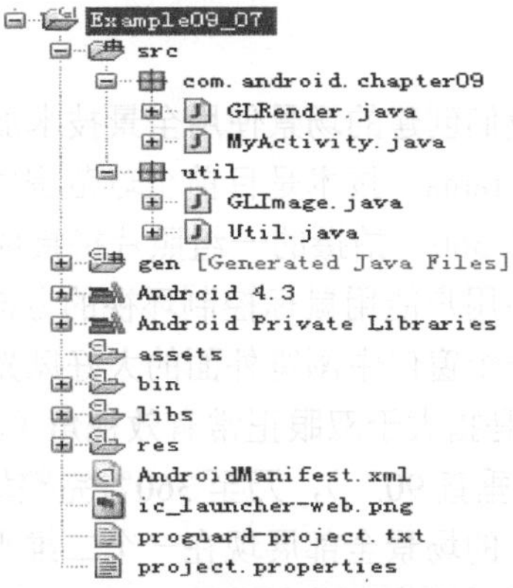

图9-13 项目工程文件

```
 //雾的模式
int fogMode[]={GL10.GL_EXP,GL10.GL_EXP2,GL10.GL_LINEAR};
 //雾的颜色设置为白色
 float fogColor[]={0.5f,0.5f,0.5f,1.0f};
```

下面设置一些雾效果的属性，然后在场景中开启雾效果，具体实现代码如下。

```
    gl.glFogx(GL10.GL_FOG_MODE, fogMode[fogfilter]); //设置雾的模式
        gl.glFogfv(GL10.GL_FOG_COLOR, fogColor, 0); //设置雾的颜色
        gl.glFogf(GL10.GL_FOG_DENSITY, 0.35f); // 设置雾的密度
gl.glHint(GL10.GL_FOG_HINT, GL10.GL_DONT_CARE); //设置系统如何计算雾
        gl.glFogf(GL10.GL_FOG_START, 1.0f); //雾的开始位置
        gl.glFogf(GL10.GL_FOG_END, 5.0f); //雾的结束位置
        gl.glEnable(GL10.GL_FOG); //使用雾
```

"glFogi(GL_FOG_MODE,fogMode[fogfilter]);"为建立雾的过滤模式。之前声明了数组fogMode，它保存了值GLlO.GL_EXP、GL10.GL_EXP2和GL10.GL_LINEAR。下面是三种雾效果的计算方式。

- GL_EXP：充满整个屏幕地完成基本渲染的雾效果。它能在较老的PC上工作，因此并不特别像雾。
- GL_EXP2：比GL_EXP更进一步。它也是充满整个屏幕，但它使屏幕看起来更有深度。
- GL_LINEAR：最好的渲染模式，物体淡入、淡出的效果更自然。

"glFogfv(GL_FOG_COLOR,fogcolor);"为设置雾的颜色。之前已将变量fogcolor设置为(0.5f,0.5f,0.5f,1.0f)，所以这里直接使用fogColor。"glFogf(GL_FOG_DENSITY,0.35f);"为设置雾的密度，增大数字会使雾更密，减小数字则使雾更稀。"glHint(GL_FOG_HINT, GL_DONT_CARE);"为设置修正，这里使用了GL_DONT_CARE表示忽略数值设定对雾的影响。"glFogf(GL_FOG_START,l.Of);"为设置雾效果距屏幕多近开始，可以根据需要随意更改这个值。"glFogf(GL_FOG_END,5.0f);"则告诉OpenGL ES程序雾效果持续到距屏幕多远结束。

本节的内容简单但很实用，开发游戏时可能会经常遇到，可以通过更改上述几个方法的数值，来观察产生的雾的效果和每一种模式的雾的特点；这样就可以根据不同的环境和需要，在实际开发过程中选择使用不同模式和效果的雾，最终使游戏更加逼真。

扩展实践

请试着为我们创建的场景使用全景技术加以呈现。

全景（Panorama）技术是目前全球范围内迅速发展并逐步流行的一种视觉新技术。全景摄影是把相机环 360° 拍摄的一组照片拼接成一个全景图像，用一个专用的播放软件在互联网上显示，并使用户能用鼠标控制环视的方向，可左可右，可近可远，使用户感到就在环境当中，好像在一个窗口中浏览外面的大好风光。

所谓全景，是指大于双眼正常有效视角（大约水平 90°，垂直 70°）或双眼余光视角（大约水平 180°，垂直 90°），乃至 360° 完整场景范围的照片。传统的光学摄影全景照片，是把 90° 至 360° 的场景全部展现在一个二维平面上，把一个场景的前后左右一览无余地推到观者的眼前。随着数字影像技术和 Internet 技术的不断发展，可以用一个专用的播放软件在互联网上播放全景图像。用户可以通过鼠标来任意选择自己的视角，任意放大和缩小，如亲临现场般环视、俯瞰和仰视。三维全景图片的制作需要的技术复杂、全面，产品内核需要编程人员处理，表现层由网页制作人员处理。

全景技术本质上是基于图像的虚拟现实技术，它具有 3D 效果，可以让用户在浏览全景时具有身临其境的感觉；而传统图像都是二维图像，不具有虚拟现实效果。

根据全景外在表现形式可以分为柱形全景和球形全景两大类。

（1）柱形全景

柱形全景是最简单的全景摄影。用户可以环水平 360° 观看四周的景色，但是如果用鼠标上下拖动时，上下的视野将受到限制，用户看不到天顶，也看不到地底。这是因为用普通相机拍摄照片的视角小于 180°。显然这种照片的真实感不理想。

（2）球形全景

球形全景视角是水平 360°，垂直 180°，全视角。可以说用户已经融入了虚拟环境之中了。球形全景照片的制作比较复杂：首先必须全视角拍摄，即要把上下前后左右全部拍下来，普通相机要拍摄很多张照片。然后再用专用的软件把它们拼接起来，做成球面展开的全景图像，最后选用播放软件，把全景照片嵌入用户的网页。不是所有的制作软件都支持球形全景。有的专业公司提供球形全景制作的全套软 / 硬件设备，但价格昂贵。

本章小结

本章学习了很多 3D 游戏开发中比较实用的技术，主要包括 3D 世界场景、荡漾的水面、雾、粒子系统等。读者在以后的学习中，需要同时考虑时间和空间上的优缺点（时间即速度，运行的效率；空间则是程序所占用的内存空间和硬盘空间），才能开发出更优秀的 OpcnGL ES 程序。目前国内在移动手持设备上的 3D 技术还处于发展阶段，需要大家的共同努力。3D 世界其实丰富多彩，同时也有更多的东西需要去研究、去发现。

课后拓展实践

（1）为场景添加背面剔除效果。默认情况下，OpenGL ES 是不进行背面剔除的，也就是正对我们的面和背对我们的面都进行了描绘，因此 3D 物体看起来就有点奇怪。

OpenGL ES 提供了 glFrontFace 这个函数来让开发者设置哪一面被当作正面，默认情况下逆时针方向的面被当作正面（GL_CCW）。调用 glCullFace 来明确指定想要剔除的面（GL_FRONT、GL_BACK、GL_FRONT_AND_BACK），默认情况下是剔除 GL_BACK。为了让剔除生效，需要调用启动各种功能的函数 glEnable(GL_CULL_FACE)。

只需要在合适的地方调用 glEnable(GL_CULL_FACE)，其他的都采用默认值就能满足一般的需求。

（2）实现旗帜飘扬效果。对柔性物体进行取巧模拟，实现一个红旗飘扬的动画，旗帜起伏规律遵从正弦曲线。旗帜初始化时本质上是一个矩形平面，改写 draw() 方法在每次绘制时更新旗帜每个顶点的位置，以实现旗帜起伏的运动状态。

（3）为场景添加地形信息。地形高度的生成及地形地表纹理的生成，这些计算消耗是巨大的，其一般通过第三方的工具预先生成（如一些地形生成小工具），然后通过高度图读入地形信息，再把它渲染出来。

第 10 章

Android 游戏开发之综合案例

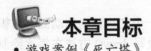

本章目标

- 游戏案例《死亡塔》

项目实操

- 游戏案例《死亡塔》开发实战

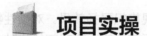

手机游戏被业内人士称为继短信之后的又一座“金矿”。从 2005 年开始，全球手机游戏市场一直以每年 40% 的速度增长。艾媒咨询（iiMedia Research）分析认为，智能手机性能的不断提升与迅速普及，以及各种优秀手机游戏的出现为市场发展奠定了基础。随着手机游戏平台的逐渐成熟和国内外游戏巨头纷纷布局手机游戏市场，我国手游市场将会继续保持高速发展，手机游戏将会是我国游戏产业新的增长引擎。

对比移动游戏跟客户端游戏可以看到，目前来讲，移动游戏方面中国玩全球性的游戏比较多，本土化的游戏相对来讲还是有非常大的机会。资本市场目前最大的热点就是跟移动游戏相关，业务跟移动互联网相关，尤其跟手机相关。

根据国际数据公司（IDC）2014 年公布的新数据，在 2013 年 Android 和 iOS 系统的装机量占所有智能手机出货量的 92.3%，目前，安装 Android 系统的新智能手机数量跃升至 2 亿部。这意味着，在运往世界各地的所有新智能手机中，谷歌的移动操作系统的市场占有率已经达到 75%，而且市场占有率增长趋势保持强劲势头。

Android 平台上的游戏相比应用软件，不需要进行严格的市场细分，不需要针对目标用户量身定制。这是因为游戏玩家的核心需求是统一的，即娱乐与打发时间（乃至更高层面的竞技需求和群体认同需求），这种需求附着于特定的社会发展阶段，不受地域的限制，甚至能够穿透文化壁垒。因此，绝大多数种类的游戏都具备传染性与普适性，每一个售出的游戏都像一个火种，将会点燃周围潜在玩家的激情，激情的火焰迅速蔓延，最终吞噬整个需求市场，当然前提是开发的游戏是高质量的。

此外，几乎每一个 Android 手机用户都是游戏的需求者，都是潜在的顾客，现今的数亿 Android 用户不过是冰山一角，随着 Android 手机市场进一步壮大，游戏的市场容量将具备较大的增长空间。

完成游戏开发之后，可以将游戏挂到 Google Market 上进行销售。同时还可以选择第三方平台进行推广，比如国内的易联致远公司（eoe）自主开发的优亿市场（原 eoeMarket）平台。除此之外，还可以将游戏挂到相关游戏网站以供下载；当然，也有一些游戏开发团队开发游戏下载网站，自行推广；有的团队与手机制造商或者通信运营商合作，内置游戏或者授权代理销售。

10.1 游戏开发的思路

所有成功的游戏都有一些使它们能脱颖而出的共性。只要把握住成功游戏的共性，就能够开发出一款成功的游戏。

①成功游戏的主要要素是游戏的构思。不管图形多么漂亮，音乐多么动听，如果没有令人满意的构思，就没人想玩这个游戏。

②第二个最重要的特性是游戏的可玩性。如果游戏太难，那么玩家会很快感到灰心而不玩了。相反，如果游戏太简单，玩家也会感到厌烦而不玩了。好的游戏提供多个难度级别，可以不断地挑战玩家，既不会令他们感到灰心也不会让他们厌烦。

③成功游戏的第 3 个要素是图形的安排。它们要能足以表达游戏构思和游戏玩法，于资源过于密集或华而不实，就会分散玩家的注意力。

④最后一个要素是性能。没有人愿意玩速度缓慢的游戏。图形和性能是密切相关的。游戏中的奇特图形越多，它的性能就越慢。最大的性能问题是人工智能，先进高效的人工智能有复杂的算法，将会导致严重的性能隐患。现在很多游戏都专注于如何使其更快，而没有提出新的构思。创新的构思的重要性超过性能的重要性，否则性能再好，游戏也只是演示编程技巧的方式。进行游戏编程这样的复杂编程，其技巧是，不要过早地进行优化，这一点极其重要。对性能递进的理解、编写整洁的代码、对代码进行扼要描述并进行代码改善的技巧比任何一种优化都重要。

有了上述成功游戏的共性，在设计开发游戏时要遵循共性，然后加入新的个性就可以设计出成功的游戏。下面是开发游戏的一些建议。

（1）构思：因为提出独特的、有创意的游戏构思是任何一款游戏的核心，所以提出构思需要做大量的准备。构思的提出，需要由专门的构思人员来提出，但提出的构思，不仅应当满足上面所提出的标准，更加要注重市场的需要，市场上究竟需要什么样的游戏，玩家当前想玩什么样的游戏，游戏面对的主要群体是什么，游戏面对的年龄段是多少，所有这些都需要在游戏的构思过程中进行充分的考虑。闭门造车式的游戏构思是不可取的。

（2）可玩性：如果最初游戏的启动很慢，但在游戏过程中不断添加更多的敌人和其他的随机敌人，而且该游戏还不断提高其速度和敌人的智能。所有这些都会使游戏变得富有挑战性而且很好玩。

（3）图形：游戏的华丽场面和游戏的构思一样地吸引人，最能吸引玩家购买游戏的最初感觉就是游戏的画面。虽然有一款叫作MUD的游戏，没有画面仍旧吸引了大量的玩家，但那是网络游戏的雏形，是个特例。专业的美工、结合游戏的构思和可玩性设计出的画面是游戏成功的必备条件。

（4）性能：游戏是硬件产品杀手级的应用，正是由于游戏不断采用更新的技术，才推动硬件产业的发展，推动硬件不断地更新。如果该游戏将当时可用的硬件发挥到了极限，但是游戏的性能仍旧不能接受时，就需要改变代码和设计来适应硬件。这一点对于手机游戏来说更为重要，因为手机硬件不同于PC机硬件（已经做到了高度的标准化），手机的硬件仍旧是千奇百怪，使程序完美移植到不同的手机上，本身就是一件巨大的工程。虽然Java做到了平台无关性，但在手机上仍旧需要进行每款手机的测试移植。

10.2 从游戏玩家角度开发的游戏

在手机的娱乐功能开始展现后，用户通过游戏机、电脑玩游戏的习惯方式也开始发生转变，手机游戏随之在全世界风靡起来。美国的一项调查结果表明，美国18～24岁之间的年轻人使用手机的主要动机是玩手机互动游戏。这种情况在我国也大有蔓延之势，有调查显示消费者希望手机尽可能多地整合一些娱乐功能，特别是游戏和音乐功能，以供随身消遣之用。

当前的游戏分类方式，主要是从玩家角度来分类的，手机游戏也不例外，主要包括：

（1）RPG（角色扮演）类，如《仙剑奇侠传Mobile》，如图10-1所示。

（2）FTG（格斗）类，如Siemens的*BattleMail*（香港译为《功夫小子》），日本的《街头霸王》移动电话版，Sony的摔跤游戏《斗魂列传》、《拳皇》（*KOF*），如图10-2所示。

图10-1 RPG游戏（《仙剑奇侠传》）

图10-2 FTG（格斗）类游戏（*KOF*）

（3）SPG（运动）类，如苏格兰公司DigitalBridges推出的幻想足球世界作品。此外还有高尔夫、篮球、乒乓球、网球、足球（见图10-3）等作品。

（4）FPS游戏，第一人称视角游戏，这类游戏最具代表性的是CS（《反恐精英》），QUAKE（《雷神之锤》）（见图10-4）等游戏。

图10-3 FIFA游戏（足球）

图10-4 FPS游戏（QUAKE）

（5）电影改版类，如 Intel 和高通公司投资的 Jamdat 的《角斗士》，芬兰 Marvel 公司与芬兰游戏研发商 RiotEntertainment 合作推出的《X 战警：无线驰骋》。

（6）棋牌类，如斗地主、接龙、跳棋（见图 10-5）、纸牌（见图 10-6）、五子棋、暗棋、军旗、麻将等游戏。

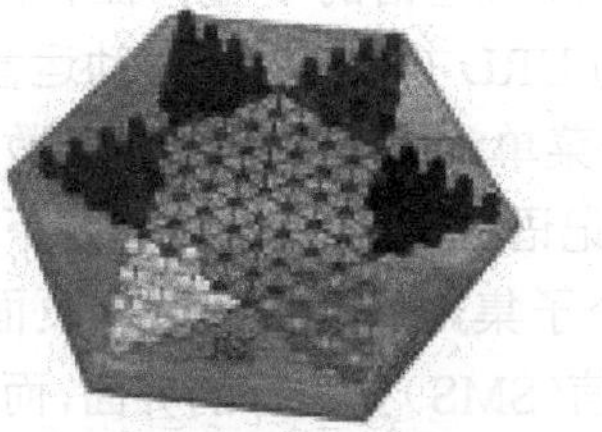

图10-5 棋类游戏（跳棋）

图10-6 牌类游戏

（7）益智类，如数字吃豆、变幻线、推箱子、挖地雷等游戏。

（8）冒险类，如《超凡蜘蛛侠》。

（9）模拟类，如《大富翁系列》。

（10）动作类，如月球反击战、空军大战、摩托车赛、超级玛丽（见图 10-7 所示）、坦克大战等游戏。

（11）战略模拟类，如《雄霸三国》（见图 10-8）、《掌上动物园 Tap Zoo》等。

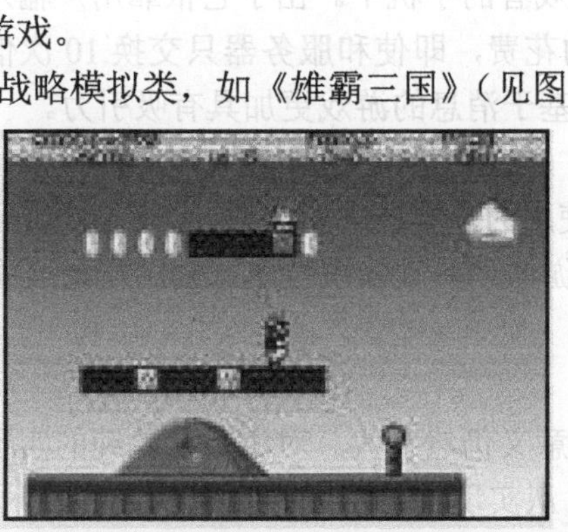

图10-7 动作类游戏（《超级玛丽》）

图10-8 即时战略游戏（《帝国时代》）

根据调查资料整理显示，手机游戏市场正在逐渐受到业界的关注，各种类型手机游戏开发正在不断推陈出新。目前在手机游戏用户选择的游戏类型中，主要以 RPG 类、动作类、棋牌类和益智类几种游戏更受用户欢迎。

10.3 从开发者角度开发的游戏

当前无论从何种角度来讲，对游戏的介绍总是停留在玩家的角度，游戏的分类也是从玩家角度来讲的；对于开发者来说，游戏的分类就显得格外重要，只有贴近开发者，从开发者角度才能更好地理解游戏的开发。

10.3.1 从游戏载体划分游戏

（1）内置嵌入式游戏

一些游戏在出厂前就固化在芯片中了，用户无法更改，比如诺基亚的贪吃蛇。但由于用户不能自己安装新的游戏，所以内置嵌入式游戏逐渐变得不太流行，这是从单纯内置和可更改角度来讲的，关于从游戏的具体实现来说，仍旧需要不同的技术。

（2）浏览器游戏

几乎所有 1999 年以后出厂的手机都有一个无线应用协议（WAP）浏览器。WAP 本质上是一个静态浏览载体，非常像一个简化的 Web，是为移动电话的小型特征和低带宽而专门优化的。如果要玩 WAP 游戏，可以进入游戏供应商的 URL（通常通过移动运营商门户网站的一个链接），下载并浏览一个或多个页面，选择一个菜单或输入文字，提交数据到服务器，然后浏览更多的页面。WAP（1.x）版本使用独特的标记语言 WML，允许用户下载多个页面，即卡片组。新版本的 WAP（2.x）使用 XHTML 的一个子集，一次传递一个页面并且允许更好地控制显示格式。两种版本的 WAP 都提供一个比短信（SMS）更友好的界面，而且更加便宜，根据使用时间付费而不是根据信息数。但它是一个静态的浏览器载体，手机本身几乎不需要做任何处理，并且所有游戏必须通过网络，所有的操作都是在远程服务器上执行的。

（3）短信游戏

短信（SMS）被用来从一个手机向另一个手机发送简短的文字信息。短信游戏的玩法通常是发送一条信息到某个号码，这个号码对应游戏供应商的服务器，服务器接收这条消息，执行一些操作后返回一条带有结果的消息到游戏者的手机中。由于它依靠用户输入文字，因此本质上它是一个命令环境，并且需要一定的花费，即使和服务器只交换 10 次信息也要花费 1 块钱或更多的钱。但彩信技术的推出使得基于消息的游戏更加具有吸引力。

（4）用户可加载游戏

用户可加载游戏，主要是基于系统平台所使用的基本技术而言的，比如 Android 和 IOS 等，用户都可以自行选择下载或者删除游戏，至于游戏的具体实现技术，则用户无须关心。

10.3.2 从游戏实现角度划分游戏

从游戏载体划分游戏，对于开发人员来说意义仍然不大。对游戏从单纯的实现角度来进行划分，这才是开发人员最关心的划分方式。从实现的角度划分，也就是从技术方面来说，可划分为 2D 和 3D 游戏两种，其他所有的游戏都是基于这两种基本的技术实现的。

从 2D 方面来说，分为单屏游戏和滚屏游戏两种技术。

（1）单屏游戏。一般来说，这种游戏只需要一个场景，这一个场景在一个屏幕内即可显示。从技术上来讲，实现比较简单，程序速度比较快，比较适合在低配置机器上运行。但是单屏游戏也可以指那些游戏画面不进行滚动（或不进行大范围滚动）的游戏，它和滚屏游戏相比不需要游戏的滚屏技术，但是单屏游戏更加侧重于游戏的可玩性和简单性，多为益智类游戏和简单动作类游戏。这类游戏的实现比较简单，没有复杂的逻辑和场景的变换。

（2）滚屏游戏，从名称上来讲，应该是屏幕滚动的游戏才算作滚屏游戏，一般来说屏幕滚动的游戏，场景都非常巨大，比如现在的RPG游戏，著名的超级玛丽游戏等，都是滚屏游戏的经典范例。从技术实现上来讲，滚屏游戏的实现完全不同于单屏游戏的实现，滚屏游戏需要进行复杂的地图绘制和屏幕坐标的偏移计算工作，而且设计复杂，对象众多，需要进行详细的设计。而单屏游戏大部分工作只是对游戏中的逻辑进行判断，它的复杂性在于算法或者人工智能方面，与图像和坐标变换的关系较少。

对于3D游戏而言，其开发方式几乎是雷同的，即3D建模、渲染、多边形绘制等技术，所不同的就是渲染的方式、图形的逼真性、3D光照能力、多边形显示能力等。所用的基本技术基本上由游戏的引擎来实现。

10.4 游戏开发简介

开发游戏并不难，其实比开发一些应用更简单，为什么呢？因为游戏的本质就是在屏幕上不断地显示和更新图片，从而不断刷新游戏各个场景。只是不是无序地更新，更新过程受到游戏的程序逻辑控制，比如要实现一个角色在地图上移动，那么在屏幕上先绘制地图（已编辑好的），后绘制角色即可，剩下的便是逻辑判断了。再比如，当按下前进键，要让主角移动时，只需要更新主角的绘制位置，然后再刷新主角显示即可（前提是经过碰撞检测后主角可以前移）。当然，也不要认为开发一款游戏过于简单。一般开发游戏需注意以下几点。

1. 确定是2D还是3D游戏

在开始开发游戏代码之前，要决定是做3D还是2D。3D游戏需要更深入的数学技能，否则会有性能方面的问题产生。如果需要画比方框和圆圈（基本几何图形，可以用一般函数表达式表示、绘制）更复杂的图形（通常为自由曲线曲面），还需要会使用3D Studio和Maya建模工具。同时，Android支持OpenGL用来3D编程。

2. 游戏主循环

根据游戏类型，考虑是否需要一个主循环。如果开发者的游戏不依赖于时间或者它仅仅对用户的操作加以回应，并且不做任何视觉上的改变，永远等待着用户的输入，那么就不需要主循环。否则，开发者应该考虑使用主循环，比如动作类游戏或带有动画、定时器或任何自动操作的游戏。

游戏的主循环以一个特定的顺序通过“滴答”提醒子系统运行，并且通常保持在每秒钟内有尽可能多的“滴答”。主循环需要在它自己的线程里运行，因为Android有一个主用户界面线程，否则用户界面线程将会被开发者的游戏所阻塞，这会导致Android操作系统无法正常地更新任务。执行的顺序通常如下：状态、输入、人工智能、物理、动画、声音、录像。

①更新状态即管理状态的转换，如游戏的结束、人物的选择或下一个级别。很多时候开发者需要在某个状态上等上几秒钟，而状态管理应该处理这种延迟，并且在时间过了之后设

置成下一个状态。

②输入是指用户按下的任何键、对于滚动条的移动或者用户的触摸。在处理物理之前处理这些是很重要的，因为很多时候输入会影响到物理层，因而首先处理输入将会使游戏的反应更加理想。在 Android 中，输入事件从主用户界面线程而来，因此开发者必须写代码将输入放入缓冲区，这样主循环可以在需要的时刻从缓冲区里取到它。这并非难事。首先为下一个用户输入定义一个域，然后将 onKeyPressed 或 onTouchEvent 函数设置为接到一个用户动作就放到那个域中，有这两步即可。如果对于给定游戏的状态，这是一个合法的输入操作，那么所有输入需要在那一刻做的更新操作都已经定下来了，剩下的就让物理去关心怎样响应输入即可。

③人工智能（Artificial Intelligence，AI）是让计算机有一定的智能，能够与人进行交互的技术。游戏中应用人工智能可增加游戏的可玩性，如果游戏中没有人工智能，就不会有象棋的人机对战，也不会有逃脱密室的怪物追捕英雄，更不会有网络游戏中玩家与怪兽的激烈战斗。

④物理研究的是客观世界的各种规律，而游戏中不管题材如何，对于客观世界的模拟肯定不会少，而模拟客观世界的画面，就必须用到物理方面的知识。具体说来，游戏开发中主要运用的是物理学中与运动有关的内容。

⑤动画并非像在游戏中放入会动的 GIF 图片那样简单。开发者需要使游戏能在恰当的时间画出每一帧。保留一些比如 isDancing、danceFrame 和 lastDanceFrameTime 那样的状态域，那样动画更新便能决定是否可以切换到下一帧。真正来显示动画的变化是由录像更新来处理的。

⑥声音更新要处理触发声音、停止声音、音量变化及音调变化。正常情况下，声音更新会产生一些传往声音缓冲区的字节流，但是 Android 能够管理自己的声音，因而开发者的选择将是使用 SoundPool 或 MediaPlayer。它们都需要小心处理以免出错，但要知道，因为一些底层实现细节，小型、低比特率的声音文件将带来最佳的性能和稳定性。

⑦录像更新要考虑游戏的状态、角色的位置、分数、状态等，并将一切画到屏幕上。如果使用主循环，开发者可能需要使用 SurfaceView，并做一个“推”绘制。对于其他视图，视图本身能够调用绘制操作，主循环不必处理。SurfaceView 每秒产生的帧数最多，最适合于一些有动画或屏幕上有运动部件的游戏。录像更新所要做的工作是获取游戏的状态，并及时地为这个状态绘制图像。其他的自动化操作最好由不同的更新任务来处理。

3. 游戏开发的一般流程

从刚才的分析中可知，一款完整的游戏需要多方面的知识，比如游戏的创意、背景、故事情节、游戏音效、游戏风格、游戏类型、运行速度、适配机型等。而且，游戏开发需要策划、美工、程序、测试的协同工作和默契配合来完成。下面简单介绍游戏开发的一般流程。

（1）游戏策划

游戏的策划很重要，它将直接决定玩家的喜爱程度和该游戏的后期制作。早期的游戏开发，或许一两个程序员通过闭门造车的方式，用一段时间就可以产生一款很不错的游戏，但现在肯定不行。目前游戏行业飞速发展，市场的需求变化很快，如何才能开发一款受广大用户喜爱的游戏呢？首先在策划之前先确定市场的需求，比如，棋牌游戏“斗地主”很有中国特色，可是如果拿去美国，可能美国人根本就不玩这种游戏。再比如，成人游戏和赌博游戏在国外某些地方很受欢迎，可是在国内可以开发这样的游戏吗？肯定不能，所以首先要确定目标客户。

市场需求确定后，还要确定游戏类型。单机的还是联网的？单人的还是多人的？是动作类的还是角色扮演类型的？等等。

游戏类型确定后，还要确定游戏的可玩性。包括游戏的难度设置、关卡控制及后期的版本控制，因为不可能让玩家玩十多分钟就通关了。

游戏的可玩性确定后，还要确定游戏的风格。以三国为题材做一个即时战略游戏，就不能定义为现代风格，游戏中就不能出现坦克、飞机之类的道具。同时这也体现了游戏的真实性，但是也不能过度真实，让玩家觉得枯燥乏味，游戏本身是一个虚拟的东西，玩家就是需要将自己放到虚拟世界中。风格确定之后，可根据游戏的风格来配置游戏音效。

由于玩家可能接触到很多游戏，会厌倦一些没有新意的游戏："我玩过类似的游戏，这个没什么好玩的。"所以，尽管游戏创新很不易，但是为了吸引玩家，开发者不得不锐意创新。

这些问题都解决了，就可以准备写策划案了。在写策划案的同时，需要考虑到美工和程序在技术上的实现及硬件的支持，不能策划技术达不到的效果。

（2）美工

拿到策划案之后，开始进行美工方面的设计。根据策划文档的描述发挥想象力，在保持与策划文档描述一致的情况下，进行创新。同样，美工需要和程序员保持充分交流，确保程序员准确理解美工的设计，保证美工的图片适合程序的要求，从而使游戏效果达到最好。

（3）程序

得到策划文档和美工资源后，程序员并不能马上开始写代码，而是要仔细查看文档和资源，确定所要使用的技术和所要实现的功能，然后构建一个项目程序的整体框架。一个优秀的程序员会在框架的设计上花很多时间，因为一个好的框架可以使后期开发、调试等更加简单，同时一个好的框架还能提高游戏的运行效率。每个程序员写的程序都会有Bug，为了保证质量，需要不断地测试、修改，再测试、再修改，最终给玩家一个最好的体验。

Android Market从2008年10月开始运营，从Google公布的数字来看，Android Market中的应用程序数量目前达到了数百万个，下载量超过了百亿次。Android平台游戏如图10-9所示。

图10-9 Android平台游戏

10.5 《死亡塔》程序开发

在 Android 平台上，下面通过完成一个曾经风靡全球的经典游戏——《死亡塔》的修改版来学习 Android 游戏开发。该游戏包括游戏开发中的大部分基本技术，包括地图、精灵、图层、音效、存档等。运行效果如图 10-10（a）、（b）所示，具体代码见 Example10。

图10-10（a）《死亡塔》游戏效果

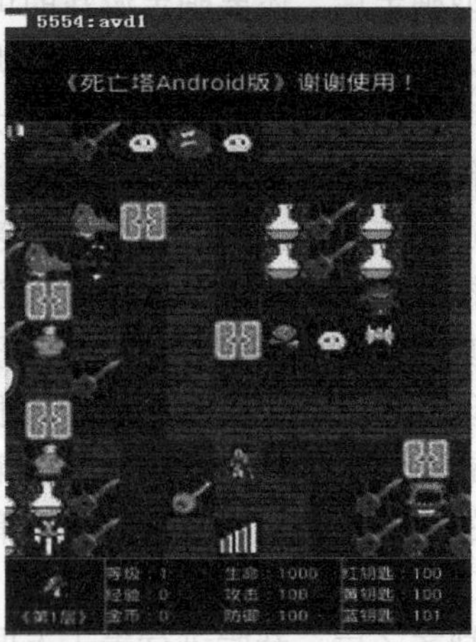

图10-10（b）《死亡塔》游戏效果

从本节开始《死亡塔》游戏的程序主体开发部分。

10.5.1 游戏框架设计

如何才能设计一个适合该游戏项目程序的整体框架呢？首先需要了解游戏的内容，如图 10-10 所示，可以大致看出游戏中包括地图、主角和游戏界面；另外需要一个单独视图来显示地图和主角的属性及地图上的道具；还需要不断更新界面的显示，控制游戏逻辑及事件（这也需要一个类来实现）。下面来构建该游戏的整体框架，项目工程目录文件如图 10-11 所示。

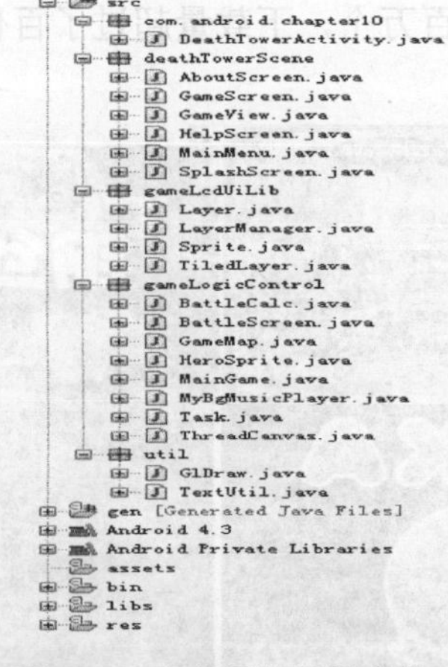

图10-11 项目工程目录文件

在 Android 中需要继承 View 类才能显示一个视图类，View 类中有绘制方法 onDraw(protected void onDraw (Canvas canvas)) 和一些事件的处理，比如：

onKeyDowm(public boolean onKeyDown (int keyCode, KeyEvent event))

onKeyUp(public boolean onKeyUp (int keyCode, KeyEvent event))

当然在构建这个视图类时还可以加入自己的一些抽象方法，比如资源回收（recycle）、刷新（refresh）等。基于此，构建一个视图类 GameVew，用于显示游戏界面，当然该游戏也不只是这么一个界面，还有菜单界面、道具商店界面、战斗界面等，所以这个类应该是一个抽象类（abstract），可以被各个界面类继承。

GameView 类的代码如代码清单 10-1 所示。

代码清单 10-1：Example10\deathTowerScene\GameView.java

```
 package deathTowerScene;
import android.content.Context;
import android.graphics.Canvas;
import android.view.View;
public abstract class GameView extends View
{public GameView(Context context)
   {super(context);}
   //绘图
   public abstract void onDraw(Canvas canvas);
   //按键按下
public abstract boolean onKeyDown(int keyCode);
//按键弹起
   public abstract boolean onKeyUp(int keyCode);
//回收资源
   public abstract void reCycle();
//刷新
   public abstract void refresh();
}
```

视图类用来显示界面，还需要构建一个游戏逻辑类，用来控制当前屏幕具体显示哪一个界面，以及对界面进行一些逻辑上的处理，这个游戏逻辑类就是 MainGame 类，该类根据不同的游戏状态来设置手机屏幕需要显示的界面（视图），如代码清单 10-2 所示，是 MainGame 类中界面显示控制的一段代码。

代码清单 10-2：Example10\ gameLogicControl \MainGame\controlView

```
private static GameView m_GameView = null; //当前需要显示的对象
   //得到当前需要显示的对象
   private Context m_Context = null;
   private DeathTowerActivity m_MagicTower = null;
   private int m_status = -1; //游戏状态
   public MyBgMusicPlayer mBgMusicPlayer;
   public byte mBgMusic = 0;
   public MainGame(Context context)
   {      m_Context = context;
```

```
            m_MagicTower = (DeathTowerActivity) context;
            m_status = -1;
            initGame();}
      //控制显示什么界面
      public void controlView(int status)
      {if (m_status != status)
            {if (m_GameView != null)   {m_GameView.reCycle();System.gc();}
}
            freeGameView(m_GameView);
            switch (status)
            {case GlDraw.GAME_SPLASH:
                  m_GameView = new SplashScreen(m_Context, this);
break;
            case GlDraw.GAME_MENU:
                  m_GameView = new MainMenu(m_Context, this);    break;
            case GlDraw.GAME_HELP:
                  m_GameView = new HelpScreen(m_Context, this); break;
            case GlDraw.GAME_ABOUT:
                  m_GameView = new AboutScreen(m_Context, this); break;
            case GlDraw.GAME_RUN:
    m_GameView = new GameScreen(m_Context, m_MagicTower, this, true);
break;
            case GlDraw.GAME_CONTINUE:
    m_GameView = new GameScreen(m_Context, m_MagicTower, this, false);break;
            }setStatus(status);}
```

需要得到当前要显示的视图对象，以便被其他类调用，因此这里实现一个 getMainView 方法来取得当前的视图对象。代码如下：

```
    //得到当前需要显示的对象
      public static GameView getMainView()
      {  return m_GameView;  }
```

视图（界面）显示创建和控制后，为了让游戏能够动起来，需要开启一个线程以便实时刷新视图显示界面，这里就为游戏开启了一个主线程（ThreadCanvas.java），通过 MainGame.getMainView() 方法取得当前显示的视图界面，然后根据不同的界面更新游戏，刷新一个界面使用了 postInvalidate() 方法，如代码清单 10-3 所示。

代码清单 10-3：Example10\ gameLogicControl\ ThreadCanvas

```
    //场景刷新线程
    public class ThreadCanvas extends View implements Runnable
    {private String m_Tag = "ThreadCanvas_Tag";
      public ThreadCanvas(Context context)
      {super(context);}
      //绘图
       protected void onDraw(Canvas canvas)
      {if (MainGame.getGameView() != null)
```

```
            {MainGame.getGameView().onDraw(canvas);} else
            {Log.i(m_Tag, "null");}}
    //按键处理(按键按下)
    public boolean onKeyDown(int keyCode)
    {if (MainGame.getGameView() != null)
            {MainGame.getGameView().onKeyDown(keyCode);} else
            {Log.i(m_Tag, "null");}return true;}
    //按键弹起
    public boolean onKeyUp(int keyCode)
    {if (MainGame.getGameView() != null)
            {MainGame.getGameView().onKeyUp(keyCode);} else
            {Log.i(m_Tag, "null");}return true;}
    //刷新界面
    public void refresh()
    {if (MainGame.getGameView() != null)
            {MainGame.getGameView().refresh();}}
//游戏循环
    public void run()
    {while (true){
            try    {Thread.sleep(GlDraw.GAME_LOOP);} catch (Exception e)
                   {e.printStackTrace();       }
                   refresh(); //更新显示
                   postInvalidate(); //刷新屏幕
            }}
//绘图显示
    public void start()
    {Thread t = new Thread(this);
    t.start();}
}
```

视图界面刷新完成后，需要通知一个 Activity 来显示视图界面，这里是在 DeathTowerActivity 类中实现控制视图界面的显示，使用 setContentView 方法来显示一个 ThreadCanvas 类对象即可，当然，按键事件的处理也就可以调用 ThreadCanvas 类来处理，ThreadCanvas 类会和 MainGame 类一起配合来找到所指定的界面。代码清单 10-4 为 DeathTowerActivity 类的处理。

代码清单 10-4：Example10\ com.android.chapter10\ DeathTowerActivity

```
//项目的入口窗体（界面）（通过manifest文件指定），下文中的onCreate方法为入口窗体的入口
public class DeathTowerActivity extends Activity
{private ThreadCanvas mThreadCanvas = null;
public void onCreate(Bundle savedInstanceState)
   {super.onCreate(savedInstanceState);
         setTheme(android.R.style.Theme_Black_NoTitleBar_Fullscreen);
         requestWindowFeature(Window.FEATURE_NO_TITLE);
         getWindow().setFlags(WindowManager.LayoutParams.FLAG_FULLSCREEN,
                      WindowManager.LayoutParams.FLAG_FULLSCREEN);
         new MainGame(this);
```

```
            mThreadCanvas = new ThreadCanvas(this);
            setContentView(mThreadCanvas);}
    //按键按下
       public boolean onKeyDown(int keyCode, KeyEvent event)
       {mThreadCanvas.onKeyDown(keyCode);
            return false;}
    //按键弹起
       public boolean onKeyUp(int keyCode, KeyEvent event)
       {mThreadCanvas.onKeyUp(keyCode);
            return false;}
    //暂停
       protected void onPause()
       {       super.onPause();}
    //重绘
       protected void onResume()
       {super.onResume();
            mThreadCanvas.requestFocus();
            mThreadCanvas.start();}}
```

至此基本完成了一个游戏的整体框架，其他的所有视图类界面显示都只需要继承我们自定义的抽象类 GameView，然后在 MainGame 中判断和更改当前的游戏状态，程序便自动找到需要更新和释放的视图类并进行相应操作。下面通过该游戏的菜单显示界面来熟悉该框架的使用，菜单界面如图 10-12 所示。

图10-12 《死亡塔》菜单界面

要通过 GameView 类来实现该菜单界面，首先需要创建一个 MainMenu 类来继承自 GameView 类，代码如下：

```
public class MainMenu extends GameView
{//…
}
```

既然继承自 GameView，就需要实现 GameView 类中的抽象方法。视图界面的绘制很简单。界面绘制好和按键事件处理好之后，只需要在 MainGame 中判断当前状态即可。这里是菜单界面，那么将 GameView 对象构建为 MainMenu 类型，ThreadCanvas 便可以通过 MainGame.getGameView() 取得当前的 MainMenu 界面来进行更新，当有事件触发时便自动找到 MainMenu 中相应的事件处理方法进行处理。这里需要说明的是，选择了一个菜单项之后，应用程序的界面将跳转到另一个界面，比如选择了“帮助”界面，将跳转到“帮助”界面中，这时就需要通过“mMainGame.controlView(GlDraw.GAME_HELP);”来改变当前状态为“帮助”状态，其他界面的设计都按此处理。如图 10-13 所示为游戏“帮助”界面的效果，具体实现参见本书资源所附源代码 Example10。

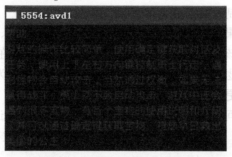

图10-13 游戏“帮助”界面

当然，需要根据具体的游戏类型和内容才能设计出一个好的游戏框架，好的框架方便游戏开发，提高开发效率，使开发的游戏运行效果更好。现在可以单击菜单界面上的“新游戏”来进入游戏的主题开发。

10.5.2 游戏图层低级API

gameLcdUiLib 包是一个专门为开发游戏图层界面而提供的游戏 API，包中定义了用于游戏开发的 4 个类，如图 10-14 所示。

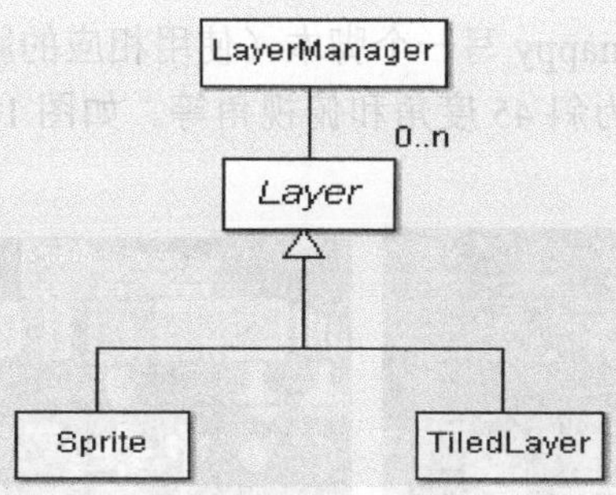

图10-14 《死亡塔》程序游戏API及其关系

（1）图层（Layer 类）：这是一个抽象类，代表了游戏中的一个可视化元素及相关属性，如位置、大小、可视与否等。它的子类为 Sprite 类和 TiledLayer 类，处于优化的考虑，开发过程中主要继承 Sprite 类或 TiledLayer 类进行开发，不允许直接产生 Layer 类的子类（包外继承）。

（2）图层管理（LayerManager 类）：这个类用于管理游戏中的层次，通过实现分层次的自动绘制，从而实现期望的图像显示效果，并且简化了游戏开发。

（3）精灵（Sprite 类）：这是 Layer 类的子类，用以表示一帧或多帧的连续图像，这些帧大小都相同，并且由一个 Image 对象提供。Sprite 通过控制，可以显示任何一帧，从而实现任意顺序的动画；Sprite 还提供了许多变换（翻转和旋转）模式和碰撞检测方法，能大大简化游戏逻辑。

（4）分块图层（TiledLayer 类）：这也是 Layer 类的子类，通常用来显示游戏地图，允许开发者在不使用非常大的 Image 对象的情况下创建一个大的图像内容。在游戏中绘制的地图通常由很多单元组成，每个单元都显示由一个 Image 对象提供的一组贴图中的某一贴图。单元格也能被动画贴图填充，从而使地图动起来，如随风摇曳的草，流动的水波等。动态贴图的内容能根据开发者的控制非常迅速地变化。

在游戏运行中，如果某些方法改变了 Sprite、TiledLayer、Layer 及 LayerManager 对象的状态，通常并不能立刻显示出视觉变化。这些状态仅存储在对象中，只有当随后调用 refresh() 方法时才能更新显示。这种模式非常适合游戏程序，因为在一个游戏循环中，所有对象的状态都应当在全部更新后再重绘屏幕显示这些更新结果。

完整游戏 API 源代码可参见本书资源 Example10\gameLcdUiLib。这里不再赘述，由于本包处于项目程序的较低层，在本游戏开发中主要被其他类调用，故在其他相关部分中会具体讲解其调用方法。

10.5.3 地图设计

在游戏开发中，地图设计很重要，如果在程序中直接使用一张完整的大地图，由于地图数据是要常驻内存的，一般的手机不能承受如此大的图片造成的系统开销。通常游戏中的大地图由多个小图块组成，一般这些小图块的数据使用一个二维数组存储。游戏运行时，通过程序以最快的方式将这些小图块对应的地图数据映射到屏幕上组成一幅完整的大地图。当然，这些小图块对应的地图数据并不是从键盘上逐一地输入的；一般由程序开发团队专门做一个本游戏的地图编辑器，在地图编辑器中用鼠标单击再保存；或直接从网上下载一些成熟的编辑器，比如 mappy，再用为 mappy 写一个脚本（使用相应的脚本语言），该脚本用来确定地图数据的格式。通常地图分为斜 45 度角和俯视角等。如图 10-15 所示为编辑地图时的一个截图。

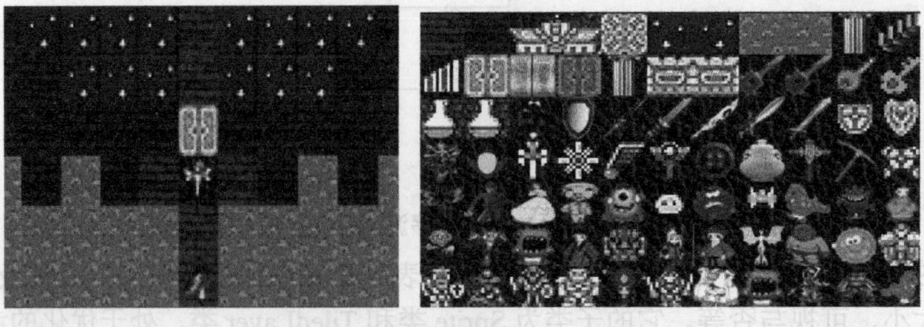

图10-15 编辑地图时的一个截图

地图编辑好后，可以得到一个保存了地图数据的二维数组，如下面代码所示：

```
private byte[][] map={  6,11,6,6,
6,1,6,6,
```

```
        6,6,1,6,
        6,6,1,6};
```

其中，1、6、11 这些数据代表了不同的小图块，只需要将这些数据所对应的小图块绘制到屏幕上即可。这里将使用前面实现的 TiledLayer 类来显示地图。

分块图层（TiledLayer）类是图层（Layer）类的一个派生类，它主要用于实现游戏中背景和背景中的动画效果。

Tiled 中文意思就是平铺，TiledLayer 类就是用图片来平铺屏幕背景的类，即常说的贴图。因为一个游戏的背景占用的屏幕空间往往很大，为了显示人物移动，背景往往需要不断地滚动显示。所以，如果都使用一幅大图片，一方面美工不容易做，代价太高；另一方面就是程序处理的效率很低，内存占用太多。由于背景的很多局部画面往往相同，所以通常使用许多小图片平铺形成完整的背景图片。

1. 创建一个 TiledLayer 对象

创建一个 TiledLayer 对象需要用到它的构造函数，TiledLayer 的构造函数的原型如下：

```
    public TiledLayer(int columns,int rows,Image image,int tileWidth,
               int tileHeight)
```

参数 columns 和 rows 分别指定了地图（分块图层 TiledLayer）的列数和行数。参数 image 指定了包括地图贴图在内所需要的所有分块的图像，构造函数还指定了按照分块（Tile）大小（宽度为 tileWidth、高度为 tileHeight）分割 image 图像。

```
public void setStaticTileSet(Image image,int tileWidth,int tileHeight)
```

根据指定图像（参数 image）和分块大小（宽度为 tileWidth、高度为 tileHeight）重新设置静态分块（Static Tiles）。若新建分块数不少于原来的分块数，则分块图层中单元格的内容和动态分块均会保留；若新建分块数比原来少，则单元格的内容重设为 0，动态分块也会被删除。

2. 设置地图数据

在建立 TiledLayer 对象时，除了指定用于分块的图像和分块（Tile）的大小外，还需指明分块图层（TiledLayer）的大小。整个分块图层是由若干单元格组成的一个二维表格，它的高度和宽度由单元格的数目来表示。每个单元格中存放一个分块（Tile）的索引号，表示该区域由相应的分块来填充（即用 Tile 填充 Cell），在显示分块图层时，再将单元格区域所对应的分块图像显示出来。需要注意的是，单元格的索引号从 0 开始分配。一个正的分块(Tile）索引号代表静态贴图（背景），一个负的分块（Tile）索引号代表动态贴图（背景）。索引号为 0，则表示单元格为空，不会被 TiledLayer 绘制任何内容，显示结果为透明。所有单元格中的索引号都默认为 0（索引号为 0 的单元格也是合法的，索引号为 0 的 Tile 由系统提供，不需要用户提供）。

假定已经事先建立了图像对象 img，则使用如下语句：

```
TiledLayer TiledLayerTest = new TiledLayer(12, 4, img, 32, 32);
```

可以建立分块图层对象TiledLayerTest，该对象中拥有6块静态分块，分块（Tile）的大小为32×32像素，分块图层的大小为4行12列，共48个单元格（Cell）。在对象刚建立时，单元格的索引号默认为0，即图层是透明的。之后可以使用setCell()和fillCells()方法来设置单元格中的内容。

```
public void setCell(int col, int row, int tileIndex)
```

在指定行（row）、列（col）位置的单元格中设置分块索引号（tileIndex），即用Tile填充Cell。

public void fillCells(int col, int row, int numCols, int numRows,int tileIndex)

用指定的分块索引号（tileIndex）设置一个区域中所有的单元格，该区域从row行、col列起始，包括numRows行和numCols列。注意，row行号和col列号是从0开始编号的，不要和分块索引号（tileIndex）混淆。

如下代码通过一个循环设置了所有要显示的行和列的图块索引值：

```
floorMap = new TiledLayer(TILE_NUM_COL, TILE_NUM_ROW, bmap, TILE_WIDTH, TILE_HEIGHT);
for (int i = 0; i < TILE_NUM; i++)
        {int[] colrow = getColRow(i);
floorMap.setCell(colrow[0], colrow[1], floorArray[curFloorNum][i]);}
```

3. 绘制地图

通过上面的设置，绘制地图就非常简单了，只需要调用TiledLayer中的paint方法就可以将地图绘制到屏幕上。代码如下：

```
floorMap.paint(canvas);
```

下面来看看TiledLayer中的paint方法是如何实现的，如代码清单10-5所示。

代码清单10-5：Example10\ gameLcdUiLib\TiledLayer.java片段

```
public final void paint(Canvas canvas) {
        if (canvas == null) {throw new NullPointerException();}
        if (visible) {int tileIndex = 0;
            //y-coordinate
            int ty = this.y;
            for (int row = 0; row < cellMatrix.length; row++, ty += cellHeight) {
            int tx = this.x;
            int totalCols = cellMatrix[row].length;
            for (int column = 0; column < totalCols; column++, tx += cellWidth) {
            tileIndex = cellMatrix[row][column];
            /check the indices
            //if animated get the corresponding
            //static index from anim_to_static table
            if (tileIndex == 0) { //transparent tile
            continue;
```

```
            } else if (tileIndex < 0) {
            tileIndex = getAnimatedTile(tileIndex);
            }
                    drawImage(canvas, tx, ty, sourceImage, tileSetX[tileIndex
],tileSetY[tileIndex], cellWidth, cellHeight);
            }
                }
            }
        }
    //绘制一个图片
    private void drawImage(Canvas canvas, int x, int y,Bitmap bsrc, int sx,
int sy, int w, int h)
    {           Rect rect_src = new Rect();
                rect_src.left = sx;
                rect_src.right = sx + w;
                rect_src.top = sy;
                rect_src.bottom = sy + h;
                Rect rect_dst = new Rect();
                rect_dst.left = x;
                rect_dst.right = x + w;
                rect_dst.top = y;
                rect_dst.bottom = y + h;
                canvas.drawBitmap(bsrc, rect_src, rect_dst, null);
                rect_src = null;
                rect_dst = null;
        }
```

上述代码是用一个循环来将我们设置的地图数组和图片进行对应，从而绘制到对应的屏幕上，在 Android 中按指定矩形裁剪图片绘制的方法如下：

```
void android.graphics.Canvas.drawBitmap(Bitmap bitmap, Rect src, Rect dst, Paint paint)
```

- bitmap为要绘制的图片。
- src和dst分别是图片上的裁剪区域和屏幕上对应的裁剪区域。
- paint设置了画笔的属性。更多方法参见gameLcdUiLib包中的TiledLayer类。

这里总结一下分块图层（TiledLayer 类）的使用。

由 TiledLayer 类的构造函数可知，分块图层的建立需要指明能获取到分块的图像对象、分块的大小、单元格的行 / 列数等参数，使用时还可以根据实际情况建立动态分块，更改单元格对应的静态分块。不妨把分块图层的使用归纳为如下几步：

①建立用于划分分块的图像（Image）对象。

②建立分块图层（TiledLayer）对象，此时必须指定分块图层中单元格的行数、列数，上一步中建立的图像对象名，分块的高度和宽度。

③建立动态分块，设置它所关联的静态分块号。

④设置分块图层中每个单元格所对应的分块号（分块的索引号）。

⑤使用分块图层的 paint() 方法显示分块图层，再使用 flushGraphics() 方法刷新屏幕。

如果不需要使用动态分块，则第③步可以省略。此外，在建立分块图层后，还可以使用 setStaticTileSet() 方法更新静态分块。

10.5.4 主角设计

游戏中的主角一般也称为精灵，当然精灵还包括 NPC、道具等。既然是精灵，就会有很多动画。动画本身就是将图片一帧一帧地连接起来、循环地播放每一帧而形成。在大型游戏开发中，可以使用程序组写的精灵编辑器去编辑精灵，将精灵拆成很多部分，然后再组合起来，这样做可以节省大量的系统开销。这里可以使用 gameLcdUiLib 包的 Sprite 类来完成《死亡塔》中的主角设计。

Sprite 的中文意思是精灵，可代表游戏中的动画角色，比如飞机、坦克等。TiledLayer 更常被用来构造生动的背景，Sprite 是一个基本的可视元素，可以用存储在图像中的一帧或多帧来渲染它；轮流显示不同的帧可以令 Sprite 实现动画。翻转、旋转等几种变换方式也能应用于 Sprite 使其外观改变。作为 Layer 的子类，Sprite 的位置可以改变，并且还能设置其可视与否。

1. 构建 Sprite 对象

精灵对象的建立是通过使用相应的构造函数来实现的，如表 10-1 所示。

表10-1 Sprite类的构造函数

方 法	说 明
public Sprite(Image image)	利用指定的图像建立一个精灵对象，该对象中只存在唯一的画面帧
public Sprite(Image image, int frameWidth, int frameHeight)	利用指定的图像建立一个精灵对象，该图像被划分为宽度为frameWidth，高度为frameHeight的若干画面帧，利用这些帧可以实现精灵的动画效果
public Sprite(Sprite s)	以指定的精灵为蓝本建立一个新的精灵对象

在大多数情况下，使用前两种构造函数来建立精灵对象。这时需要为它指定一个相关的图像。使用第一种方法时，整个图像将作为精灵的唯一画面帧，这时候精灵不能实现动画效果。使用第二种方法时，图像将被划分为大小相同的若干帧，帧的宽度和高度分别由参数 frameWidth 和 frameHeight 指定，通过在不同的时间显示不同的帧就可以实现动画效果。

（1）帧（Frame）

手机游戏中的动画都是逐帧动画，这是一个常见的动画形式（Frame by Frame），其原理是在“连续的关键帧”中分解动画动作，也就是在时间轴的每帧上逐帧绘制不同的内容，使其连续播放而成动画。

例如，使用下面的语句可以创建一个精灵对象 testSprite。

```
try {
    spriteImage = Image.createImage("image.png");
} catch (Exception e) { }
Sprite testSprite= new Sprite(spriteImage, 32, 12);
```

如果图片 image.png 的大小为 64×24 像素，则会被划分为 4 个帧，每个帧的大小为 32×12 像素。划分按照从左至右、从上至下的原则，每一个帧都会被分配一个唯一的序号，号码从 0 开始连续分配，如图 10-16 所示，这些画面帧保存在精灵对象 testSprite 中。

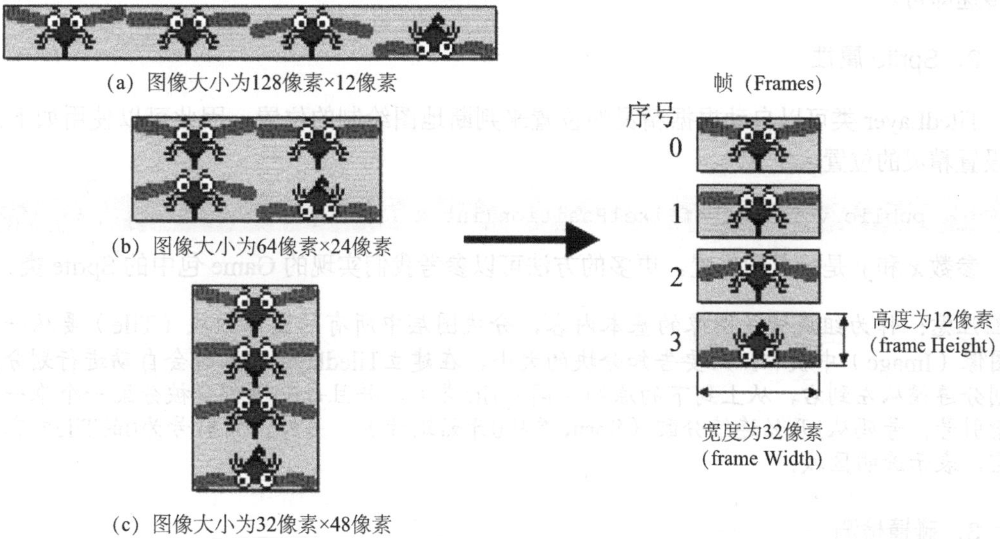

图10-16 精灵中的帧（frame）的划分方法

（2）帧序列（FrameSequence）

对于精灵中的帧，可以按预定义的顺序显示形成动画，这个顺序称为帧序列（frame sequence），Sprite 的帧序列定义了帧以什么样的顺序来显示。

帧序列可以用一个一维数组来表示，数组的内容是帧的序号，数组的下标是该帧所处的位置。需要注意，在一个帧序列中同一个帧可能需要出现多次，而每个帧在序列中的位置号是唯一的，如图 10-17 所示。

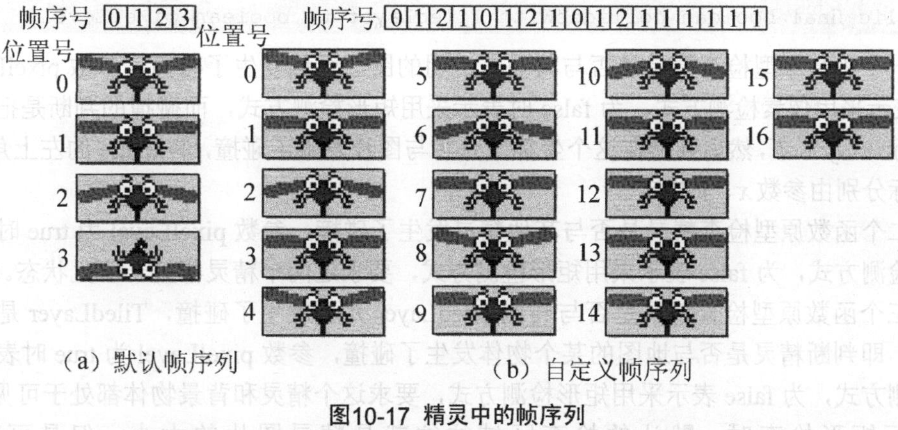

图10-17 精灵中的帧序列

在某一时刻，帧序列中只能有一个帧被显示，该帧称为当前帧（current frame）。在一个精灵建立后，默认的帧序列包括该精灵的所有画面帧，顺序按序号大小排列，默认的当前帧为序列中的第一帧（序号为 0）。例如，前面的精灵 testSprite 建立后，默认的帧序列为（0，1，2，3），如图 10-17（a）所示。当然，可以定义自己的帧序列，然后通过改变当前帧来实现各种不同的动画效果，精灵类中提供了相关的方法来实现此功能。

比如，可以使用 setFrame(int sequenceindex) 选择哪一帧被显示，只要把它的编号作为参数传递即可。

2．Sprite 属性

TiledLayer 类可以自动根据精灵的位置来判断地图绘制的位置，因此可以使用如下方法来设置精灵的位置：

```
public void setRefPixelPosition(int x , int y)
```

参数 *x* 和 *y* 是精灵的位置。更多的方法可以参考我们实现的 Game 包中的 Sprite 类。

⚠注意：作为组成背景图像的基本内容，分块图层中所有的图像分块（Tile）要从一个图像（Image）中获取。只要告知分块的大小，在建立Tiledlayer对象时会自动进行划分。划分遵循从左到右，从上到下的原则（同Sprite类），并且每一块都会被分配一个唯一的索引号，号码从1开始连续分配（Sprite类从0开始编号）。另外，索引号为0的Tile内容为空，表示透明区域。

3．碰撞检测

Sprite 的碰撞检测就是指两个精灵或物体是否处于“重叠”的状态。在 RPG 游戏中，往往需要判断一个行走的人物是否遇到阻碍物，如果遇到阻碍物，则不能继续往前行走。

Sprite 类提供了一个检查碰撞的函数，即 collidesWith() 函数，该函数一共有 3 个函数形式，其函数原型如下：

```
Public final boolean collidesWith(Image image,int x,int y,boolean pixelLevel)
public final boolean collidesWith(Sprite s, boolean pixelLevel)
public final boolean collidesWith(TiledLayer t, boolean pixelLevel)
```

第一个函数原型检查精灵是否与其他非透明的图片区域发生了碰撞，参数 pixelLevel 为 true 时表示采用像素检测方式，为 false 时表示采用矩形检测方式，而碰撞的判断是把精灵放置在坐标（*x*,*y*）下，然后判断在这个坐标下是否与图片发生了碰撞，即 image 的左上角 *X* 轴、*Y* 轴坐标分别由参数 *x*、*y* 指定。

第二个函数原型检查精灵是否与其他精灵发生了碰撞，参数 pixelLevel 为 true 时表示采用像素检测方式，为 false 表示采用矩形检测方式，要求这两个精灵都处于可见状态。

第三个函数原型检查精灵是否与其他 TiledLayer 元素发生了碰撞，TiledLayer 是地图背景对象，即判断精灵是否与地图的某个物体发生了碰撞，参数 pixelLevel 为 true 时表示采用像素检测方式，为 false 表示采用矩形检测方式，要求这个精灵和背景物体都处于可见状态。

进行矩形检查时，默认的检查区域往往就是精灵图片的大小，但是可以通过 defineCollisionRectangle 函数设置精灵图片的大小，原型为：

```
public void defineCollisionRectangle(int x, int y, int width, int height)
```

参数 *x*、*y*、width 及 height 分别定义了在精灵图片中的坐标、宽度及高度。通过这 4 个参数可以设置碰撞的判断区域，这个函数只有矩形碰撞检测才有效。

在像素检测方式下，将忽略图像中透明部分之间的重叠，只有当两个图像中不透明的部分发生重叠时，才会判断为发生了碰撞。这种检测方式精确度高，但速度较慢。

在矩形检测方式下，不论图像中是否存在透明像素，都会将构成整个图像的矩形范围作为碰撞检测的范围，透明部分之间的重叠也会判断为发生了碰撞。另外，在此种方式下若使用 defineCollisionRectangle() 方法定义了新的碰撞检测范围，则原来精灵图像的矩形范围将被忽略。

4．精灵旋转和镜像

在精灵类中还提供了一些新的方法来控制其移动和旋转 (Transform)。

（1）旋转（Transform）

Sprite 用了 3 个 90 度的旋转加上镜像（沿垂直轴）组合出 7 种方式来对图像进行旋转，Sprite 的旋转通过调用 setTransform(transform) 方法实现。这种技术大大减少了大量冗余图片对资源的耗费，很多帧可以通过其他帧的旋转来实现。

（2）设置参考点（Reference Pixel）

在精灵有关旋转的各个方法中，用到了一个非常重要的概念——参考点（Reference Pixel），该点是对精灵进行移动时的基准点和进行旋转时的中心点。在通过 defineReferencePixel() 方法设置参考点时，它的坐标参数是相对于精灵画面帧左上角像素点的 X 轴和 Y 轴的坐标，可以超出画面边界。例如，在图 10-18（a）中，将参考点设置在画面左上角开始向右 25 像素、向下 3 像素的坐标点的位置。如果未进行设置，参考点默认坐标为（0，0），即画面的左上角。

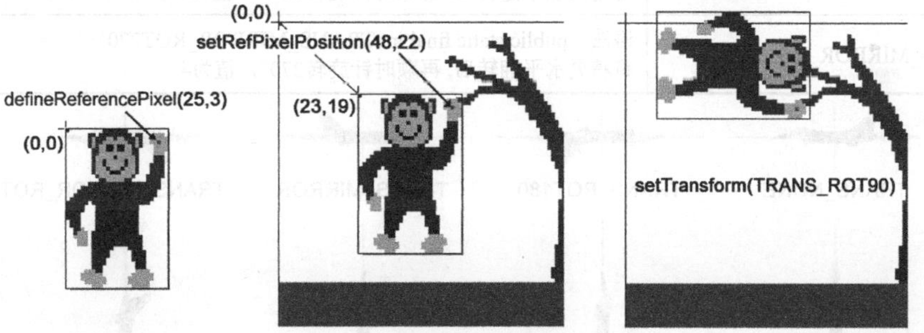

（a）定义参考点　（b）以参考点为基准移动精灵　（c）以参考点为中心旋转精灵

图10-18 参考点的设置和作用

定义好了参考点后，就可以使用 setRefPixe1Position() 方法将精灵设置到屏幕的任意位置。注意，此方法与从图层类中继承的 setPosition() 方法有区别，setPosition() 方法以精灵图像左上角为基准点，setRefPixe1Position() 方法则以参考点为基准点。例如，在图 10-18（b）中，使用 setRefPixel Position（48，22）将参考点设置到屏幕（48，22）的坐标位置，从而也就设置了精灵在屏幕上的位置。当然，使用 setPosition（23，19）也能将精灵设置到屏幕上的同一位置。另外，使用 getRefPixelX() 和 getRefPixelY() 方法还可以取得参考点在屏幕上的位置，这两个方法与从图层类中继承的 getX() 和 getY() 方法亦有区别，getX() 和 getY() 方法取得的是精灵左上角的坐标位置。

参考点还可以作为精灵旋转的中心点，旋转使用 setTransform() 方法来完成。在图 10-18（c）

中使用setTransform(TRANS_ROT90)可以将精灵顺时针旋转90°，此时使用getRefPixelX()和getRefPixelY()方法取得的参考点坐标不会改变，但使用getX()和getY()方法取得的精灵左上角坐标则会发生改变，使用getWidth()和getHeight()方法得到的精灵的宽度和高度也会改变。setTransform()方法中的旋转参数如表10-2所示，旋转后的效果如图10-19所示。需要注意的是，旋转不能实现累加效果，使用setTransform(TRANS_ROT90)两次后，精灵只会旋转90°，不会旋转180°。

表10-2 Sprite类中旋转参数常量表

静态常量名	语法及说明
TRANS_NONE	语法：public static final int TRANS_NONE 不对精灵进行旋转，值为0
TRANS_ROT90	语法：public static final int TRANS_ROT90 将精灵顺时针旋转90°，值为5
TRANS_ROT180	语法：public static final int TRANS_ROT180 将精灵顺时针旋转180°，值为3
TRANS_ROT270	语法：public static final int TRANS_ROT270 将精灵顺时针旋转270°，值为6
TRANS_MIRROR	语法：public static final int TRANS_MIRROR 将精灵水平翻转，值为2
TRANS_MIRROR_ROT90	语法：public static final int TRANS_MIRROR_ROT90 将精灵水平翻转后，再顺时针旋转90°，值为7
TRANS_MIRROR_ROT180	语法：public static final int TRANS_MIRROR_ROT180 将精灵水平翻转后，再顺时针旋转180°，值为1
TRANS_MIRROR_ROT270	语法：public static final int TRANS_MIRROR_ROT270 将精灵水平翻转后，再顺时针旋转270°，值为4

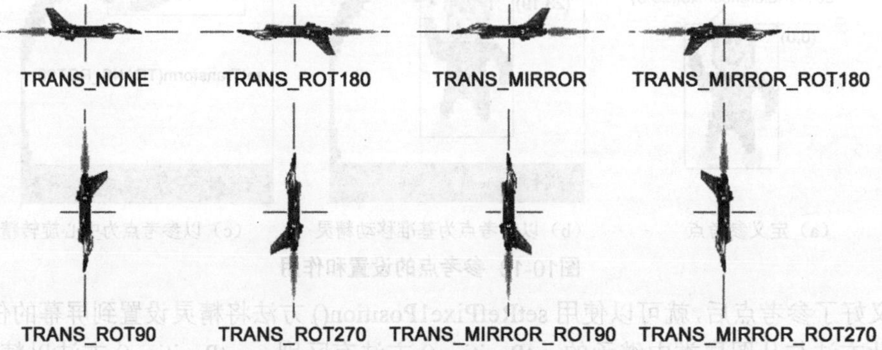

图10-19 使用各常量后的旋转效果

使用精灵类中预定义的旋转参数只能使精灵以90°为单位进行旋转，但如果和精灵中多个描绘不同角度主体的画面帧相结合，就能实现更多角度下的旋转。

5. 主角对话

《死亡塔》中的主角需要与NPC对话获得一些信息，使游戏得以继续。《死亡塔》中勇士和仙子的对话如图10-20所示。

对话系统由浮动的对话框和头像组成，这个对话框只是一个文本框，勇士和 NPC 的头像绘制在相应的左右两边。对话内容可以通过 util 包中的 TextUtil 类来实现自动换行。如代码清单 10-6 所示，即可实现一个游戏中的对话框的效果。

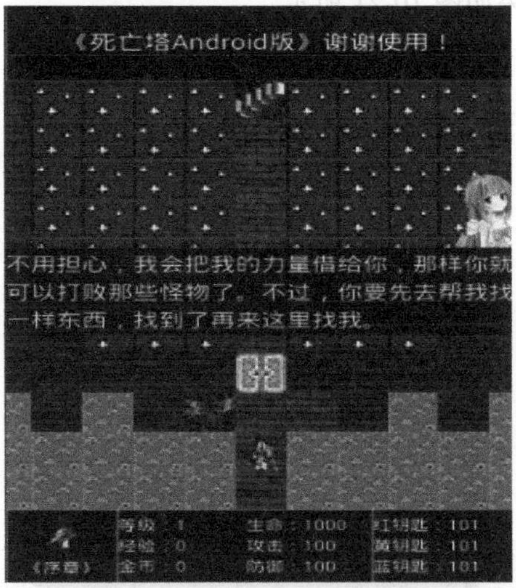

图10-20 勇士与仙子的对话

代码清单 10-6：Example10\ deathTowerScene\ GameScreen.java

```
public void dialog()
   {        int x, y, w, h;
            w = GlDraw.SCREENW;
            h = GlDraw.MessageBoxH;
            x = 0;
            y = (GlDraw.SCREENH - GlDraw.MessageBoxH) / 2;
            if (task.curTask2 % 2 == 0)
            {drawDialogBox(IMAGE_DIALOG_HERO, x, y, w, h);} else
            {drawDialogBox(curDialogImg, x, y, w, h);}
            tuText.DrawText(mcanvas);
   }
private void drawDialogBox(int imgType, int x, int y, int w, int h)
   {Paint ptmPaint = new Paint();
ptmPaint.setARGB(255, Color.red(BACK_COLOR), Color.green(BACK_COLOR),
                         Color.blue(BACK_COLOR));
            GlDraw.fillRect(mcanvas, x, y, w, h, ptmPaint);
            Bitmap img = getImage(imgType);
            GlDraw.drawRect(mcanvas, x, y, w, h, ptmPaint);
            if (img != null)
            {if (imgType == IMAGE_DIALOG_HERO)
                   {GlDraw.drawImage(mcanvas, img, x, y - 64);} else
   {GlDraw.drawImage(mcanvas, img, GlDraw.SCREENW - 40, y - 64);        }
            }ptmPaint = null;}
```

6. 主角战斗界面

当勇士（主角）和怪物发生碰撞时，就会发生战斗，这时需要一个界面来显示战斗效果，《死亡塔》中的战斗界面效果如图 10-21 所示。

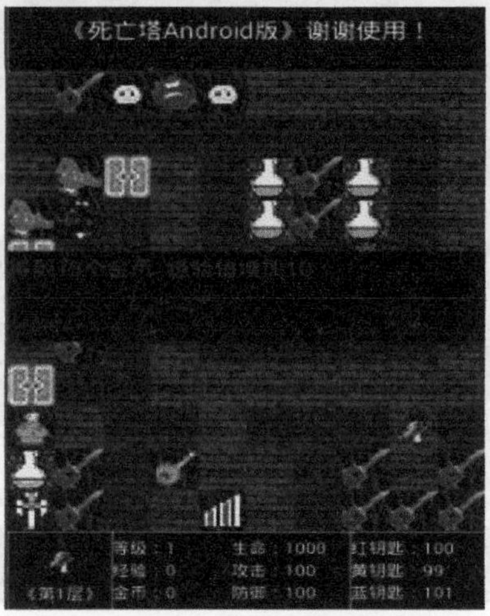

图10-21 战斗界面

战斗界面比较简单，即分别显示主角和怪物的头像及属性，包括生命、攻击、防卫和战斗界面的绘制如代码清单 10-7 所示。

代码清单 10-7：Example10\ gameLogicControl\BattleScreen.java 片段

```
    public void onbattleDraw(Canvas canvas)
       {mcanvas = canvas;
       int tx, ty, tw, th;
              tw = GlDraw.SCREENW;
              th = GlDraw.MessageBoxH;
              tx = 0;
              ty = (GlDraw.SCREENH - GlDraw.MessageBoxH) / 2;
              showMessage();
              if (!isBattling)
              {tuText.DrawText(mcanvas);} else
              {GlDraw.drawImage(canvas, evilImage, 0, ty
                      + (th- GameMap.TILE_WIDTH) / 2, GameMap.TILE_WIDTH,
    GameMap.TILE_WIDTH, evilSrcX, evilSrcY);
              GlDraw.drawImage(canvas, heroImage, (tw - GameMap.TILE_WIDTH), ty
                      + (th - GameMap.TILE_WIDTH) / 2, GameMap.TILE_
WIDTH,GameMap.TILE_WIDTH, 0, 0);
                     paint.setColor(Color.WHITE);
                     //怪物
                     {tx = 40;
                      ty = (GlDraw.SCREENH - GlDraw.MessageBoxH) / 2 + 5;
                      GlDraw.drawString(canvas, "生命:" + evilHp, tx, ty,
paint);
```

```
                GlDraw.drawString(canvas, "攻击:" + evilAttack, tx, ty
                                + GlDraw.TextSize, paint);
                GlDraw.drawString(canvas, "防御:" + evilDefend, tx, ty +
2* GlDraw.TextSize, paint);
                }
                //英雄
                {String string = "";
                ty = (GlDraw.SCREENH - GlDraw.MessageBoxH) / 2 + 5;
                string = hero.getHp() + ":生命";
                GlDraw.drawString(canvas, string,
                (tw - 40 - paint.measureText(string)), ty, paint);
                string = hero.getAttack() + ":攻击";
                GlDraw.drawString(canvas, string,
                (tw - 40 - paint.measureText(string)),
                ty+ GlDraw.TextSize, paint);
                string = hero.getDefend() + ":防御";
                GlDraw.drawString(canvas, string,
                (tw - 40 - paint.measureText(string)), ty +
    2* GlDraw.TextSize, paint);
                }       }
            tick();
    }
    public void showMessage()
    {       int x = 0;
            int y = (GlDraw.SCREENH - GlDraw.MessageBoxH) / 2;
            int w = GlDraw.SCREENW;
            int h = GlDraw.MessageBoxH;
            Paint ptmPaint = new Paint();
            ptmPaint.setARGB(255, 0, 0, 0);
            GlDraw.fillRect(mcanvas, x, y, w, h, ptmPaint);
            ptmPaint = null;    }
```

7. Sprite 绘制

前面设置了精灵的一些属性，看看 Sprite 类中是如何将图片绘制到屏幕上的，具体实现如代码清单 10-8 所示。

代码清单 10-8：Sprite.java

```
public final void paint(Canvas canvas)
    {       // managing the painting order is the responsibility of
            // the layermanager, so depth is ignored
            if (canvas == null)
            {throw new NullPointerException();}
            if (visible)
    {       // width and height of the source image is the width and height
                // of the original frame
```

```
                drawImage(canvas, this.x, this.y, sourceImage,
                                frameCoordsX[frameSequence[sequenceIndex]],
    frameCoordsY[frameSequence[sequenceIndex]], srcFrameWidth,
                                srcFrameHeight);            }        }
```

visible 用来检测是否需要显示当前精灵，绘制时只需指定要绘制精灵的位置、精灵的图片、当前帧在图片上的偏移量、帧的宽度和高度。

本节介绍了 Sprite 的使用，及如何在 Android 平台实现 Sprite 类。该类中还有很多方法可以帮助开发者进行开发，可以参考本书所附源码。

10.5.5 图层管理器

TiledLayer 绘制地图，Sprite 绘制主角，分别使用它们的 paint 方法来显示地图和精灵。TiledLayer 和 Sprite 类都继承自一个抽象类 Layer（图层），所以为了管理和维护这些图层，需要构建一个专门用来管理图层的图层管理器 LayerManager。

通过观察可以发现，无论是代表背景的 TiledLayer 类还是代表精灵的 Sprite 类，它们都有一些共同的属性和方法（比如位置、大小），把这些共性抽象出来就产生了二者的共同父类 Layer。每一个 Layer 对象都具有位置、高度、宽度、是否可见等属性，并且提供了一系列的方法来控制和改变这些属性。由于它是一个虚类并不能直接使用，因此定义了 Layer 类的派生类 TiledLayer 类和 Sprite 类，用来处理背景图层和移动的物体。抽象类 Layer 的实现很简单，只是包括了图层的位置（*x*，*y*）、图层的宽度和高度（width，height）以及一个控制是否显示图层的布尔变量 visible。Layer 类的实现参见 Example10\gameLcdUiLib\Layer.java。

一个游戏的背景不仅仅由一个图片的贴图（分块，Tile）构成，复杂的背景往往需要多个图层构成。LayerManager 类用来管理多个图层，并且把这些图层组合起来同时显示在屏幕上。

LayerManager 类的功能非常强大，不仅可以组合这些图层，还可以控制图层是否显示在屏幕上，同时可以设置具体显示窗口，可以仅在 LayerManager 定义的窗口上显示背景的一部分等。

下面来创建一个图层管理器 LayerManager。首先确定图层管理器需要包括的成员变量：一个视窗的 *x* 和 *y*，宽度及高度，一个 Layer 的数组（用来保存所有的图层），一个变量（用来保存实际图层的数量）。该图层管理器的具体实现，如代码清单 10-9 所示。

代码清单 10-9：Example10\gameLcdUiLib\LayerManager.java

```
package gameLcdUiLib;
import android.graphics.Canvas;
public class LayerManager
{  // The number of layers in this LayerManager. This value can be null.
   private int nlayers; // = 0;
    private Layer component[] = new Layer[4];
   private int viewX, viewY, viewWidth, viewHeight; // = 0;
   public LayerManager()
   {setViewWindow(0, 0, Integer.MAX_VALUE, Integer.MAX_VALUE);}
public void paint(Canvas canvas, int x, int y)
   {      canvas.translate(x - viewX, y - viewY);
```

```
            canvas.clipRect(viewX, viewY, viewX + viewWidth, viewY +
viewHeight);
      for (int i = nlayers; --i >= 0;)
            {Layer comp = component[i];
                  if (comp.visible)
                  {comp.paint(canvas);}       }
            canvas.translate(-x + viewX, -y + viewY);
    canvas.restore();       }
    public void setViewWindow(int x, int y, int width, int height)
      {     if (width < 0 || height < 0)
            {throw new IllegalArgumentException();}
            viewX = x;
            viewY = y;
            viewWidth = width;
            viewHeight = height;
      }}
```

从上述代码中可以看出，只需要将所有图层（包括地图、主角）一起添加到图层管理器中，然后设置视图查看时的位置、大小，调用图层管理器的 paint 方法就可以绘制出图层。绘制的顺序是按添加的反顺序，即先添加的后绘制（先添加的显示在屏幕的最前面），因此，在《死亡塔》的 GameScreen 类中创建一个图层管理器，将主角和地图添加进去，代码如下：

```
    LayerManager  layerManager = new LayerManager();
    layerManager.append(hero);
            layerManager.append(gameMap.getFloorMap());
```

然后在要绘制的地方设置视窗的位置和大小，再调用 paint 方法就可以绘制出所有的图层，代码如下：

```
    layerManager.setViewWindow(scrollX, scrollY, winWidth, winHeight);
            layerManager.paint(canvas, borderX, borderY);
```

10.5.6 游戏音效

玩家眼中好的游戏总是有声有色、丰富多彩，离开了生动的音效，游戏的体验就会大打折扣。音效分为两种，一种是播放已有的声音文件，另一种是播放音乐。但是除了基本的声音之外，大多数音效的实现都需要移动设备的硬件支持。

音效在游戏开发中占据重要地位，这一点可以通过经典安卓的 RPG 游戏《掠夺之剑：暗影大陆》来说明，该游戏之所以能够成功除了故事情节的逼真，还有生动的音效。游戏开发的最高境界就是能带动玩家的情绪，设想一下，假如《掠夺之剑：暗影大陆》没有音效，会是一个什么样的情况呢？可能玩家就不会如此轻易地进入游戏的情节。

好的游戏音效和音乐可以使玩家融入游戏世界，产生共鸣。游戏中的音效分为如下几类：背景音乐、剧情音乐、音效（动作的音效、使用道具音效、辅助音效）等。背景音乐一般需要一直播放，而剧情音乐则只需要在剧情需要的时候播放，音效则是很短的一段，比如挥刀的声音、怪物叫声等。《死亡塔》有两个背景音乐，菜单背景音乐和游戏中的背景音乐。

（1）将两个符合游戏剧情的背景音乐放入 res\raw 文件夹。

（2）创建 MyBgMusicPlayer 类，用于音乐播放控制。

Android 是通过 MediaPlayer 来播放音乐的，故在 MyBgMusicPlayer 类中需要构建一个 MediaPlaye 对象，通过 MediaPlayer.create 来装载音乐文件，具体实现如代码清单 10-10 所示。

代码清单 10-10：Example10\gameLogicControl\MyBgMusicPlayer.java

```
 //背景音播放控制
public class MyBgMusicPlayer
{  public MediaPlayer musicPlayer;
   public DeathTowerActivity deathTower = null;
   public MyBgMusicPlayer(DeathTowerActivity magicTower)
   {this.deathTower = magicTower;}
   //退出释放资源
   public void FreeMusic()
   {if (musicPlayer != null)
          {musicPlayer.stop();
                 musicPlayer.release();}
   }      //播放音乐
   public void PlayMusic(int ID)
   {      FreeMusic();
          switch (ID)
          {case 1:
                 //装载音乐
                 musicPlayer = MediaPlayer.create(deathTower, R.raw.menu);
                 //设置循环
                 musicPlayer.setLooping(true);
                 try    {       //准备
          musicPlayer.prepare();} catch (IllegalStateException e)
                 {e.printStackTrace();} catch (IOException e)
                 {e.printStackTrace();      }
                 //开始
                 musicPlayer.start();
                 break;
          case 2:
                 musicPlayer = MediaPlayer.create(deathTower, R.raw.run);
                 musicPlayer.setLooping(true);
                 try{musicPlayer.prepare();
                 } catch (IllegalStateException e)
                 {e.printStackTrace();} catch (IOException e)
                 {e.printStackTrace();      }
                 musicPlayer.start();
                 break; }}
   //停止播放
   public void StopMusic()
```

```
        {if (musicPlayer != null)
                {musicPlayer.stop();}}}
```

在 PlayMusic 方法中，通过 ID 来确定播放什么音乐，StopMusic 停止正在播放的音乐，当程序退出时调用 FreeMusic 方法来释放播放音乐产生的资源。

（3）创建“是否开启音效”界面。玩家不一定要播放音乐，设计一个界面来供玩家选择，如图 10-22 所示。

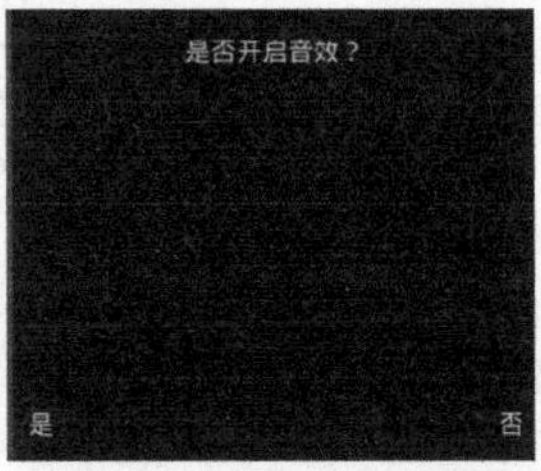

图10-22　音效选择界面

单击“是”需要开启音乐，然后进入菜单界面，播放音乐代码如下：

```
    mBgMusicPlayer.PlayMusic(1);
```

mBgMusicPlayer 是 MyBgMusicPlayer 类的对象。进入游戏后，又需要播放另一首背景音乐，和上述代码一样，只需要通过改变参数 ID 来设置要播放的音乐。

（4）释放资源。当游戏退出时，需要释放资源，这时调用 MyBgMusicPlayer 类的 FreeMusic 方法来释放资源，代码如下：

```
    mBgMusicPlayer.FreeMusic();
```

当然，在大型游戏开发中，音效控制的界面不止一个，可以在主菜单界面中设置音效，还可以在游戏中通过一个弹出菜单等方法来控制音效，但是实现方式都一样。

10.5.7 游戏存档

不受时间和地点等因素的限制是手机游戏最大的优点，一些突发的事件（如接听电话）让玩家不得不终止游戏，这时就需要游戏有存档功能。在游戏中可以通过一个变量或者其他容器来存储一个值供使用，但是退出了游戏，这个值也就随之消失，所以需要一个能够持久地存储数据的功能。利用 Android 的数据持久存储技术，可以存储当前的游戏进度。为《死亡塔》添加游戏存档的功能如下。

1. 确定需要存储的数据

首先需要确定游戏中哪些数据是需要存储的，为了使游戏能够顺利地装载上次的进度，需要保存主角的一些属性（包括位置、生命、攻击、防御等），还需要保存当前地图的一些属性（比如行、列、当前层数），同样还需要保存对话的相关内容，最后需要保存游戏的整个地图数据（每一层）。不要忘了，还需要保存当前的音乐状态。当然，每个游戏需要存储的数据肯定不一样，必须在保证存储完整性的前提下尽可能地存储少量的数据，并且这些数据需要持久存储。

2. 保存数据

根据数据的多少和操作的难度选择一个合适的存储方式，这里选择了存储到一个文件中，通过读取文件的内容来装载上次的进度。存储过程是：获取要存储的数据→将数据打包到Properties中→将Properties写入到文件中。《死亡塔》游戏中的数据保存如代码清单10-11所示。

代码清单 10-11：Example10\deathTowerScene\GameScreen.java\save()

```
    boolean save()
        {       int col = hero.getRefPixelX() / GameMap.TILE_WIDTH;
                int row = hero.getRefPixelY() / GameMap.TILE_HEIGHT;
                byte[] r1 = hero.encode();
                byte[] r2 ={ (byte) gameMap.curFloorNum, (byte) gameMap.
reachedHighest,(byte) row, (byte) col, (byte) hero.getFrame() };  byte[] r3 =
 task.getTask();
                Properties properties = new Properties();
                properties.put("music", String.valueOf(mMainGame.mBgMusic));
                properties.put("r11", String.valueOf(r1.length));
                properties.put("r21", String.valueOf(r2.length));
                properties.put("r31", String.valueOf(r3.length));
                for (int i = 0; i < r1.length; i++)
                {properties.put("r1_" + i, String.valueOf(r1[i]));    }
                for (int i = 0; i < r2.length; i++)
                {properties.put("r2_" + i, String.valueOf(r2[i]));    }
                for (int i = 0; i < r3.length; i++)
                {properties.put("r3_" + i, String.valueOf(r3[i]));    }
                for (int i = 0; i < GameMap.FLOOR_NUM; i++)
                {       byte map[] = gameMap.getFloorArray(i);
                        for (int j = 0; j < map.length; j++)
                        {properties.put("map_" + i + "_" + j, String.
valueOf(map[j]));}
                }
                try
                {       FileOutputStream stream = deathTower.
openFileOutput("save",
                                    Context.MODE_WORLD_WRITEABLE);
                        properties.store(stream, "");    }    catch
(FileNotFoundException e)
                {       return false;} catch (IOException e)
                {       return false;}      return true;}
```

3. 装载数据

通过上述方式，将有关数据存储到一个名为save的文件中，当下次进入游戏时，就需要读取这个文件来获取上次的游戏进度。读取文件的流程如下：打开文件→将文件流装载进properties中→通过properties.get方法得到指定标签的数据→将得到的数据赋值给程序中对应的变量。读取《死亡塔》的存档文件save的方法load如代码清单10-12所示。

代码清单 10-12：Example10\deathTowerScene\GameScreen.java\load()

```
boolean load()
   {Properties properties = new Properties();
          try
          {FileInputStream stream = deathTower.openFileInput("save");
          properties.load(stream);
          } catch (FileNotFoundException e)
          {      return false; } catch (IOException e)
          {return false;       }
mMainGame.mBgMusic = Byte.valueOf(properties.get("music").toString());
byte[] r1 = new byte[Byte.valueOf(properties.get("r1l").toString())];
byte[] r2 = new byte[Byte.valueOf(properties.get("r2l").toString())];
byte[] r3 = new byte[Byte.valueOf(properties.get("r3l").toString())];
   for (int i = 0; i < r1.length; i++)
   {r1[i] = Byte.valueOf(properties.get("r1_" + i).toString());}
          for (int i = 0; i < r2.length; i++)
   {r2[i] = Byte.valueOf(properties.get("r2_" + i).toString());       }
          for (int i = 0; i < r3.length; i++)
          {r3[i] = Byte.valueOf(properties.get("r3_" + i).toString());}
          hero.decode(r1);
          gameMap.curFloorNum = r2[0];
          gameMap.reachedHighest = r2[1];
          hero.setFrame(r2[4]);
          task.setTask(r3);
          for (int i = 0; i < GameMap.FLOOR_NUM; i++)
          {byte[] map = new byte[GameMap.TILE_NUM];
                 for (int j = 0; j < map.length; j++)
  {map[j] = Byte.valueOf(properties.get(“map_” + i + “_” +
j).toString());}
                 gameMap.setFloorArray(i, map);}
          gameMap.setMap(gameMap.curFloorNum);
          hero.setRefPixelPosition(r2[3] * GameMap.TILE_WIDTH
                 + GameMap.TILE_WIDTH / 2, r2[2] * GameMap.TILE_HEIGHT
                        + GameMap.TILE_HEIGHT / 2);
          return true;}
```

游戏存档并不难，关键在于找到需要保存的数据，选择存储的方式。为了方便玩家，尽可能地为每个游戏实现存档功能，并且在退出游戏时自动保存，以避免游戏进度的丢失。

本章小结

本章通过实现一个较为典型的游戏来学习 Android 平台游戏开发的相关基本技术。相信通过本章的学习，读者都会明白为何我们在本章开始时提到“其实游戏开发并不难”。由于前面已经介绍了有关图形绘制和操作的一些知识，因此本章把重点放在游戏框架、如何实现及游戏开发流程上。这个游戏能够运行，但是并不是一个完整的游戏，因为我们将游戏中的道具商城系统、跳跃、查看怪物属性等功能挖去了，以留给读者学习之后练习，本章所讲述的内容基本上包括了游戏开发中经常使用的技术，读者在学习了本章的内容后一定能顺利地完成剩余的小部分。这里需要强调如下内容。

（1）在决定开发一款游戏之前一定要选择一个非常具有创意的题材，因为游戏开发重在创新，玩家需要挑战。

（2）建立简单、高质量的方法。每个方法应当完成一个特定的任务，并且保证其无差错。这是一个适用于任何软件开发的编码实践，对于游戏开发来说这尤为重要。使方法尽量小，一般是每个方法有且仅有一个目的（完成且仅完成一个功能）。如果要为一个场景用编程方式画一个背景，可能需要一个叫作 drawBackground 的方法。诸如此类的任务能够很快完成，并不断添加新的功能，也就是可以按照搭积木的方法来开发游戏。

（3）效率最重要。性能是任何游戏的主要问题。使游戏的反应越快越好，看起来越流畅越好。

作为游戏开发公司，需要的是“批量”开发游戏，从程序开发方面来说，这就有一个效率的问题。那么提出一个问题，在这一章开发的游戏代码，在开发另一款游戏时，能不能被用上呢？

先简单回顾一下本章的游戏案例，如图 10-11 所示，本案例共有 5 个模块，分别为 com.android.chapter10、deathTowerScene、gameLcdUiLib、gameLogicControl 和 util。

- com.android.chapter10，这里比较简单，仅为该项目的入口窗体。
- deathTowerScene主要负责游戏中各个场景的绘制。
- gameLcdUiLib为低级图形类接口（Graphics、Image等），主要负责游戏场景绘制中需要的各个底层图层层面的支持。
- gameLogicControl主要负责游戏场景绘制中的游戏逻辑控制。
- util主要负责游戏场景绘制中的需要的工具支持。

在开发另外一款游戏时，模块 gameLcdUiLib 和模块 util 处于较低层，与上层的游戏场景绘制层面联系较松散，故基本可以直接被拿过去使用（复用）。

模块 gameLogicControl、deathTowerScene 和 com.android.chapter10 和上层的游戏场景绘制层面耦合度高，联系较紧密，故在开发另外一款游戏时，中不能直接拿来使用。这里就显得有点可惜，因为 gameLogicControl 模块理论上应该在同类游戏中基本“通用”，或只需稍稍修改完善就可以直接用在新游戏开发。可不可以通过优化 gameLogicControl 模块使其和模块 gameLcdUiLib、模块 util 具有相当的复用功能呢？答案是可以的，在下一章的案例中，专门探讨这个问题。

值得说明的是，上述这些可以复用的模块，它们加起来在游戏开发中有一个专用的名字，叫作游戏引擎。

课后拓展实践

（1）请进一步完善《死亡塔》游戏。比如在游戏中添加道具商城系统、跳跃、查看怪物属性等功能。

（2）通过本章的实践，在开发其他同类游戏时，请归纳总结出本章的游戏代码中可以被“复用”的代码有哪些。

第11章 实现自己的游戏引擎

本章目标

- 游戏引擎的开发

项目实操

- 游戏引擎的开发实战

手机游戏最早出现于1997年，经过十多年的发展，手机游戏经历由简单到复杂的进化过程。从全球范围来看，手机娱乐服务被公认为带动移动数据增值业务快速发展的重要力量。近年来，伴随着移动网络和移动终端性能的不断提高与完善，作为手机娱乐服务的重要内容之一的手机游戏业务呈现快速增长的势头，成为一座名副其实的“金矿”。而市场的发展导致了需求量的迅猛增长，如何缩短手机游戏的开发周期，并且降低成本和风险，成为游戏开发者亟待解决的一个问题。

11.1 游戏引擎介绍

在阅读各种游戏软件的介绍时，我们常常会碰见“引擎”（Engine）这个单词，引擎在游戏中究竟起着什么样的作用？它的进化对于游戏的发展产生了哪些影响？本节将对游戏引擎做一个全面的介绍。

11.1.1 什么是引擎

简单地说，游戏引擎就是“用于控制所有游戏功能的主程序”，从计算碰撞物理系统和物体的相对位置，到接受玩家的输入，以及声音的输出等功能都是游戏引擎需要负责的事情。

它扮演着中场发动机的角色，把游戏中的所有元素捆绑在一起，在后台指挥它们有序地工作。

无论是2D游戏还是3D游戏，无论是角色扮演游戏、即时战略游戏、冒险解谜游戏或是动作射击游戏，哪怕是一个只有几KB的小游戏，都有这样一段起控制作用的代码。经过不断的进化，如今的游戏引擎已经发展为由多个子系统共同构成的复杂系统，从建模、动画到光影、粒子特效，从物理系统、碰撞检测到文件管理、网络特性，还有专业的编辑工具和插件，几乎涵盖了开发过程中的所有重要环节。所以，游戏引擎相当于游戏的框架。框架搭好后，关卡设计师、建模师、动画师只要往里面填充内容就即可。但因为游戏引擎的开发相当耗时耗财，所以基于节约成本、缩短周期和降低风险这三方面的考虑，越来越多的开发者倾向于使用第三方的现成引擎制作自己的游戏。于是，形成了一个庞大的引擎授权市场。

11.1.2 世界游戏引擎发展概况

曾经有一段时期，游戏开发者关心的只是如何尽量多地开发出新的游戏并把它们推销给玩家。尽管那时的游戏大多简单粗糙，但每款游戏的平均开发周期也要8～10个月以上，这一方面是由于技术的原因，另一方面则是因为几乎每款游戏都要从头编写代码，造成了大量的重复劳动。渐渐的，一些有经验的开发者开始借用上一款类似题材的游戏中的部分代码作为新游戏的基本框架，以节省开发时间和开发费用。其实每一款游戏都有自己的引擎，但真正能获得他人认可并成为标准的引擎并不多。纵观十多年的发展历程，可以发现引擎最大的驱动力来自于3D游戏，尤其是3D射击游戏。动作射击游戏同3D引擎之间的关系相当于一对孪生兄弟，它们一同诞生，一同成长，互相为对方提供着发展的动力。

在引擎的进化过程中，1994年3DRealms公司开发的Build引擎是一个重要的里程碑，该引擎的“肉身”就是家喻户晓的《毁灭公爵6》（Duke Nukem3D）。

一年之后，id Software公司推出《雷神之锤2》，一举确定了自己在3D引擎市场上的霸主地位。《雷神之锤2》采用了一套全新的引擎，可以更充分地利用3D加速和OPenGL技术，在图像和网络方面与前作相比有了质的飞跃。

当Quake II独霸整个引擎市场时，Epic公司的《虚幻》（Unreal）问世了，除了精致的建筑物外，游戏中的许多特效即便在今天看来依然很出色，荡漾的水波，美丽的天空，庞大的关卡，逼真的火焰、烟雾和力场等效果。

Unreal引擎可能是使用最广的一款引擎，在推出后的两年之内就有18款游戏与EPic公司签订了许可协议。同时，Unreal引擎的应用范围不限于游戏制作，还涵盖了教育、建筑等其他领域。

现在游戏引擎的发展趋势主要有两个方面，一方面不断地追求真实的效果，例如，MAX-FX引擎追求画面的真实，Geo-Mod引擎追求内容的真实，《军事冒险家》（Soldier of Fortune）的GHOUL引擎追求死亡的真实；另一方面朝着网络的方向探索，如《部落2》、《要塞小分队2》（Team Fortress2）。

近年来，原id Software公司的《雷神之锤4》和《毁灭战士3》重新建构了一个以单人游戏为主的引擎。同时，老对手EPic游戏公司也开发了新一代引擎Unreal3。这两款引擎的确完全超越了市面上的其他引擎。除了上述两家传统游戏公司，Crytek开发的CryEngine2、甚至免费引擎Nebula2也都有不错的成绩。游戏引擎产业的蓬勃发展及下一代引擎概念的提出，预示着一个新的引擎时代的到来。

11.1.3 国内游戏引擎发展概况

由网易技术研发经理云风（吴云洋）于2000年左右发布的“风魂”引擎可谓最早走红的游戏引擎之一，国内有很多2D游戏使用这个引擎，这里就包括大名鼎鼎的《大话西游》系列及《梦幻西游》。但其实“风魂”也不算作游戏引擎，准确地说是2D图形引擎，它并没有物理、AI及方便的编辑工具。

同一时期的引擎还有可乐吧的FancyBox。FancyBox是一个基于浏览器技术的游戏开发平台，它解决了如何在浏览器中无缝运行程序，比如联网、脚本语言、下载的自动管理等技术，以及如何去解释游戏这种复杂应用的思想。第一款用FancyBox开发的游戏是可乐吧的“打雪仗”，并获得了初步成功。此后，可乐吧开始开发大型网络游戏“奇域”。

风魂和FancyBox都不能算作3D游戏引擎。真正的国产3D游戏引擎的起步游戏引擎要推涂鸦软件公司发布的起点引擎（origin Engine）。

国内的游戏引擎虽然有了一定的发展，但相比于国外来说，差距还是非常大。尤其体现在对先进技术的运用及市场推广上。因此不少计划进入自主游戏研发领域的中国公司纷纷做出了从国外购买游戏引擎的决策，这其中不乏Unreal等价格昂贵的知名大作。然而，购买国外引擎的同时也令本土厂家痛苦不堪。第一，成本昂贵，这是大多数中小型游戏开发商无法承受的；第二，国外厂商对国内市场重视程度不够，很难保证良好的售后服务；第三，人员的沟通不便，出现技术问题不能得到及时的解决。种种现象表明国内游戏引擎的发展之路还任重而道远。

11.1.4 Android游戏引擎

初学Android游戏开发，开发者往往会显得有些无所适从，常常不知道该从何处入手，每当遇到自己无法解决的难题时，往往羡慕iPhone下有诸如Cocos2d-iphone之类的免费游戏引擎可供使用，抱怨Android平台游戏开发难度太高，甚至误以为使用Java语言开发游戏是一件费力不讨好且没有出路的事情。

事实上，这种想法完全是没有必要且不符合实际的，作为能和苹果iOS平分秋色的Android（各种意义上），当然也会有相当数量的游戏引擎存在。

几款常见的Android游戏引擎如下。

（1）Angle

基于OpenGL ES技术开发的2D游戏引擎。该引擎全部用Java代码编写，并且可以根据自己的需要替换里面的实现。

特点：文档不足，下载的代码中包含的示例教程不多。

（2）Rokon

基于OpenGL ES技术开发的2D游戏引擎，物理引擎为Box2D，能够实现一些较为复杂的物理效果。

特点：开发文档完备，对反馈Bug的修正速度快，框架使用广泛。

（3）LGame

国内自主开发的Java游戏引擎，有Android及PC（J2SE）两个开发版本，两版本间代码能够相互“移植”。

特点：底层绘图器封装有全部的 Graphics API，封装了大量常用组件，兼容性好。

（4）AndEngine

基于 OpenGL ES 技术，物理引擎同样为 Box2D。

特点：框架性能普通，文档缺乏，示例较为丰富。

（5）libgdx

基于 OpenGL ES，物理引擎为 Box2D，引擎性能较强大。

特点：精灵类等相关组件在使用上不够简化，文档也较为匮乏。

（6）jPCT

基于 OpenGL 技术开发的 3D 图形引擎，拥有功能强大的 Java 3D 解决方案。

特点：惊人的向下兼容性，多平台运行。

（7）Alien3d

基于 OpenGL ES 技术开发。

特点：体积小。

（8）Catcake

跨平台的 Java 3D 图形引擎，目前支持 PC(J2SE）及 Android 环境运行。

特点：易用性和运行性能上皆很出色，支持常见游戏开发功能。

（9）Unity3d

多平台的综合型游戏开发工具，全面整合的专业游戏引擎。

特点：能够实现诸如三维视频游戏、建筑可视化、实时三维动画等类型互动内容。

11.2 游戏引擎结构与开发框架

游戏引擎是一个为运行某一类游戏的机器设计的能够被机器识别的代码（指令）集合。它像一个发动机，控制着游戏的运行。一个游戏作品可以分为游戏引擎和游戏资源两大部分。游戏资源包括图像、声音、动画等，由此列出一个公式，如图 11-1 所示。游戏引擎则按游戏设计的要求顺序地调用这些资源。

游戏=引擎（程序代码）+资源（图像、声音、动画等）

图11-1 游戏构成公式

11.2.1 传统游戏引擎的结构

传统的引擎基本上针对单机的 2D 游戏进行开发。它是在对部分通用技术细节进行整理和封装的基础上，形成一个面向游戏应用的应用程序接口（API）函数，使游戏开发人员不必再关心底层技术的实现细节，大大降低了开发人员的工作难度，减少了工作量，缩短了开发周期。传统游戏引擎一般包括渲染、地图编辑工具、物理学、碰撞检测等，其常用的渲染接口一般是 DirectX 和 OpenGL，游戏场景是游戏渲染最核心的部分。场景模块作为游戏引擎的核心部分，是游戏开发者调用最多的一个模块。为了进一步提高游戏开发者的效率，游戏引擎模块的高隐藏性和游戏引擎的可拓展性显得至关重要。传统游戏引擎结构如图 11-2 所示。

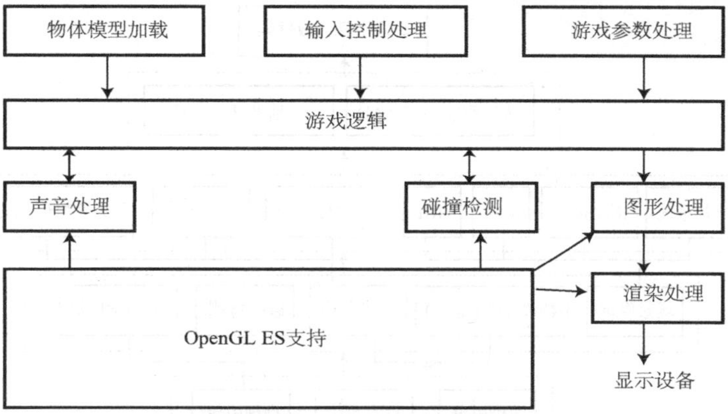

图11-2 传统游戏引擎结构

11.2.2 当前游戏引擎结构

随着手机硬件的发展，智能手机的处理能力得到很大提高。针对不同的开发需求，游戏引擎也发生了很大改变，以达到更高的游戏效果体验。主要发展趋势如下。

（1）向专业化、大规模化转变

随着各平台对 OpenGL ES 支持能力的加强，更多显示芯片对 Android 的支持，越来越多的在 PC、PSP、PS3、XBOX360 等各游戏平台占有领先地位的专业游戏公司将向 Android 等手机平台领域快速渗透，使得游戏的规划更加向专业化方向发展。

（2）从 2D 向 3D 转变

由于 3D 描绘的技术更新越来越快，使得游戏的开发难度日渐加大，因此将常用的部分慢慢地抽离出来以提高重用性是一个降低开发成本的好方法，这些模块集合起来之后便形成了 3D 游戏引擎的雏形。3D 游戏引擎的优点就在于提供稳定的游戏开发平台，具有最新的动画或绘图功能，以及与游戏引擎互相搭配的游戏制作工具及跨平台等强大功能。因此，利用 3D 游戏引擎来开发游戏已经成为一个新的游戏开发趋势。

（3）从单机向网络化转变

随着各平台对无线通信网络、Wi-Fi 网络、蓝牙网络的良好支持，游戏将创新出更好的游戏性和用户体验。网络游戏、多人游戏、联机对战等将进一步强化玩家对游戏的黏着度，并且容易通过对道具等的控制产生营利模式。玩家之间对交互能力的需求也会加快未来的游戏向网络化发展的进程。不久的将来，游戏可能成为推动手机硬件性能提升的主要动力，这也是手机娱乐特性最好的体现之一。

综上所述，游戏的性能越来越高，唯一支撑游戏运行的核心就是引擎。目前针对不同的游戏开发需求，需要对引擎做不同的扩展，新增的粒子系统、人工智能让游戏的特效画面更加华丽。可以毫不夸张地说，正是游戏的发展促进了游戏引擎的转变。当下游戏引擎体系结构如图 11-3 所示。

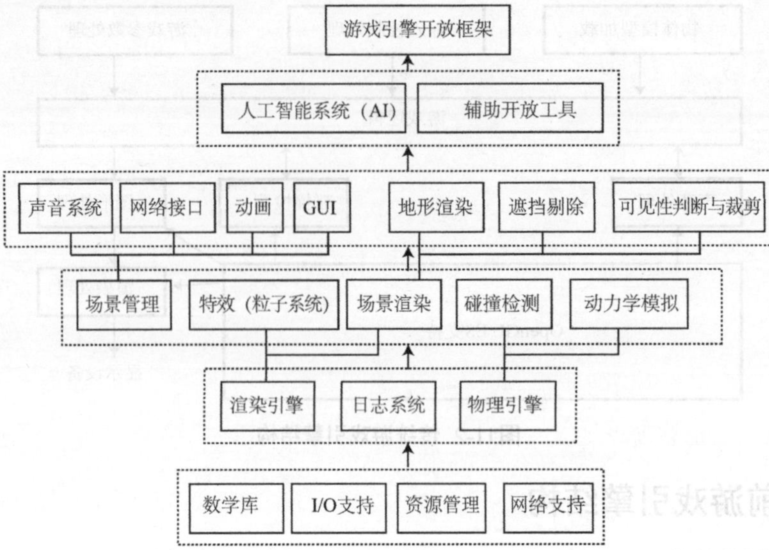

图11-3 当下游戏引擎体系结构

最底层由数学库、I/O 支持、资源管理、网络支持 4 个模块组成。其中，数学库提供了通用数学运算库（比如三角函数、快速近似运算）和三维数学运算库（比如向量、矩阵）；I/O 支持提供了鼠标、键盘、手柄等输入设备的支持；资源管理支持帮助应用程序最合理地使用内存，对系统内存进行调度并对资源实现引用计数管理；网络支持主要提供了 Socket 连接、数据包发送功能。这些底层模块是整个引擎的基石，它们的高效、稳定实现是整个引擎及其应用高效运转的保证。

日志系统、渲染引擎及物理引擎也是引擎比较低层的模块。其中，日志系统主要用于信息输出及调试使用；渲染引擎作为引擎最重要的模块之一，提供了二维及三维图形的渲染、光影效果的处理、材质的渲染等非常重要的功能；物理引擎主要负责物体的物理模拟，包括最重要的碰撞检测和动力学模拟。

场景管理、特效、场景渲染处于游戏引擎的中间层。场景管理模块管理了整个游戏世界（声音系统、网络接口、动画、GUI、AI、物理引擎），使游戏应用能更高效地处理场景的更新及事件；特效使得游戏更加绚丽，其能力的高低往往决定了游戏的画面是否优美逼真。

动画和 GUI 是处于引擎中较高层的模块。动画模块主要管理关键帧动画和骨骼动画，它丰富了角色，使其动作更逼真；GUI 则负责用户和系统的交互，它往往决定了一个游戏应用的风格。

AI 和辅助开发工具是引擎中层次最高的模块。AI 处理游戏中的逻辑，负责角色对事件的反应、复杂智能算法的实现等。此外，AI 中的有限状态机模块往往成为游戏的运行框架基础。辅助开发工具标志着引擎是否人性化、是否能够真正提高开发效率，它将引擎和开发人员的心智联系起来。辅助开发工具往往提供了所见即所得的开发环境，它是对引擎 API 的再次封装。一款完整的游戏引擎一般都会包括场景编辑器、材质编辑器、动画编辑器、GUI 编辑器、逻辑编辑器等辅助工具。

11.2.3 游戏引擎开发框架

游戏开发框架严格意义上不属于游戏引擎的一部分。但是，如果只有引擎的体系结构及各个模块，没有一个架子将它们整合，开发游戏还是很困难的。于是，一些引擎开发公司往往会配套开发一个游戏引擎框架，加快游戏在引擎上开发。游戏引擎框架负责整合引擎众模块，使之协调统一，游戏开发人员最终也是在该框架下开发游戏。此外，也可以针对同一个引擎内核，对应不同的游戏类型，开发不同的游戏引擎框架。

Borland Jbuilder、Eclipse 和 BEA Workbench 等企业开发环境都是基于 Apache Struts、Spring、Hibernate 等开发框架，而这些框架几乎都遵循了模型—视图—控制（MVC）设计模式，即商业逻辑和描述被分开，由一个逻辑流控制器来协调来自客户端的请求和服务器上将采取的行动。这条途径逐渐成为了开发者共同遵守的一个不成文的标准。每个框架的内在的机制固然不同，但是开发者使用它来设计和实现其应用软件的结构却很类似。而在游戏开发中，MVC 框架也有着举足轻重的地位，所以我们在开发游戏引擎时也同样可以使用这个框架，将游戏引擎分为三大部分，如图 11-4 所示。

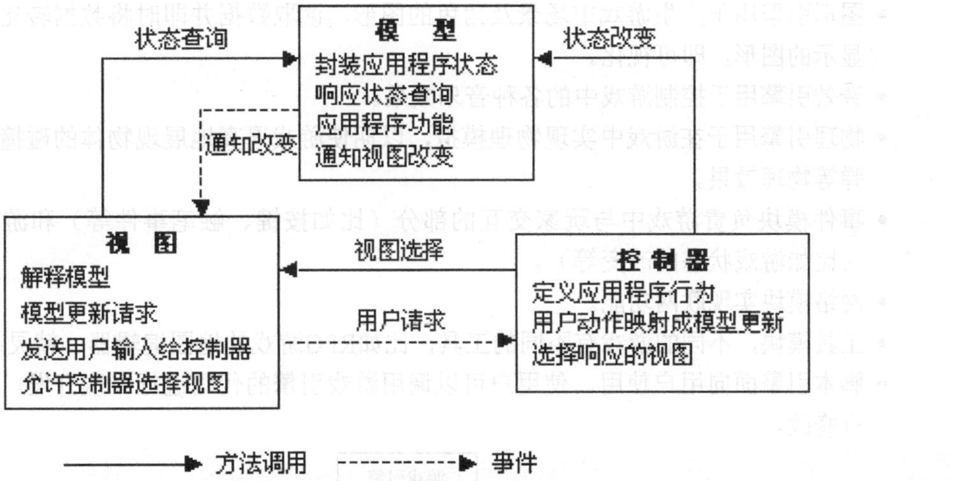

图11-4 MVC组件类型的关系和功能

- 视图类（View）：主要负责游戏的界面绘制。
- 控制类（Controller）：主要处理工作线程的创建和中止，处理虚拟时间的流逝，读取用户输入，并交由其他类处理。它还要处理各类定时器事件。
- 逻辑类（Model）：主要包含游戏的模型，游戏本身的各种功能及游戏中的所有逻辑计算等。

当然这只是一个大的框架，在具体设计时还会根据具体的需求来设计一系列的子系统，如物理系统、碰撞检测系统、粒子系统及游戏实体对象类等。同时也可以不选择 MVC 框架而使用自己的特殊框架来完成引擎的设计。

11.3 游戏引擎设计

鉴于游戏引擎所包含的功能较多，从本节开始设计一款简单的 Android 手机游戏引擎。

11.3.1 游戏引擎设计流程

游戏引擎负责游戏的初始化，组建游戏、确保游戏正常运行和关闭游戏，此外还要包括游戏用户交互，接收和处理鼠标事件和键盘事件等。因此，引擎核心事件包括初始化、启动、激活、绘制、循环、停用、检测、I/O 处理和结束等。

初始化事件主要是创建引擎，加载图像和声音，清空游戏场景，以及积分归零等操作；启动和结束事件对应游戏的开始与结束；停用与激活对应游戏的最小化和游戏恢复。此外，游戏引擎负责游戏的全面控制，包括游戏周期的循环控制、游戏绘制与重绘、碰撞检测、用户输入 / 输出处理，并预留函数接口，由负责具体游戏的程序员进行游戏细节实现。

11.3.2 游戏引擎结构和功能设计

游戏引擎的主要工作是设计游戏场景中各物件的成像、物理演算、碰撞运算、玩家角色的操作及音效控制等必要功能。该游戏引擎由图形引擎、音效引擎、物理引擎、事件模块、网络模块、工具模块、引擎脚本等部分组成，如图 11-5 所示。

- 图形引擎用于产生游戏中场景及角色的图形，读取数据并即时将数据转化成在屏幕上显示的图形，即可视化。
- 音效引擎用于控制游戏中的各种音乐效果。
- 物理引擎用于在游戏中实现物理模拟，以期使游戏逼真地展现物体的碰撞、翻滚、反弹等物理效果。
- 事件模块负责游戏中与玩家交互的部分（比如按键、触笔事件等）和游戏内部事件（比如游戏状态的改变等）。
- 网络模块实现联网功能。
- 工具模块，不同的游戏有不同的工具，比如RPG游戏的地图编辑器、精灵编辑器等。
- 脚本引擎面向用户使用，使用户可以调用游戏引擎的代码进行二次开发，或对游戏进行修改。

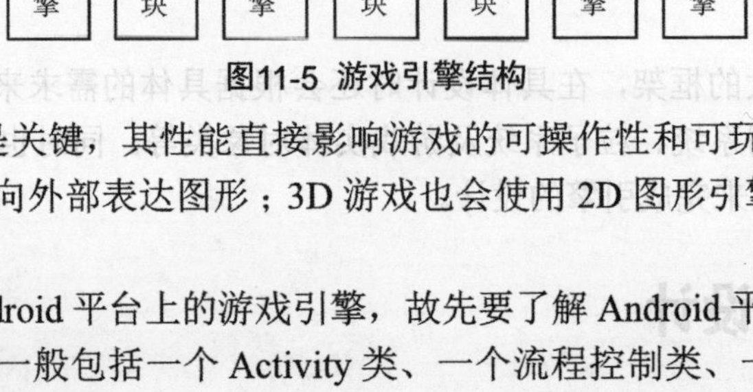

图11-5 游戏引擎结构

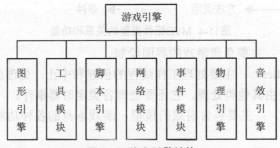

其中，图形引擎是关键，其性能直接影响游戏的可操作性和可玩性。2D 游戏主要使用 2D 图形引擎来绘制并向外部表达图形；3D 游戏也会使用 2D 图形引擎来绘制界面及一些二维元素。

由于设计的是 Android 平台上的游戏引擎，故先要了解 Android 平台游戏的运行机制。

Android 平台游戏一般包括一个 Activity 类、一个流程控制类、一个游戏线程类和若干个游戏对象类。

- Activity类负责游戏生命周期的控制，如游戏的启动、暂停、退出等，是游戏的基本执行单元。
- 流程控制类负责游戏的各个界面（如启动界面、主菜单、游戏场景、帮助信息界面等）之间的切换，使用户能控制游戏的运行。
- 游戏线程类负责一直循环检测可能发生的各种事件，游戏状态的计算，游戏屏幕的刷新。这些事件主要有两类：一类由程序内部的游戏对象产生（如对象间发生碰撞），另一类由硬件装置产生（如按下键盘）。
- 游戏场景中可见的所有物件都是游戏对象。游戏对象需要定义该类对象对应的属性和行为。事件触发时，根据程序逻辑游戏对象会执行相应的动作。游戏中有时会使用定时器、对话框等控件。如果需要还可以按情节划分为若干个逻辑单元，每个单元称为一个游戏场景。

Android 平台游戏引擎结构图如图 11-6 所示，将每个游戏对象进行对比、分类、封装，根据不同的状态，每个游戏对象展示不同的内容（比如在一个 RPG 游戏中，主角与 NPC 在对话状态时和在战斗状态的图形、音效、环境都各不相同），这样就形成了游戏，因此游戏引擎主要围绕游戏对象进行设计。

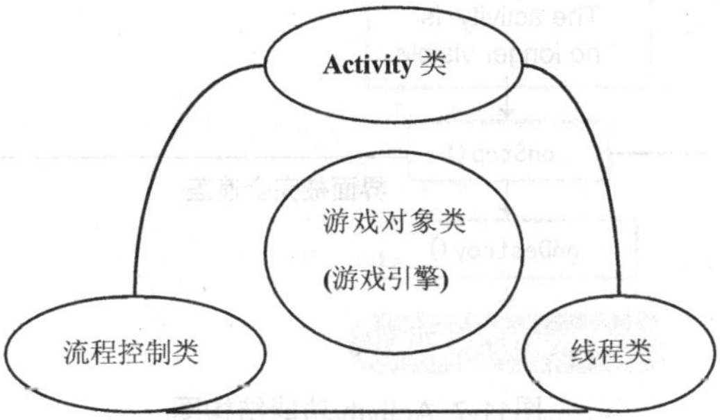

图11-6　Android平台游戏引擎结构图

11.4 游戏引擎实现

本节将实现一个简单的游戏引擎。

11.4.1 Activity类实现

Activity 类为应用程序的主类、入口程序，通过它实现对游戏生命周期的控制，要在 Android 中实现一个应用程序界面，就必须有一个继承自 Activity 的类。不要忘记，Activity 也提供了事件处理函数，如按键按下（onKeyDown）、按键弹起（onKeyUp）、触笔（onTouchEvent）等，如图 11-7 所示为 Activity 功能结构图。

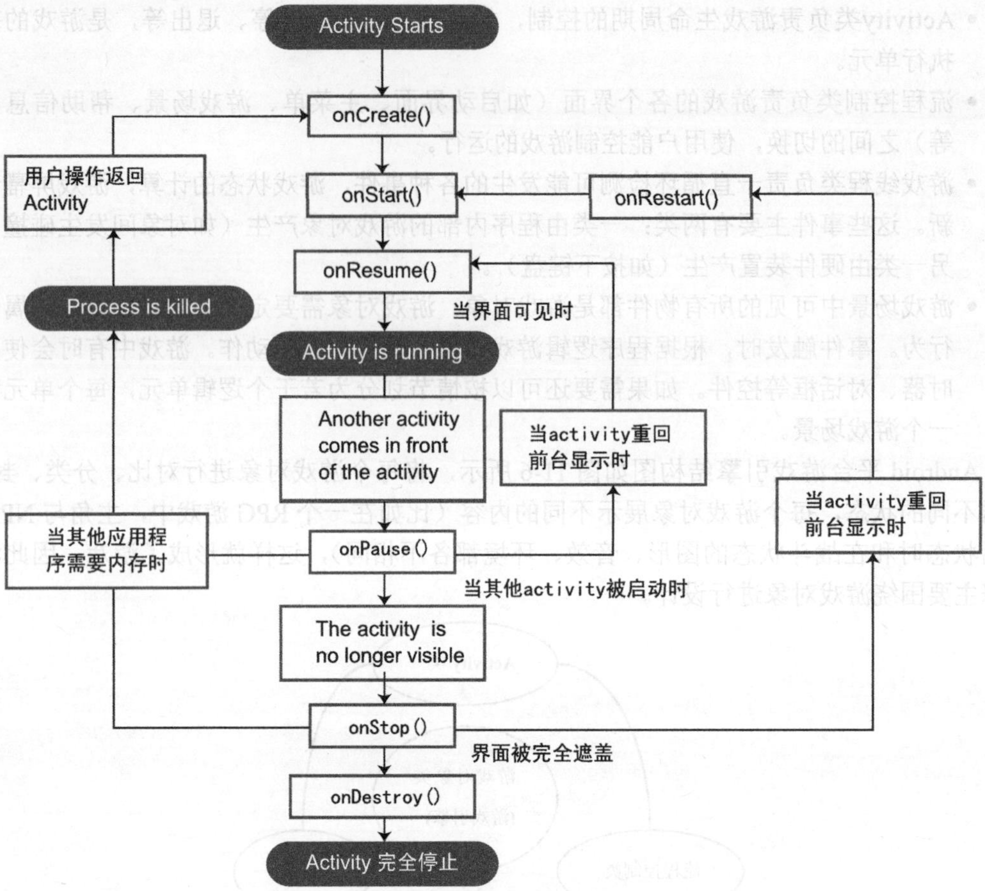

图11-7 Activity功能结构图

Activity 类的实现如代码清单 11-1 所示。

代码清单 11-1：Example11\GameEngineActivity

```
public class GameEngineActivity extends Activity
{  public static Context mGEContext = null;
   /* 创建 */
   public void onCreate(Bundle savedInstanceState)
   {   super.onCreate(savedInstanceState);
       mGEContext = this;
       setContentView(R.layout.main);
   }
   /* 创建菜单 */
  public boolean onCreateOptionsMenu(Menu menu)
  {return super.onCreateOptionsMenu(menu);}
  /* 销毁 */
  protected void onDestroy()
  {super.onDestroy();}
  /* 按键按下 */
  public boolean onKeyDown(int keyCode, KeyEvent event)
```

```
    {return super.onKeyDown(keyCode, event);        }
    /* 按键重复按下 */
    public boolean onKeyMultiple(int keyCode, int repeatCount, KeyEvent
event)
    {return super.onKeyMultiple(keyCode, repeatCount, event);}
    /* 按键释放 */
    public boolean onKeyUp(int keyCode, KeyEvent event)
    {return super.onKeyUp(keyCode, event);}
    /* 菜单事件 */
    public boolean onMenuItemSelected(int featureId, MenuItem item)
    {return super.onMenuItemSelected(featureId, item);}
    /* 暂停 */
    protected void onPause()
    {super.onPause();}
    /* 重新开始 */
    protected void onRestart()
    {super.onRestart();}
    /* 重新激活 */
    protected void onResume()
    {       super.onResume();}
    /* 开始 */
    protected void onStart()
    {       super.onStart();     }
    /* 停止 */
    protected void onStop()
    {       super.onStop();}
    /* 触笔事件 */
    public boolean onTouchEvent(MotionEvent event)
    {return super.onTouchEvent(event);}
    /* 设置标题 */
    public void setTitle(int titleId)
    {super.setTitle(titleId);  }}
```

11.4.2 流程控制和线程

流程控制类根据游戏状态选择相应的游戏界面，继承自 View 类。这里使用了状态机制。状态机制，就是对游戏定义了很多个状态，每一个状态所显示的界面都不同，在绘制时根据状态的不同来选择绘制相应的界面。因此首先定义一系列的游戏状态，如代码清单 11-2 所示，类似于将游戏中使用的所有常量定义在一个独立的类中，以便管理。

代码清单 11-2：Example11\mobileGameEngine\GameStatus

```
public class GameStatus
{  /* 游戏状态 */
    public static final int     Game_Logo           = 0;
    public static final int     Game_MainMenu = 1;
    public static final int     Game_Set            = 2;
```

```
    public static final int     Game_Help              = 3;
    public static final int     Game_About             = 4;
    public static final int     Game_GameOver          = 5;
    //显示下一条信息(用于对话模式)
    public static final int PAGEDOWN_KEYPRESS          =11;
    //确认(用于对话模式)
    public static final int OK_KEYPRESS                =12;
    //取消(用于对话模式)
    public static final int CANCEL_KEYPRESS  =13;
}
```

另一方面，在线程类中，需要随时监视事件的触发，进而改变游戏状态，更新界面显示。所以把线程类和流程控制类合并到一起来处理，即流程控制类继承自 View 类并且实现 Runnable 接口（线程类），定义记录当前游戏状态的一个整型变量、控制整个游戏绘图的 onDraw 方法，在线程中使用 postInvalidate 方法更新界面的显示，在 onKeyDown、cmKeyUp、onTouchEvent 等方法中处理外部事件的介入，从而改变界面的绘制。具体实现如代码清单 11-3 所示。

代码清单 11-3：Example11\mobileGameEngine\GameLogicControl.java

```
public class GameLogicControl extends View implements Runnable
{   //游戏状态
    public int gameStatus = -1;
    //是否开启线程
    public boolean isOpenThread = false;
    public GameLogicControl(Context context)
    {super(context);}
    //初始化游戏
    public void initGame()
    {       isOpenThread = true;
            gameStatus = GameStatus.Game_Logo;
            Thread t = new Thread(this);
            t.start();    }
    //绘制游戏界面
    protected void onDraw(Canvas canvas)
    {switch ( gameStatus )
            {case GameStatus.Game_Logo:
                        //显示logo
                        break;
                case GameStatus.Game_MainMenu:
                        //显示主菜单
                        break;
                case GameStatus.Game_Help:
                        //显示帮助
                        break;
                default:       break;
            }     }
```

```
    //线程控制
    public void run()
    {while (isOpenThread)
          {try{Thread.sleep(500);}
                catch (Exception e){e.printStackTrace();}
postInvalidate(); //刷新屏幕
          }}
    /* 按键按下 */
    boolean onKeyDown(int keyCode)
    {switch (gameStatus){
                case GameStatus.Game_Logo:
                      //处理logo状态的按键事件
                      break;
                case GameStatus.Game_MainMenu:
                      //处理主菜单状态的按键事件
                      break;
                case GameStatus.Game_Help:
                      ///处理帮助状态的按键事件
                      break;
                default:            break;
          }return true;}
    /* 按键弹起 */
    boolean onKeyUp(int keyCode)      {      return true;}
    /* 触笔事件 */
    public boolean onTouchEvent(MotionEvent event) {
          int iAction = event.getAction();
          //根据获得的不同的事件进行处理
          if ( iAction == MotionEvent.ACTION_CANCEL ){ }
          else if (iAction == MotionEvent.ACTION_DOWN) { }
          else if( iAction == MotionEvent.ACTION_MOVE ) { }
          int x = (int) event.getX();
          int y = (int) event.getY();
          switch (gameStatus)
          {case GameStatus.Game_Logo:
                      //处理logo状态的触笔事件
                      break;
                case GameStatus.Game_MainMenu:
                      //处理主菜单状态的触笔事件
                      break;
                case GameStatus.Game_Help:
                      ///处理帮助状态的触笔事件
                      break; default:            break;
          }     return true; }}
```

11.4.3 游戏对象与对象管理

首先将游戏的任何一个可见物件都抽象为对象，抽象的游戏对象类（GameObject）如代码清单 11-4 所示。

代码清单 11-4：Example11\mobileGameEngine\GameObject.java

```
  public abstract class GameObject
{  //对象的ID
   private String gameObjectId=null;
   public abstract void loadCorrespondingProperties(Vector v);
   public String toString(){  return ("id="+getGameObjectId());}
   public String getGameObjectId()
   {return gameObjectId;}
   public void setGameObjectId(String gameObjectId)
   {this.gameObjectId = gameObjectId;}
}
```

为了更好地区分每个游戏对象，这里为每个对象定义了一个 ID，将每个游戏对象的属性全部放置到一个 Vector 中，供使用时读出其具体数据，抽象方法 loadCorrespondingProperties 用来装载游戏对象的各个属性（Vector）。

游戏中会存在很多游戏对象，为了能够方便地使用和管理它们，这里将所有的游戏对象用一个队列来并统一管理，游戏对象管理类如代码清单 11-5 所示。

代码清单 11-5：Example11\mobileGameEngine\GameObject.java

```
   public class GameObjectQueue extends Hashtable
{  private String gameObjectid=null;
   public Object search(String gameObjectId){
         if (this.containsKey(gameObjectId)){
               return this.get(gameObjectId);}
         else{return null;}  }
   public Object[] list(){
         Object[] result=new Object[this.size()];
         Enumeration enumer=this.elements();
         int i=0;
         while(enumer.hasMoreElements())
{result[i++]=enumer.nextElement();}
         return result;      }
   public String getGameObjectId()
   {return gameObjectid;}
   public void setGameObjectId(String gameObjectid)
   {this.gameObjectid = gameObjectid;}}
```

通过 search 方法查询指定 ID 的对象；通过 setGameObjectId 方法设置游戏对象的 ID；通过 list 方法获得所有游戏对象的列表。

11.4.4 图形引擎

图形引擎是游戏引擎中的一个很重要的模块，主要包括地图（场景）、底层图形库、摄像机、动画、主角、NPC、道具等，如图 11-8 所示。

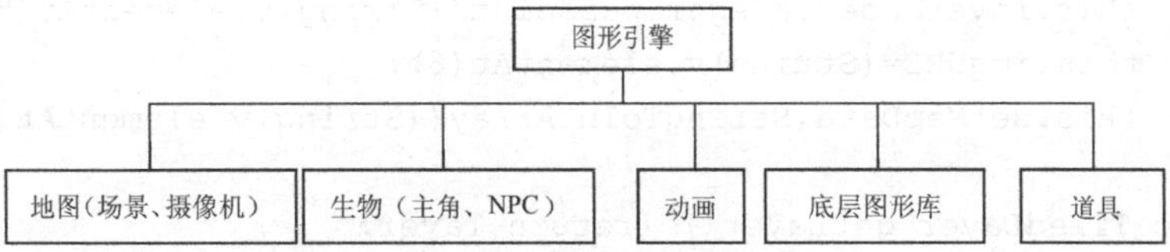

图11-8 图形引擎结构

底层图形库中主要有图层、图层管理器、精灵的实现，对地图进行低级管理，供高级别的地图及场景处理调用，使得游戏开发的结构更加简单。关于此包的使用，可以参考本书第 10 章“Android 游戏开发之综合案例”。地图层如代码清单 11-6 所示。

代码清单 11-6：Example11\ screen\ LittleLayer.java

```
public class LittleLayer extends GameObject
{  //行走路径类型图层
   public static int WALKSTAGE=1;
   //非行走路径类型图层
   public static int NO_WALKSTAGE=2;
   //地图数据
   private int[] mapData=null;
   //瓷砖的宽度
   private int tileWidth=0;
   //瓷砖的高度
   private int tileHeight=0;
   //瓷砖的列数
   private int tileCols=0;
   //瓷砖的行数
   private int tileRows=0;
   //图层
   private TiledLayer layer=null;
   //图层种类：主角的行走路径、非行走路径
   private int layerMode=0;
   //图片URL
   private String imgURL=null;
         public LittleLayer(){      super();}
   protected int[] StringToIntArray(String s){
         //首先去掉字符串中的格式化字符
  s=StringExtension.removeToken(s,new String[]{"\t"," ","\r","\n"});Object[]
objArr=StringExtension.split(new StringBuffer(s),",",StringExtension.INTEGER_
ARRAY,false);
         return StringExtension.objectArrayBatchToIntArray(objArr);   }
   public void loadCorrespondingProperties(Vector v){
         this.setGameObjectId((String)v.elementAt(0));
```

```
        this.tileWidth=Integer.parseInt((String)v.elementAt(1));
        this.tileHeight=Integer.parseInt((String)v.elementAt(2));
        this.tileCols=Integer.parseInt((String)v.elementAt(3));
        this.tileRows=Integer.parseInt((String)v.elementAt(4));
        this.layerMode=Integer.parseInt((String)v.elementAt(5));
        this.imgURL=(String)v.elementAt(6);
        this.setMapData(StringToIntArray((String)v.elementAt(7)));
    }
    public TiledLayer getLayer() {return layer;    }
    public int[] getMapData() {        return mapData;}
    public int getTileCols() {return tileCols;      }
    public int getTileHeight() {       return tileHeight;   }
    public int getTileRows() { return tileRows;}
    public int getTileWidth() {        return tileWidth;}
    public void setLayer(TiledLayer layer) {        this.layer = layer;}
    public String getImgURL() {        return imgURL;       }
        public String toString(){
        return "id="+super.getGameObjectId()
        +" tileWidth="+this.tileWidth
        +" tileHeight="+this.tileHeight
        +" tileCols="+this.tileCols
        +" tileRows="+this.tileRows
        +" type="+this.layerMode
        +" imgURL="+this.imgURL
        +" mapData Size="+this.getMapData().length;    }
    public void setMapData(int[] mapData)
    {       this.mapData = mapData;}}
```

图层也是游戏对象，同样继承 GameObject 类，loadCorrespondingProperties 方法装载了地图的相关数据，如资源图片、地图数据、地图的宽度及高度等。这里是其中一个图层，一个地图可能由多个图层组成，一个简单的地图如代码清单 11-7 所示。

代码清单 11-7：Example11\screen\LittleMap.java

```
public class LittleMap extends GameObject
{  //图层集合(图层的顺序按照数组的顺序)
   private GameObjectQueue layerLib=null;
   //此图层中的NPC
   private GameObjectQueue npcLib=null;
   //本地图与前后地图的连接器，一个map至少可以有一个
   private GameObjectQueue mapLink=null;
   //地图的宽度
   private int width=0;
   //地图的高度
   private int height=0;
   //地图名字
   private String name=null;
```

```
    public String getName() {  return name;}
    public LittleMap(){ super();}
    public void loadCorrespondingProperties(Vector v){
           this.setGameObjectId((String)v.elementAt(0));
           this.name=(String)v.elementAt(1);
           this.width=Integer.parseInt((String)v.elementAt(2));
           this.height=Integer.parseInt((String)v.elementAt(3));
    }
    public GameObjectQueue getLayerLib() {return layerLib;      }
    public GameObjectQueue getMapLink() {return mapLink;}
    public GameObjectQueue getNpcLib() {    return npcLib;      }
    public int getHeight() {   return height;       }
    public int getWidth() {    return width;}
    public void setLayerLib(GameObjectQueue layerSet) {   this.layerLib =
layerSet;     }
    public void setMapLink(GameObjectQueue mapLink) {
           this.mapLink = mapLink;}
    public void setNpcLib(GameObjectQueue npcSet) {
           this.npcLib = npcSet;}
           public String toString(){
           return "id="+super.toString()
           +" name="+this.name
           +" width="+this.width
           +" height="+this.height
           +" layerSet size="+this.layerLib.size()
           +" MapLink size="+this.mapLink.size()
           +" NpcSet size="+this.npcLib.size();    }}
```

地图类整合了地图的名字、宽度、高度、NPC及相连接的地图等，使其成为一个整体，从而构成一个完整的地图。

实现角色动画部分如代码清单11-8所示。

代码清单11-8：Example11\mobileGameEngine\AnimationControl.java

```
public class AnimationControl extends Sprite
{  private Timer timeCalculate=null;
   public AnimationControl(Bitmap img,
                 int frameWidth,int frameHeight,int loopTime){
super(img,frameWidth,frameHeight);
           timeCalculate=new Timer(loopTime);}
           public AnimationControl(Sprite s,int loopTime){
           super(s);
           timeCalculate=new Timer(loopTime);}
           public void playAnimation(){
           if (timeCalculate.getLoopInterval()>0){
                 //如果超时，则重新计时并播放下一Frame
                 if (timeCalculate.isTimeout()){
```

```
                    timeCalculate.reset();
                    this.nextFrame();
            }       //否则继续计时
            else{   timeCalculate.calculate();}}}
    //停止播放动画
    public void stopAnimation(){timeCalculate.reset();}
    // 刷新动画的位置
     public void refreshPosition(int x,int y){
          setRefPixelPosition(x,y);}}
```

AnimationControl 类继承自 Sprite 类，在该类中将动画的资源文件传递给 Sprite 类，通过 Sprite 类可以方便地实现角色动画。

实体对象主要包括主角、NPC、怪物、道具等，这些游戏对象具有一些共同的特征，如图 11-9 所示。

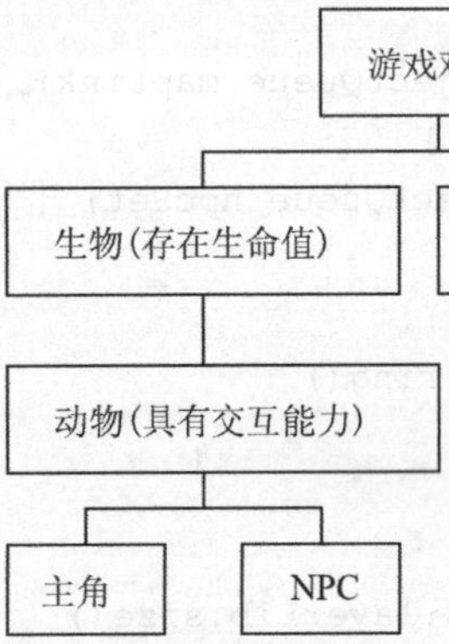

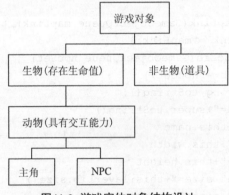

图11-9 游戏实体对象结构设计

由图 11-9 中可知，最高层次是带有生命的动植物（生物），相应地抽象出一个接口（生物），在接口中定义了生物的一些共有属性如生命的最大、最小极限，生命减少或增加，如代码清单 11-9 所示。

代码清单 11-9：Example11\biology\Biology.java

```
   public interface Biology
{  //最大生命力
   public static final int MAXLIFE=100;
   //最小生命力
   public static final int MINLIFE=1;
//由于受到伤害或者其他因素减少主角的生命力，如果生命值小于MINLIFE，则表明主角已死亡。
    public int decreaseLife(int detaLife);
   //由于使用物品或其他原因，主角的生命力增加
    public int increaseLife(int detaLife);
}
```

在游戏中，无论是主角还是 NPC，它们都具有一种可以区分于其他生物的能力，那就是它们都具有交互能力，所以将这一类生物封装到一个类中，取名为 Animal，如代码清单 11-10 所示。

代码清单 11-10：Example11\biology\Animal.java

```
   public class Animal extends GameObject implements Biology
{  //名称
   private String name=null;
   //生命值
   private int Health=0;
   //攻击值
   private int attack=0;
   //防御值
   private int defence=0;
   //主角是否生存
   private boolean isLive=true;
   //图片/动画URL
   private String imgURL=null;
   //脸部图片URL
   private String faceURL=null;
   //事件对列：当主角与NPC发生碰撞时，使用事件ID调用事件对列中的某个事件
   private EventQueue eventQueue=null;
   //坐标
   private Coordinates animalCoord=null;
   //运动方向和速度
   private Movement movement=null;
   //动画对象
   private AnimationControl animatedObject=null;
          public Animal(){super();}
   public void loadCorrespondingProperties(Vector v){
          this.setGameObjectId((String)v.elementAt(0));
          this.name=(String)v.elementAt(1);
          this.Health=Integer.parseInt((String)v.elementAt(2));
          this.attack=Integer.parseInt((String)v.elementAt(3));
          this.defence=Integer.parseInt((String)v.elementAt(4));
          this.imgURL=(String)v.elementAt(5);
          this.faceURL=(String)v.elementAt(6);
          int col=Integer.parseInt((String)v.elementAt(7));
          int row=Integer.parseInt((String)v.elementAt(8));
          this.animalCoord=new Coordinates(col,row);
          int stepSpeed=Integer.parseInt((String)v.elementAt(9));
          int moveDirection=Integer.parseInt((String)v.elementAt(10));
          this.movement=new Movement(stepSpeed,moveDirection);
          this.isLive=true;
          int animationLoopTime=Integer.parseInt((String)v.elementAt(11));
          int frameWidth=Integer.parseInt((String)v.elementAt(12));
          int frameHeight=Integer.parseInt((String)v.elementAt(13));
          try{//加载图片资源，略 }
          catch(Exception ex){        ex.printStackTrace();      }      }
```

```
            public void changeName(String name){    this.name=name;}
            public String getName(){   return this.name;}
            public void changeImgURL(String imgURL){this.imgURL=imgURL;}
            public String getImgURL(){return this.imgURL;}
    public int decreaseLife(int detaLife){
            //动物的生命力减少，略
            }      return Health;      }
     //由于使用物品或其他原因，动物的生命力增加
            public int increaseLife(int detaLife){
            //由于使用物品或其他原因，动物的生命力增加
            }return Health;}
            public boolean isLive(){return isLive;}
  //略，具体见本书资源
  }
```

此类为动物类，动物都具有生命、攻击力、防御力、图片资源、动作、位置等属性，该类就封装了这些属性和方法。

在游戏中，主角需要玩家来控制，而NPC则由程序来控制，如图11-9中的第3层；另外，主角需要根据不同游戏状态进行相应的设置，NPC主要进行类型（有很多种类型的NPC）的设置和区分。主角类的实现如代码清单11-11所示。

代码清单11-11：Example11\biology\Player.java

```
  public class Player extends Animal
  {  //道具箱
    private PropsManager propsBox=null;
    //游戏模式
    private GameMode gameMode=null;
    //帧切换数组，对应着主角的上、下、左、右4个方向的帧图片
    private int[] frameSwitchArray=null;
            public Player(){
            super();
            gameMode=new GameMode();
            gameMode.setModeType(GameMode.MOVE_MODE);}
    public void loadCorrespondingProperties(Vector v){
            //重载父类的loadCorrespondingProperties，读取帧切换序列    }
    public void equipProperty(Props prop){
            /**
     * 装备道具，从道具箱中注销
     * @param prop 要装备的道具
     */    }
    public GameMode getGameMode() {return gameMode;}
    public void move(){
            // 根据运动的方向和每步速度移动，每次移动一个主角的动画帧的位置
    }
  public void undoMove(){
            // 根据运动的方向和每步速度反向移动，用于取消移动效果
```

```
    }
    public String toString(){
            if (frameSwitchArray!=null){
                    StringBuffer tmp=new StringBuffer();
                    for(int i=0;i<frameSwitchArray.length;i++){
    if (i<frameSwitchArray.length-1)
    {tmp.append(frameSwitchArray[i]+",");}
       else{tmp.append(frameSwitchArray[i]);}
                    }
    return super.toString()+" frameSwtichSequence="+tmp.toString();
            }else{return super.toString();    }}
       public PropsManager getPropsBox(){return propsBox;}

       public void setPropsBox(PropsManager propsBox)
       {this.propsBox = propsBox;}}
```

NPC类似与主角类，这里不再赘述，具体代码参见本书资源中Example11\biology\NPC.java。

道具有多种类型，有情节类（帮助主角完成剧情）、恢复类（比如增加生命值）、功能类（实现游戏的某些功能）等。道具的来源主要有购买、拾取、交易等;道具的属性主要有名称、价格、效果、功能、时间等。道具类的实现如代码清单11-12所示。

代码清单11-12：Example11\props\Props.java

```
  public class Props extends GameObject
{  //治疗类道具:用于恢复主角生命力
   public static final int MEDICINE_PROPS=1;
   //攻击武器类道具:增加主角的攻击力
   public static final int ATTACK_ARMS_PROPS=2;
   //防御武器类道具:增加主角的防御力
   public static final int DEFENCE_ARMS_PROPS=3;
   //情节类道具: 作为用于过关的条件, 如钥匙等
   public static final int STORY_PROPS=4;
   //道具名称
   private String name=null;
   //道具的描述
   private String description=null;
   //道具买进价格（玩家买进)
   private int buyPrice=0;
   //道具卖出价格（玩家卖出)
   private int salePrice=0;
   //治疗效果（对生命值的影响)
   private int cureEffectToHealth=0;
   //攻击力增加效果（对攻击值的影响)
   private int attackEffect=0;
   //防御力增加效果（对防御值的影响)
   private int defenceEffect=0;
```

```
    //耐用次数，如药品只能用一次，而小刀能用许多次
    private int useTimes=0;
    //道具类型
    private int kind=0;
    public Props(){super();}
    public void loadCorrespondingProperties(Vector v){
            //资源装载
    }
    //此处有省略
    public String toString(){
  //字符串处理
  }
```

游戏中有很多道具，为了管理的方便，用一个队列来存放所有的道具。这个队列主要包括道具的添加、获得、注销等管理功能，如代码清单 11-13 所示。

代码清单 11-13：Example11\props\PropsManager.java

```
   //道具管理：装载一定数量的道具
  public class PropsManager extends GameObjectQueue
  {public PropsManager(){super();}
    /**
     * 尝试将道具放入道具箱
     * @param prop 尝试被放入的道具
     */
    public void putPropsIntoBox(Props prop){
            this.put(prop.getGameObjectId(),prop);}
    /**
     * 取出道具
     * @param propID 被取出的道具ID
     * @return 如果道具箱中存在此道具，则返回该道具，否则返回null
     */
    public Props takePropsFromBox(String propID){
            try{return (Props)this.get(propID);}    catch(Exception ex){
                    return null;}}
    /**
     * 注销道具(当使用完道具或者丢弃道具时使用)
     * @param propID 将要注销的道具ID
     * @return 注销成功返回true，否则返回false
     */
    public boolean cancelProps(String propID){
            try{this.remove(propID);   return true;}
            catch(Exception ex){return false;}}
    /**
     * 返回道具数组列表
     * @return 道具数组列表
     */
```

```
    public Props[] getPropsList(){
            Props[] prop=new Props[this.size()];
            Enumeration enu=this.elements();
            int i=0;
            while(enu.hasMoreElements()){
                    prop[i++]=(Props)enu.nextElement();}     return prop;}}
```

11.4.5 物理引擎

随着计算机图形学的快速发展，游戏画面中图形、图像的真实性和合理性具有越来越高的要求，图形、图像的真实性和合理性就体现在游戏中的画面与真实世界中的差距，游戏引擎中的物理引擎技术侧重实现游戏世界中的物理效果，使得游戏中对象的显示具有真实感，物理引擎一般包括物理世界的模拟和碰撞检测两个部分。

物理引擎是游戏引擎中的核心子模块，它根据粒子、刚体和柔体的牛顿力学定律，计算游戏中物体的物理属性、运动、旋转和碰撞反映，并将计算结果提供给图形渲染引擎（渲染指的是计算机根据模型创建图像，图形渲染引擎的基本功能是展示 2D 或 3D 游戏场景，其最终目的是为了实现游戏场景的视觉真实感效果），从而展示出具有感官真实性的物理世界效果，物理引擎的核心是碰撞检测算法。

一定程度上，简单的“牛顿”物理（比如减速和加速）通过编程或编写脚本来实现，所以简单游戏不需要物理引擎。然而，当遇到赛车类或者保龄球类游戏时，需要比较复杂的碰撞、滚动、滑动或者弹跳算法，就需要物理引擎。物理引擎使用对象属性（动量、扭矩或者弹性）来模拟刚体物理行为，好的物理引擎允许有复杂的机械装置（如铰链等）及非刚性体的物理属性（如流体）。

本节讲述简单的物理计算问题，简单的边界检查方法的实现如代码清单 11-14 所示。

代码清单 11-14：Example11\physical\Measure.java

```
     public class Measure
   {  //测量类型：在矩形中检测
    public static final int RECT_MEASURE=1;
    /**
     * 判断是否出边界
     * @param x 物体的x坐标
     * @param y 物体的y坐标
     * @param border 边界对象
     * @param type 测量类型
     * @param superposition 判断边界时是否包含与边界重合的情况
     * @return 是否出边界
     */
    public static boolean isOutOfBorder(int x,int y,Border border,int
type,boolean superposition){//此处有省略}
    else{if ((x>=border.getMaxX())||(x<=border.getMinX())||
    (y>=border.getMaxY())||(y<=border.getMinY())){result=true;}
  else{result=false;     }}break;}return result;}}
```

在代码中，介绍了检测是否出边界的方法，这里主要通过实例让读者对物理引擎有一个了解。读者可以参考 Android 平台的 Box2d（2D 物理引擎）。当然物理引擎一般要视游戏功能而使用，这里只是介绍一个简单的框架，更多内容可参见 Example11 的 physical 包。

11.4.6 事件模块

任何游戏都必须有事件的触发才能继续，事件主要有两类：外部事件（如键盘、触笔）和内部事件（游戏流程中触发），外部事件由 Android 系统内部提供的方法来处理，这里讨论内部事件的处理。

事件的属性有事件的类型、发起者、被发起者、事件参数等，这里将事件分为主角对话事件和主角作战事件，在传递事件参数时要注意不同的事件所需参数的复杂程度不同。事件处理类如代码清单 11-15 所示。

代码清单 11-15：Example11\event\Event.java

```
    public class Event extends GameObject
{   //对话类型事件：当需要主角和NPC对话时触发此事件
    public static final int Dialog_EVENT=1;
    //战斗类型事件：当需要主角和NPC作战时触发此事件
    public static final int BATTLE_EVENT=2;
    //事件发起者
    private String call=null;
    //事件响应者
    private String reply=null;
    //事件类型
    private int type=0;
    //参数
    private String parameter=null;public Event(){super();}
    public void loadCorrespondingProperties(Vector attrValueSet){
           this.setGameObjectId((String)attrValueSet.elementAt(0));
           this.setCall((String)attrValueSet.elementAt(1));
           this.setReply((String)attrValueSet.elementAt(2));
           this.type=Integer.parseInt((String)attrValueSet.elementAt(3));
           this.setParameter((String)attrValueSet.elementAt(4));
    }
    public String toString() {
           return super.toString()
                  +" invoker="+getCall()
                  +" responser="+getReply()
                  +" type="+type
                  +" parameter="+getParameter();
    }public String getCall(){return call;}
    public void setCall(String call)
    {      this.call = call;    }public String getReply()
    {      return reply;}       public void setReply(String reply)
    {this.reply = reply;}public String getParameter()
```

```
    {return parameter;}
  public void setParameter(String parameter)
    {       this.parameter = parameter;}}
```

同样，为了方便管理，将所有的事件都放到一个队列中去，具体可参见本书资源中 Example11\event\ EventQueue.java 类。使用消息机制传递事件参数，当触发一个事件时，给事件的响应发送一个消息者；事件的响应者收到消息之后，判断消息的内容，并做相应的处理。由于均是一些内部的消息，故不需要使用网络来传送。消息类实现如代码清单 11-16 所示。

代码清单 11-16：Example11\event\Message.java

```
  public class Message extends GameObject
  {private String msgContent=null;
    public Message(String msgID,String msgContent){
          super();this.setMsgContent(msgContent);
          this.setGameObjectId(msgID);}
    public Message()    {     }
    public void loadCorrespondingProperties(Vector valueSet){
          this.setMsgContent((String)valueSet.elementAt(0));
          this.setGameObjectId((String)valueSet.elementAt(1));}
    public String getMsgContent() {return msgContent;}
    public String toString(){
    return super.toString()+" msgContent="+getMsgContent();
    }
    public void setMsgContent(String msgContent)
    {this.msgContent = msgContent;}}
```

同样，消息管理类的实现参见代码 Example11\event\ MessageQueue.java。

11.4.7 工具模块

工具模块的内容是不确定的，具体工具根据游戏平台和游戏类型而定，这里实现了坐标类、计时器、随机数类、文件操作类、字符串扩展类。这些是需要经常使用的工具，这里将其封装成一个完整的类，使用起来更加方便，具体参考 Example11.util 包。

11.4.8 脚本引擎和音效模块

脚本是一种通常可以编辑和运行、具有极高抽象级别的编程语言，而脚本技术就是与此相关的技术的总称。由于其强大的自定义功能，脚本技术正在被越来越多的软件供应商使用。脚本语言作为一类开发语言，主要有以下优点：

①快速开发。它们大大缩短了“开发、部署、测试、调试”周期。

②部署简便。大多提供即时部署能力，而在编译和打包周期上无须花费大量时间。

③与已有技术集成。它们大都构建在已有的组件技术上，以便有效重复利用现有代码。

④易于学习和使用。技术门槛很低，可以轻松找到大量的使用者。

⑤动态代码。脚本语言能够被即时生成和执行，这在某些应用程序中是非常必要和有用的高级特性。

实现脚本编程系统的最根本原因是要避免硬编码，将游戏内容与游戏引擎相分离。这样，就可以在不需要重新编译整个工程的情况下调整、测试和修改游戏运行的机制和特性。这种模块化的结构促成了游戏开发工作量的划分，游戏编程人员负责引擎等核心技术的开发，而游戏设计者可以专注游戏本身的逻辑与策划。从系统架构方面讲，使用脚本可以减少与底层的耦合度。把游戏逻辑相关的部分放进脚本中，这部分模块实际上可以被多个游戏项目复用。因为脚本是基于虚拟机的，只要运行时环境接口一致，脚本部分代码便可以实现真正意义上的跨平台，这一点与 Java 语言相似。另外，脚本语言相对 C++ 来说要简单得多，经过简单的培训，甚至策划人员也可以参与编写，大大降低了开发门槛。

通过上述介绍，读者可了解实现一个脚本引擎时需要注意的问题，本节实现了一个简单的 XML 播放器和一个自定义文件类型的读取处理。具体参考 Example11.script 包中的内容。

游戏音效包括背景音效和动作音效。游戏音效的处理如代码清单 11-17 所示。

代码清单 11-17：Example11\music\Music.java

```
  public class Music extends GameObject
{ //播放方式：无限循环
  public static final int UNLIMITED_LOOP=1;
  //播放方式：有限次数播放
  public static final int LIMITED_LOOP=2;
  //资源URL
  private String resourceURL=null;
  //音乐类型
  private String musicType=null;
  //播放方式
  private int playMode=0;
  //循环次数，在有限次数播放时有效
  private int loopTimes=0;
  //音乐播放器
  private MediaPlayer musicPlayer=null;
  //当前播放次数
  private int currentPlayTimes=0;
        public Music(){super();setCurrentPlayTimes(0);}
        public void loadCorrespondingProperties(Vector v){
        this.setGameObjectId((String)v.elementAt(0));
        this.setResourceURL((String)v.elementAt(1));
        this.setMusicType((String)v.elementAt(2));
        this.setPlayMode(Integer.parseInt((String)v.elementAt(3)));
        this.setLoopTimes(Integer.parseInt((String)v.elementAt(4)));
        try{   setMusicPlayer(MediaPlayer.create(GameEngineActivity.
mGEContext, Integer.parseInt(getResourceURL())));
               getMusicPlayer().prepare();}
        catch(Exception ex){ex.printStackTrace();}}
  /**
   * 是否播放完毕，对于有限播放次数的播放方式有效
   * @return 如果达到播放的循环次数，则返回true
```

```
 */
public boolean isPlayEnd(){
       if (getPlayMode()==LIMITED_LOOP){
              return (getCurrentPlayTimes()>=getLoopTimes());       }
       else{return false;  }       }
/**
 * 增加播放次数
*/
public void increasePlayTimes(){
       setCurrentPlayTimes(getCurrentPlayTimes() + 1);       }
public String toString(){
       return super.toString()
       +" resURL="+this.getResourceURL()
       +" musicType="+this.getMusicType()
       +" playModel="+this.getPlayMode()
       +" loopNumber="+this.getLoopTimes();     }
public int getCurrentPlayTimes()
{return currentPlayTimes;  }
public void setCurrentPlayTimes(int currentPlayTimes)
{this.currentPlayTimes = currentPlayTimes;}
public int getLoopTimes()
{return loopTimes;  }
public void setLoopTimes(int loopTimes)
{this.loopTimes = loopTimes;}
public MediaPlayer getMusicPlayer()
{return musicPlayer;}
public void setMusicPlayer(MediaPlayer musicPlayer)
{this.musicPlayer = musicPlayer;}
public String getMusicType()
{return musicType;  }
public void setMusicType(String musicType)
{this.musicType = musicType;}
public int getPlayMode(){return playMode;}
public void setPlayMode(int playMode)
{this.playMode = playMode;}
public String getResourceURL(){return resourceURL;}
public void setResourceURL(String resourceURL)
{this.resourceURL = resourceURL;}}
```

同样为了方便管理，将所有的音效资源放置到一个队列中，具体参见代码 Example11\music\MusicObjectManager.java 类。

扩展实践

实现本游戏引擎的网络模块。

游戏引擎中的网络连接主要分为互联网和局域网，互联网要考虑网络的传输协议（如 TCP/IP 协议），局域网的连接方式有蓝牙、红外等。

网络模块主要用于客户端和服务端的连接和数据传递，如图 11-10 为服务器与客户端通信流程图。

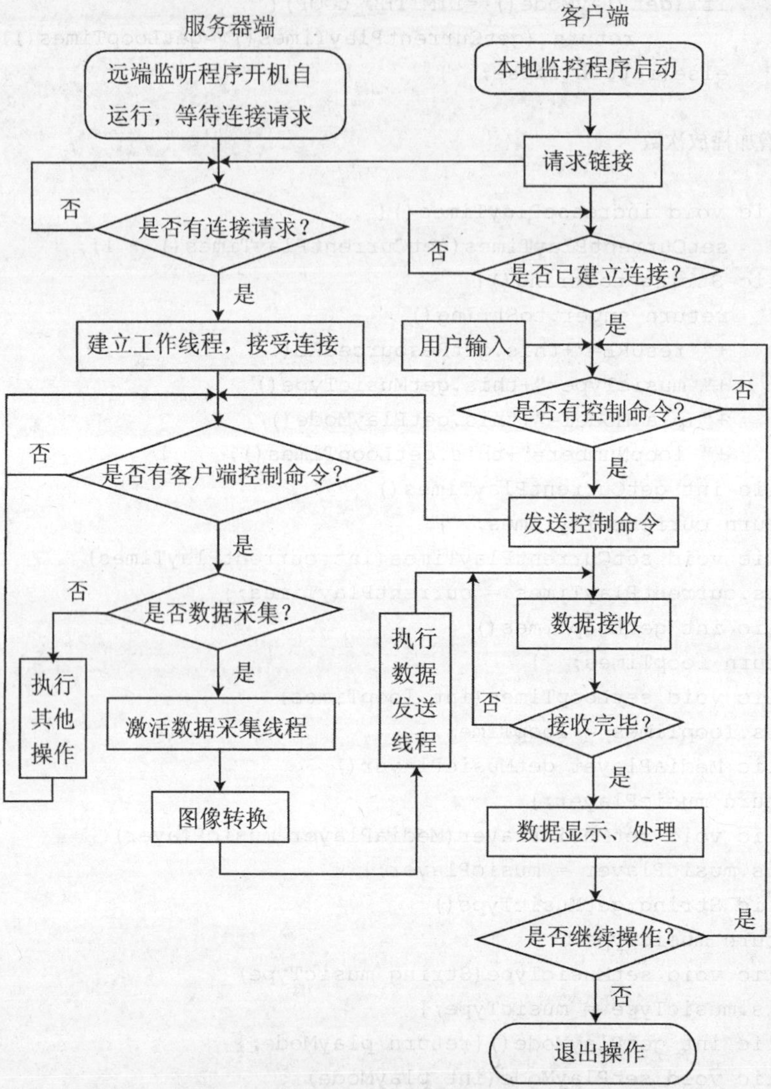

图11-10 服务器与客户端通信流程图

无论采用何种方式或协议联网，都可以按照如图 11-10 所示的流程图来实现游戏引擎的网络模块，读者可实现自己的网络模块。

本章小结

至此，总结一下本章内容：

①介绍了什么是游戏引擎，以及市场上常用的游戏引擎。

②分析了游戏引擎的原理及其常用框架结构。

③设计了一个简单的游戏引擎，在设计的基础上实现了该引擎的各个模块，从而使读者能够清晰地了解游戏引擎的开发流程。

时下，开发游戏引擎比较热门，它强调诸如几何学、色彩理论、物理学、计算机科学、特别是视觉科学领域之间的交叉融合。要开发好的游戏引擎，需要对这些学科有更深入的研究。一些公司如Crystal Space，一个比较知名的免费开放源代码多平台游戏引擎，以游戏引擎的开发为技术追求和乐趣，而不是用来卖钱。他们是开源精神的践行者。

需要注意的是，在Android游戏及游戏引擎开发的道路上，性能不是问题，兼容才是问题；程序不是问题，环境才是问题；开发出多么优秀的游戏引擎都不是问题，怎样才能让这款游戏引擎在任何情况下都显得优秀才是问题。

课后拓展实践

（1）构建一个三维图形引擎。

（2）构建一个三维物理引擎

（3）综合使用上述两个引擎，策划实现一款游戏。

参考文献

[1] 李刚 . 疯狂 Android 讲义 . 北京：电子工业出版社，2011

[2] 郭少豪 .Android 3D 游戏开发与应用案例详解 . 北京：中国铁道出版社，2012

[3] 杨丰盛 .Android 应用开发揭秘 . 北京：机械工业出版社，2010

[4] 李红波，吴雨芯，赵宽，李宏浩 .Android 平台下 3D 游戏引擎技术的研究及应用综述［J］. 数字通信，2012（5）.

[5]（美）李伟梦 著 . 何晨光，李洪刚 译 .Android 4 编程入门经典——开发智能手机与平板电脑应用 . 北京：清华大学出版社，2012

[6] 朱凤山 .Android 移动应用程序开发教程 . 北京：清华大学出版社，2014

[7]eoe Android 开发者社区 _Android 开发论坛 .